新
競爭策略

NEW COMPETITIVE STRATEGY

從 idea 到創業 × 複利成長經營 × 品牌轉型突破

一本書網羅創業人必學的觀念法則！

李慶

U0087377

T 型商業模式 × 企業盈利系統 × 長期經營要訣
從創業第一天到三、五年，從初期定位到長期擴展，
攻守一體的創業寶典，新創老闆必讀「布局」攻略！

目 錄

目錄

 目錄

序言 —— 讓商業策略回歸「第一原理」

重點提示

▶ 什麼樣的企業才需要一個策略「參謀長」？

▶ 如何讓策略這頭「大象」跑得更快？

▶ 面對「理論不夠細緻……冒進式創新」這些批評，筆者如何應答？

現今是科技進步、萬物劇變的時代，起源於西元 1960 年代、定型於 1990 年代的傳統策略理論，就不應該進化和改變一下嗎？

與中國內外一些大談特談如何讓企業集團做到 $N \rightarrow N + X$ 擴張發展的策略教科書有所不同，這本《新競爭策略》沒有依賴舊有路線，它的重點在於：如何讓創業專案有可行性，達成從 $0 \rightarrow 1$ 的突破；如何讓中小企業達成複利成長，即 $1 \rightarrow N$ 的快速成長；如何讓企業集團圍繞核心競爭力擴張，即 $N \rightarrow N + 1$ 的歸核化發展；如何讓未雨綢繆或身陷困境的企業達成第二曲線商業創新，即 $N \rightarrow M$ 的成功轉型。

一、策略教科書都是為大型企業集團編寫的嗎？

寫這本書的一部分原因，還要從一位名叫 Rick 的商業策略專家談起：

與任正非當年所學的領域一樣，Rick 畢業於某知名大學的暖通空調相關科系。大學畢業後，Rick 沒有在建築業找工作，而是憑藉出色的英文翻譯及溝通能力，就職於一個大型產業集團的企劃部門。只因他不太願意用中文名，時間久了，習慣成自然，大家都叫他 Rick。

從 2007 年開始，我從事創業投資工作後，經常會思考一些企業的策

序言

略發展問題。那時，Rick 已經有近 10 年大型集團企劃部門的工作經驗，透過不斷進修學習，還獲得了策略管理領域的博士學位，已經是一位業界小有名氣的實戰派策略專家。

Rick 與我在一個共同的朋友「圈子」裡，不時有聯繫。一次，我們談到中小企業如何制定發展策略，他說：「不要對中小企業談策略，策略教科書都是為大型企業集團寫的。」

我有一本英文版的《策略管理學》書籍，是 2000 年左右從國外商學院引進到中國的影印版教材。當時該書已經是第 12 版了，很厚很大的一本，長 × 寬 × 高的規格尺寸是 273×213×40 毫米，有 600 多頁，重量接近 2 公斤。

後來幾次整理書櫃，實施「斷捨離」，但我一直捨不得丟掉這本書，也許是因為它帶來的紀念意義大於從中學習的收穫吧。每當看到這本書，我就在想，誰能讀完這麼一本厚書呢？既然是經典策略教材，多讀幾遍才能把書讀「薄」，那又要占用我們多少時間呢？

Rick 是這本書的讀者，很多策略研究學者也會看這本書。像任正非、馬雲、雷軍、比爾蓋茲、祖克柏等知名企業家，各自能把一個從零開始的「小蝦米」企業經營成世界知名的「大鯨魚」集團，他們無疑很了解企業策略，但是他們未必要讀這麼厚的策略書籍。

Rick 曾對我們說，當小企業成長為「大鯨魚」集團時，需要經由主要業務向上下游或周邊擴張，打造商業生態圈，以達成持續高速成長。企業從向內成長轉為向外成長，就需要透過外部環境分析、內部環境分析，實施收購兼併策略、一體化策略、國際化策略、多角化發展策略等。企業進入這個發展階段，企劃部門就有舉足輕重的地位！如果老闆一人管理不來，面臨的擴張風險急劇增加，通常就會從大專院校或跨國公司邀請知名

策略學者或經理人負責公司的策略管理工作。企業的企劃部門就像是軍隊的參謀部，「參謀長」的人選很關鍵！

之前曾有人說過「創業就要敢賭一把，成功需要血性和運氣」、「中小企業不要談不切實際的策略」之類的話；後來又有人說「風口來了，豬都能飛上天」、「潮水退了，才能看出誰沒穿褲子」等。策略管理學是西元 1990 年代引進到中國的，策略管理與中小企業的生死存亡無關，因此全世界的中小企業宿命應該一樣。按照 Rick 的解釋，中小企業「死生有命，富貴在天；四海之內，皆兄弟也」，今後也就不要再談什麼不切實際的策略了……

二、新競爭策略是否更符合策略的第一原理呢？

轉眼到了 2021 年，我從事創業投資工作十多年了。在此期間，我不輟學習、思考與實踐，不囿於從國外引進的策略理論框架體系，不人云亦云及「盲從式研究」，長期在第一線解決企業面臨的各種策略發展問題，終於寫作並出版這本《新競爭策略》。它也顛覆了 Rick 等專家學者對企業策略的原有認知。本書提出的新競爭策略，相較於麥可·波特（Michael Porter）的《競爭策略》，可以說是 40 年來對策略最重要的一次更新，屬於漸進式創新；相較於傳統的策略教科書，它解決了策略管理的「空心化」問題，所以屬於一次突破性創新。

概括來說，新競爭策略含有這樣一個緊密結合企業經營的策略邏輯過程：企業生命體依照企業生命週期的策略路徑進化與成長，透過創立期、成長期、擴張期、轉型期等各階段的主要策略主軸，將企業產品從潛優（潛在優勢）產品→熱門產品→超級產品→潛優產品 II……讓「小蝦米」創業成長為「大鯨魚」，持續達成企業的策略目標或願景，見圖 0-1-1。

序言

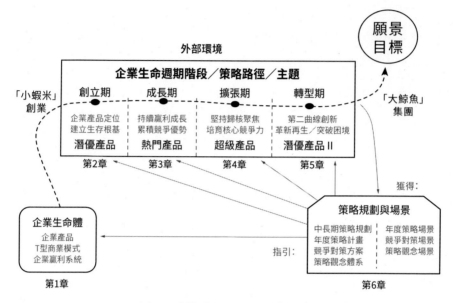

圖 0-1-1 新競爭策略描繪的策略「大象」

　　Rick 看到這個圖後，評論說：「從左向右看這個圖，依次是第 1 章、第 2 章⋯⋯第 6 章，內容與圖示融合在一起。外行看熱鬧，內行看門道。從生命週期階段出發，有系統性的闡述小企業如何成長為大型企業集團的過程，客觀來說，這是比較新穎的策略理論體系創新。不過，這裡面的新名詞有點多！我知道，像 T 型商業模式、企業贏利系統等，是你之前出版的兩本書的重點內容；企業生命體、策略主軸、潛優產品、熱門產品、超級產品、策略場景等，在新競爭策略理論中一定有特定的含義吧？」

　　是的，既然是突破性理論創新，必然需要一些新概念、新名詞。不過，本書中都有通俗易懂的解釋，一看就會明白，還能很快應用到實務中；再說，不掌握一些創新理論，不能了解一些新概念、新名詞，一個人很快就會落後於時代！

　　總括來說，本書提出的新競爭策略理論，將系統性闡述與演繹「策略

＝目標＋路徑」這個策略第一原理。近一百年來我們的策略研究、策略教科書、策略大師所言等，誰曾經有系統的闡述與演繹這個第一原理？新競爭策略的實用性思考起點是：如何使一個從零開始的「小蝦米」創業，成長為「大鯨魚」集團，最終達成組織目標或願景。像華為、阿里巴巴、騰訊、蘋果、亞馬遜、微軟等「大鯨魚」集團，創立之初都是一個「小蝦米」企業，創始人也沒有耀眼的履歷和背景，一些人甚至還沒有讀完大學就去創業了。新競爭策略也有別於傳統策略教科書的知識堆砌典範，其核心思想主要來自對成千上百個成功公司的實務提煉、概括與總結。

Rick 繼續評論說：「明茲伯格（Henry Mintzberg）曾說，我們對企業策略的認知就如同盲人摸象，一位又一位的策略大師都只是抓住了策略形成的某一面向：設計學派認為，策略是設計；規劃學派認為，策略是規劃；定位學派認為，策略是定位；企業家學派認為，策略是看法……但是，所有這些學派都不是商業策略的全部。近一百年來大家尋尋覓覓，策略這頭『大象』究竟是什麼？」

從還原性切分到系統性整合，從盲人摸象到摸著石頭過河，我們不能放棄探索！比較來看，圖 0-1-1 給出的示意圖是否更像策略那頭「大象」？不過，在本書的相關章節中，將讓這頭「大象」勇敢站起來，置於企業與環境競爭圖中代表企業的一方，而與之對峙的另一方是構成產業牽制阻力的五種競爭力量、環境機會和威脅等。

「大象」還可以站起來嗎？筆者小時候聽過這樣一個笑話：從前有一個人，為躲避戰亂而在深山裡生活了 50 年。後來聽說天下太平了，他就長途跋涉走出深山。在返回老家的路途中，他看到鐵軌上一列火車呼嘯而過，驚呼道：「這傢伙了不得！趴著就跑得這麼快；如果站起來，一定比閃電還要快！」

序言

Rick 回應說：「火車站起來奔跑，它就變成了火箭。你看拼多多、滴滴出行、ofo 小黃車、瑞幸咖啡、極兔快遞、『造車新勢力』等一批新創企業，還有曾經的海航集團、樂視網、太陽神集團、春蘭集團、三九集團、南德集團等，它們都曾跑出了『火箭速度』！前事不忘，後事之師。如果沒有正確的策略理論配合，說不定哪一個明星企業在某一天就會折戟沉沙！」

三、為什麼說傳統策略教科書早就過時了呢？

在寫作本書查閱參考資料時，我發現那本「珍藏」多年的《策略管理學》英文教材，早就有了中文版，並且已經修訂到第 21 版了。實事求是的說，一些從國外引進並經過國內不斷改編的策略教科書，的確保持幾十年「依然如故」，基本理論框架一直沒有什麼太大改變，見圖 0-1-2。看到這些「堅持不變」的策略教科書，我總是會提出這些問題：

➤ 傳承於西方作者傳統的知識堆砌典範，策略教科書中的內容越來越龐雜、繁多。這有點像中國唐代的仕女，追求以肥為美！如此繁多的知識堆砌、發散漂移，哪些與企業的經營邏輯相吻合呢？企業經營者時間寶貴，這樣的大部頭策略書即使讀上幾遍，依然是「狐狸吃刺蝟，無從下口」，也很有可能讓自己原有的經營邏輯變得混亂不堪。

➤ 企業是一個具有耗散結構的非線性生命系統。傳統策略教科書談論了太多企業策略的「周邊」內容，見圖 0-1-2。但是，這些教科書並沒有談及策略圍繞的「核心」是什麼。《經濟學人》雜誌曾調侃說，人人都在談論策略，卻沒有人知道策略究竟是什麼。

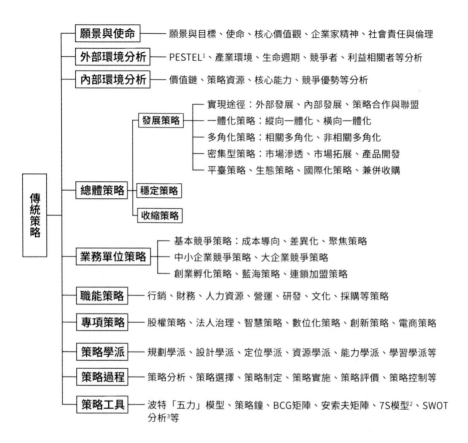

傳統策略
- 願景與使命 —— 願景與目標、使命、核心價值觀、企業家精神、社會責任與倫理
- 外部環境分析 —— PESTEL[1]、產業環境、生命週期、競爭者、利益相關者等分析
- 內部環境分析 —— 價值鏈、策略資源、核心能力、競爭優勢等分析
- 總體策略
  - 發展策略
    - 實現途徑：外部發展、內部發展、策略合作與聯盟
    - 一體化策略：縱向一體化、橫向一體化
    - 多角化策略：相關多角化、非相關多角化
    - 密集型策略：市場滲透、市場拓展、產品開發
    - 平臺策略、生態策略、國際化策略、兼併收購
  - 穩定策略
  - 收縮策略
- 業務單位策略
  - 基本競爭策略：成本導向、差異化、聚焦策略
  - 中小企業競爭策略、大企業競爭策略
  - 創業孵化策略、藍海策略、連鎖加盟策略
- 職能策略 —— 行銷、財務、人力資源、營運、研發、文化、採購等策略
- 專項策略 —— 股權策略、法人治理、智慧策略、數位化策略、創新策略、電商策略
- 策略學派 —— 規劃學派、設計學派、定位學派、資源學派、能力學派、學習學派等
- 策略過程 —— 策略分析、策略選擇、策略制定、策略實施、策略評價、策略控制等
- 策略工具 —— 波特「五力」模型、策略鐘、BCG矩陣、安索夫矩陣、7S模型[2]、SWOT分析[3]等

1. PESTEL分析又稱大環境分析，是分析總體環境的有效工具，不僅能夠分析外部環境，而且能夠辨別一切對組織有衝擊作用的力量。它是調查組織外部影響因素的方法，可以分為六大因素：政治因素（Political）、經濟因素（Economic）、社會文化因素（Social cultural）、技術因素（Technological）、環境因素（Environmental）和法律因素（Legal）。

2. 7S模型是麥肯錫顧問公司研究中心設計的企業組織七要素，指出了企業在發展過程中必須全面考慮各方面的情況，包括結構（Structure）、制度（System）、風格（Style）、員工（Staff）、技能（Skill）、策略（Strategy）和共同的價值觀（Shared values）。

3. SWOT分析是基於內外部競爭環境和競爭條件的態勢分析，就是將與研究對象密切相關的各種主要內部的優勢（Strengths）和劣勢（Weaknesses）、外部的機會（Opportunities）和威脅（Threats）等，透過調查列舉出來，並依照矩陣形式排列，然後用系統分析的邏輯，把各種因素相互對起來加以分析，從中得出一套帶有一定決策性的結論。

圖 0-1-2 傳統策略教科書中關於企業策略的相關內容示意圖

序言

> 即便是全球知名的策略大師，提供給企業的也只是「策略零件」、「策略原材料」。難道要讓企業經營者自己組裝需要的系統化「策略產品」嗎？面對浩如煙海、無所不包的策略知識庫，這太難了。己所不欲，勿施於人！

綜上可以稱之為企業面臨的「策略困境」。近一百年來，這個「策略困境」持續無解。筆者結合工作實務，提出新競爭策略理論，就像「關公面前要大刀」，希望為這個「策略困境」提供一些解題線索及初步解決方案。

Rick 說：「解鈴還須繫鈴人，西方國家商學院開設的『公司策略』或『策略管理』課程，主要理論源頭來自一個叫作安索夫的人。」

本書中將有詳細敘述：「安索夫（Harry Igor Ansoff）出生在蘇聯時代的海參崴，父親是美國駐蘇聯的外交官，母親是俄羅斯人……西元 1956 年，38 歲的安索夫進入美國洛克希德航太公司……

「第二次世界大戰後，美國將大量軍用技術轉為民用，為企業多角化經營提供了豐富的技術來源。世界各國飽受戰爭創傷、滿目瘡痍，一些美國企業從戰後重建中獲得發展紅利 —— 似乎躺著就可以賺大錢，從而迅速發展壯大起來。1960 至 70 年代，跟上時代機會的美國大企業紛紛拚命進行多角化經營，而後達到一個小高峰……

「……由於安索夫的開創性研究，後人把安索夫尊稱為策略管理的鼻祖或一代宗師。」

追本溯源，我們就大致能了解為什麼傳統的策略教科書中絕大部分篇幅都是內外部環境分析、一體化、多角化、兼併收購、國際化等大型企業集團才用得到的策略。因為包括安索夫在內的策略管理學開創者都具有在國際大公司工作或擔任顧問的背景，那個年代的美國大公司也正好處於適

合這些「周邊」多角化擴張經營策略大行其道的實務環境中。

彼之蜜糖，汝之砒霜。隨著市場不斷發展，各領域都存在激烈的競爭，盲目性的多角化策略很難再讓企業取得成功。在以專一化策略見長的歐洲和日本大企業兩面夾擊下，在中國製造業幾十年來迅速發展的背景下，美國企業 —— 尤其是製造型企業 —— 在許多領域節節敗退，不少透過多角化經營而形成的大型企業集團開始遭遇嚴重的虧損問題。

無論中外，現在越來越多的企業開始重視核心業務，逐步進行歸核化經營。一大批德國、日本的「隱形冠軍」企業取得了永續發展的經營成就。中國的「大眾創業、萬眾創新」政策效果顯現，許許多多的中小企業迅速發展起來，快速登陸上海證券交易所科創板、創業板及國外資本市場，成為新一代產業領導者！

因此，傳統策略教科書的結構框架與內容構成是否早就過時了呢？

四、如何讓「小蝦米」創業成長為「大鯨魚」？

透過回歸策略的第一原理，新競爭策略從「策略＝目標＋路徑」展開，企業所歷經的創立期、成長期、擴張期、轉型期等生命週期階段，既是策略路徑，同時也屬於宏觀觀察企業的經營場景，所以每一個階段都應該有自己的策略主軸和產品願景（詳見圖 0-1-1）。另外，與產品思維、產品管理等理論互相連結，新競爭策略理論也更重視對企業產品的闡述，旨在將企業產品打造為超級產品。

超級產品是指在市場上具有巨大影響力、有一定壟斷地位，且能夠透過衍生產品長期引領企業擴張的產品。例如：福特的 T 型車就是一款超級產品，累計銷售量超過 1,500 萬輛，在美國市場的市場占有率一度超過 50%；像字節跳動的抖音、騰訊的微信、蘋果的 iPhone、雀巢的即溶咖

啡、阿里巴巴的「淘寶＋支付寶」、谷歌搜尋等都屬於超級產品。這些超級產品帶來的持續盈利及衍生產品，長期引領了相關公司的擴張與發展。

在企業經營中，為什麼會出現策略難以實踐的情況呢？因為大部分策略理論來自「象牙塔」、「學術圈」，長期處於空中樓閣中，游離於企業所需的策略規劃及實際經營場景之外。

Rick 說：「眼見為憑，讓事實說話。從本書第 1～6 章的內容看，的確具體闡述了企業策略規劃與場景及如何應用，一定程度上解決了『理論打高空，策略難以在企業實踐』的問題；按照企業的經營邏輯，也詳細討論了企業發展各階段的策略主軸、企業生命體的成長與進化、策略路徑、產品願景等。並且，這些內容圍繞的核心是如何將企業產品打造為超級產品，如何讓『小蝦米』創業有策略、有步驟、有路徑的成長為『大鯨魚』！我還要問一下，第 7 章的內容是否有點偏離主題？」

按照本書責任編輯周磊的建議，最後一章（第 7 章）是關於「T 型人」的內容。不論是職場人士，還是從事藝術等，每一個職業個體都可以被視為是一個人經營的公司，所以新競爭策略理論對他們而言同樣適用。在此，可將他們稱為「T 型人」。同樣按照「策略＝目標＋路徑」展開，可以將一個人的職業成長與發展簡要劃分為新人起步、複利成長、職業躍升、有序轉型四個階段，透過應用新競爭策略，最終讓職場新人有策略、有步驟、有路徑的成長為超級個體。

「看起來有一點生搬硬套，也可能是因為它屬於額外的『加菜』，寫作時有些不夠重視。」Rick 還問道，「是什麼原因促使你寫這本書呢？該不是因為我經常說策略教科書都是為大型企業集團編寫的，能夠學好、用好策略的人寥寥無幾吧？另外，這本書一共寫了多長時間？」

確實有這方面的原因。《好策略，壞策略》作者魯梅爾特（Richard

Post Rumelt）也說過，「好策略」鳳毛麟角，「壞策略」比比皆是。所以，為了改變企業策略難學難用、混沌無疆的現狀，《新競爭策略》力求淺顯易懂，讓每一個企業經營者、管理者、職業個體、商學院師生等都能夠讀得懂、學得會，並能夠學以致用，確實讓自己受益。本書有大量理論模型或結構化原理示意圖，諸多優良案例、故事啟發……力求兼顧優質內容與美好閱讀感受！至於這本書寫了多長時間、真正的寫作緣由、寫作心路歷程「揭祕」及為什麼能夠寫這麼快，屬於本書後記披露的內容。

「每節都有一兩個很生動的示意圖，序言中還插入了兩個示意圖，在其他同類型策略書中並不多見！案例故事也短小簡潔，兩者結合，讓讀者一看就明白，很容易掌握理論要點。這些都是本書的鮮明特色！不過，本書是否也存在一些問題呢？比如說，理論不夠細緻，缺乏嚴謹的邏輯論證，似乎有點從實務出發的冒進式創新。」Rick 簡單評論後繼續問道，「你寫書有點快，三年出版了四本，我們都來不及看完！下一步，你要寫什麼書？」

我寫的這些書，努力做到圖文並茂，但也有些粗枝大葉，與「學院派」風格迥異。長期在創業投資第一線工作，我寫的書應該代表著「讓聽到炮聲的人呼喚炮火」。也許，在實務一線的創業者、企業家、管理人並不會逐條逐句對照著某個細緻嚴密的理論來經營企業，而是需要明白大致的經營邏輯，學會審時度勢，向實務求真知，更需要有「事上磨練」的硬功夫！

我也曾經說過，我寫這些書是為了「開闢管理學第二條道路」、「創造管理學新國貨」、「致力於成為中國的彼得·杜拉克（Peter Drucker）」。這些不能只是「別出心裁」的行銷口號，也應該是作者的使命和願景。《新競爭策略》與之前出版的《T型商業模式》、《企業贏利系統》，三

 序言

本書共同構成了我目前認為的「新管理學三部曲」。至於下一步要寫哪些書，我暫時有一個4～5本書的系列寫作計畫；它們的書名各是什麼？這裡就不劇透了，答案的「彩蛋」埋在本書第5章的內容中。

據實而言，這本書是關於新競爭策略的首印版本，其中有很多顛覆式理論創新、有趣的案例故事、有圖有真相的揭祕，也必然存在掛一漏萬、疏忽不足之處，懇請大家批評指正！

李慶豐

第 1 章
如何降伏策略這隻「怪獸」？

本章導讀

我們的企業有策略嗎？95% 以上的企業沒有策略。而一些所謂有策略的企業也未必有「好策略」。按照《好策略，壞策略》作者魯梅爾特（Richard Rumelt）的說法，「好策略」鳳毛麟角，「壞策略」比比皆是。

為什麼會出現這樣的局面？策略學派眾多，創新發散雜亂……策略有「三宗罪」：浮誇、「內捲化」、學不會！

針對性解決方案是什麼？根據「策略＝目標＋路徑」，新競爭策略將給出一條讓「小蝦米」創業成長為「大鯨魚」的基本策略路徑……

「策略＝目標＋路徑」可以被稱為策略的第一原理，近一百年來的策略研究、策略教科書、策略大師所言等，有多少與這個第一原理相關？

相較於波特的《競爭策略》，本書可以說是 40 年來對策略最重要的一次更新，屬於漸進式創新；相較於策略教科書，它解決了策略管理「空心化」問題，所以屬於一次突破性創新。

1.1

策略「三宗罪」：浮誇、「內捲化」、學不會

重點提示

▶ 為什麼說「好策略」鳳毛麟角，「壞策略」比比皆是？

▶ 什麼是策略研究的「內捲化」及「蜂窩化」？

「紙上談兵」是一個中國成語，出自這樣一個歷史典故：

　　戰國時期，趙國有一員大將名叫趙奢。他屢立戰功，被趙王封為馬服君。趙奢的兒子趙括，從小就熟讀兵書，談起用兵之道口若懸河，講得頭頭是道，連趙奢都說不過他。日子久了，趙括便自以為是，覺得天下沒有人能比得上自己。

　　趙奢無法駁倒自己年輕的兒子，但也不承認他兵法學得有多好。趙括的母親覺得很奇怪，就問丈夫其中的原因。趙奢很擔憂的說：「打仗，是生死攸關的事。兒子雖然熟讀兵法，但是沒有實戰經驗，只會紙上談兵，將來若是率兵打仗，恐怕會遭到慘敗。」

　　西元前 262 年，秦國進犯趙國。趙國大將廉頗帶領數十萬大軍前去抗敵。見秦軍強大，廉頗認為不能硬拚，便決定在長平築壘固守，等到秦軍糧草供給不足的時候再出兵作戰。不管秦軍如何挑釁，廉頗都下令官兵閉門不出，只嚴密防守，皆不應戰。就這樣，廉頗在長平堅守達三年之久，秦軍沒能得逞。

　　秦國見一時無法取勝，就用了一個計策：派人到趙國都城邯鄲去散布流言，說廉頗懼怕秦兵，困守三年，一次都不敢出門應戰；又說秦國特別擔憂趙王任命精通兵書的趙括為將，那樣秦國就會一敗塗地。

　　趙王果然中計，下令由趙括取代廉頗為大將。趙括擅長紙上談兵，根本沒有實際作戰經驗，上任不久就改變了廉頗的作戰方案，用書上所學的理論向秦軍發起全面攻擊。秦軍假裝戰敗，一路將趙軍引到秦

軍大營前。趙括此時才知道中計，可為時已晚。頓時，四十萬趙軍成了甕中之鱉，內無糧草，外無援軍，陷入了絕境。

　　最早的策略理論源於戰爭實踐，而企業策略管理這門學科只有不到100 年的歷史。全球從事企業策略管理相關研究的學者、專業人士，少說也有幾百萬人。喬爾·羅斯（Joel Ross）說：「沒有策略的企業就像一艘沒有舵的船一樣只會在原地轉圈，又像個流浪漢一樣無家可歸。」我們的企業有策略嗎？95% 以上的企業沒有策略。而一些所謂有策略的企業也未必有「好策略」。按照《好策略，壞策略》作者魯梅爾特的說法，「好策略」鳳毛麟角，「壞策略」比比皆是。

　　《美國管理學會學報》在 2012 年的一項調查顯示，管理學在理論研究與實務之間有著巨大的鴻溝，而且目前還看不到這種鴻溝縮小的跡象。有人開玩笑說，策略研究與經營實踐是兩個毫不相關的行業。一方面，策略理論的知識庫不斷擴充，相關的書籍、論文可謂汗牛充棟、層出不窮，時髦又流行的策略名詞日新月異。另一方面，在企業實踐領域，由於缺乏真正可用的策略理論，造成策略管理的「土壤」異常乾涸，眾多企業策略問題頻現，走向關門倒閉的命運。

　　筆者在《企業贏利系統》一書第 4 章曾講到：策略學派眾多，創新發散雜亂……策略有「三宗罪」！此處再提策略的「三宗罪」，可將它們進一步概括為：浮誇、「內捲化[01]」、學不會 ！

　　有些策略管理書籍的內容較為浮誇。 從西方引進的很多策略教科書及其國內的衍生產品，其主要內容可以用「一個小兵加四個山大王」來形容。「一個小兵」是指外部環境分析，通常這方面內容處於上述策略教科

01　內捲化（involution）：社會學術語，指社會中因過度競爭而產生大量無意義的勞動，反而使整體社會發展遲緩。

書的第一部分，其篇幅最多可占到一本書的六分之一。俗話說，鳥兒天上飛，魚兒最懂水。經營者每天在感知外部環境，產業中所有企業的外部環境並沒有太大的不同。所以，外部環境分析並不是企業策略管理的核心內容。在這樣的理論薰陶下，如果經營者熱衷於外部環境機會、追隨主流話題焦點，期望「天上掉下餡餅」，通常不會幫助企業獲得有持續性的競爭優勢，反而會形成投機主義價值觀並遭受機會成本損失。「四個山大王」是指一體化策略、多角化策略、收購兼併策略、全球市場策略，這些內容是上述策略教科書的「重頭戲」，通常會占去一本書的大半篇幅。從經營實務看，策略管理的重點在於，首先如何讓企業活過創業期，達成「從 0 到 1」的突破；其次是度過成長期，達成「從 1 到 N」的成長；最後才是進入擴張期，達成「從 N 到 $N+1$」的擴張。而上述「四個山大王」直接站在空中樓閣上，大談特談如何「從 N 到 $N+1$」：一體化、多角化、收購兼併、全球擴張……海航集團、ofo 小黃車、樂視集團、德隆集團、春蘭股份等企業的衰敗或消失，應該是這些理論的受害者。

　　策略學派林立，各自畫地為牢、自說自話，囿於「內捲化」，在所屬領域內進行無意義的重複，無法躍升到一個更高的層級。策略思想界有設計學派、規劃學派、定位學派、學習學派等十大學派的說法。不可否認，它們對策略學科的形成及企業策略的開創具有奠基性作用。但是，按照明茲伯格的說法，這些策略學派又都在盲人摸象，它們的簡單相加並無法得到一頭完整的策略「大象」。後來，人們透過組合、疊加、胡亂搭配等多種手法創作，現在的策略學派更多了。《經濟學人》雜誌曾調侃說，人人都在談論策略，卻沒有人知道策略究竟是什麼。在碎片化切割及「內捲化」勞動的雙重作用下，目前策略理論已經呈現「蜂窩狀」加速擴展趨勢，像生態圈、領導力、文化、創新、智慧化、數據化等流行詞彙背後，

都已經有了各自的策略分支。

透過「知識堆砌＋案例教學」的教育方式，你學不會策略！將策略內容的模組分門別類按照教學邏輯堆積起來，可以是一門策略課程，可以是一部巨著，可以讓學生習得知識、獲得文憑，甚至可以讓大家紙上談兵，但是這不代表學會了真正的策略。真正的策略是什麼？至少來說，策略＝目標＋路徑，它應該揭示，在特定的外部環境下，一個企業如何從小到大、如何成長與發展的那些基本規律。此外，哈佛商學院的案例教學較為知名，全球各地商學院紛紛引進與效仿。也許不少人缺乏經營實踐經驗，所以引進案例教學補充；也許策略理論太混亂，以至於無章可循，所以看重案例教學的表演性與具體化；也許案例教學讓聽課者有參與感，互動讓時間飛逝，所以能提高學員的滿意度。別人的案例可以直接借鑑與模仿嗎？也許會有一些啟發，但也可能是「彼之蜜糖，汝之砒霜」。如果策略案例幾乎都是知名企業、跨國公司的案例，在策略課堂上煞有介事的講授世界 500 強、大型集團的過往經驗，那麼對於占企業總數比例 95% 以上的中小企業有什麼借鑑意義？而哪個企業不是從小開始、逐漸長大的呢？

提出問題是為了分析問題。策略「三宗罪」的根源在哪裡？我們需要向華為的掌舵人任正非學習。他勤於自我批判。在華為高歌猛進時，他常常能自我反思，指出企業存在的困難和問題。從自我批判的角度，企業要策略聚焦，而策略理論自身是分散的、浮誇的；當企業遇到問題，有些策略學者振振有詞：「策略要有所選擇，不能盲目擴張……」

策略教科書、案例課堂及名師演講，無非就是在策略類型與案例、策略學派與工具、策略細分與混搭、策略制定與控制等方面 —— 筆者稱其為策略知識庫，其中或許是給出一些精緻的內容組合，或許是探究一點、

以偏概全，或許是盲從式研究、不斷「內捲化」重複，見圖1-1-1。但是，這些都不是企業策略的核心，它們只能算作周邊。那麼企業策略的核心是什麼？

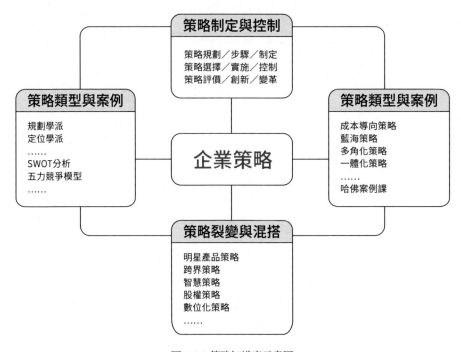

圖 1-1-1 策略知識庫示意圖

　　分析問題，是為了尋找問題的可行解。策略學者麥可‧波特（Michael Porter）認為，「策略是企業為之奮鬥的一些目標及為此而尋求的相關途徑的結合物」，用公式表達即「策略＝目標＋路徑」。就像在大海中航行的船隻，我們求解目標、路徑時，一定要先弄清楚那是一艘什麼樣的船，像小舢板、遠洋漁船、潛水艇與航空母艦等，它們的目標、路徑一定有很大不同。同理，我們把企業稱作「企業生命體」，那麼求解企業策略即「目標、路徑」時，一定要先弄明白那是什麼樣的企業生命體。老王的小

超市、聶雲宸創辦的喜茶、賈伯斯創辦的蘋果、任正非創辦的華為及王興創辦的美團，這些企業各自的目標、路徑一定有很大不同。況且，在激烈的市場競爭大海中，企業生命體要幾年、幾十年，甚至幾百年如一日的遠航，同時自身還要不斷定位、成長、擴張、突破……

　　企業生命體很複雜，具有耗散結構，是一個非線性系統。《平衡計分卡》的作者說：「如果你不能描述，那麼你就不能衡量；如果你不能衡量，那麼你就不能管理。」由於之前我們不能完整描述企業生命體，造成相關的目標、路徑很難衡量，所以可實踐的策略規劃與執行也就無從談起。

　　如何結構化、系統化描述企業生命體？我們描述一個事物不需要面面俱到，而是應該抓住重點，遵從綱舉目張的原則。

　　筆者提出了企業贏利系統理論，同名書籍《企業贏利系統》已於 2021年 2 月出版。商業模式「掌管」一個企業的盈利，是企業贏利系統的中心子系統（簡稱為「中心」）。在筆者提出的 T 型商業模式理論中，企業產品又是商業模式的核心內容，企業生存與發展必定要依靠現在及未來的企業產品。**由此，我們可以依照「企業產品→ T 型商業模式→企業贏利系統」，這樣一個三層鑲嵌模式結構，來描述企業生命體。**

　　為了實現目標和願景，企業生命體通常會依循什麼樣的策略路徑？沿著時間軸，一個企業通常會歷經創立期、成長期、擴張期、轉型期（或衰退期）四個生命週期階段。在每個階段，企業都應該有若干主要策略主軸。例如：在創立期，企業的主要問題是如何進行產品定位，打造一個優異的企業產品，達成從 0 → 1 的突破，為企業建立生存根基；在成長期，企業的主要問題是如何持續贏利成長，不斷累積競爭優勢……這些關乎企業生存與發展的主要策略主軸，首先要透過研究經營場景來畫出企業的策略藍圖，然後才能在日常的營運管理中實踐。企業生命體、企業生命週期

策略路徑、策略規劃與場景三大部分，共同構成了本書所闡述的「新競爭策略」的重點內容，見圖 1-1-2。

　　下一節將具體說明，競爭策略一定程度上代表了企業策略，新競爭策略是對波特競爭策略的重大更新。

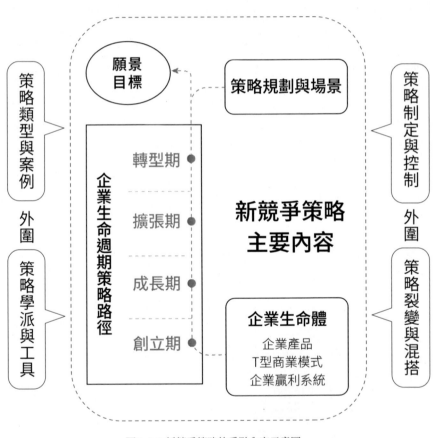

圖 1-1-2 新競爭策略的重點內容示意圖

26

1.2

競爭策略很重要！如何對它進行更新？

重點提示

▶ 在策略路徑方面，施華洛世奇與新光集團有何不同？

▶ 如何掌握麥可・波特所提出的「競爭策略」的主要內容？

▶ 採用批判性思維，如何理解「新競爭策略」？

西元 19 世紀末的歐洲，第二次工業革命正如火如荼進行，越來越多的普通民眾也開始購買那些原本代表貴族身分的水晶裝飾品，而傳統人工打磨水晶的方式已經難以滿足日益成長的市場需求。

施華洛世奇創始人丹尼爾・施華洛世奇（Daniel Swarovski）出生在歐洲的玻璃水晶加工中心 —— 捷克波西米亞地區。1895 年，在參觀了一次電氣博覽會後，丹尼爾・施華洛世奇受到啟發，研發出顛覆人工打磨方式的水晶切割打磨工具機，然後以自己名字「施華洛世奇」為品牌在奧地利蒂羅爾州開了一家工廠。

水晶的切割打磨效率提高了，天然水晶的產量又成了限制產能提升的瓶頸，於是丹尼爾・施華洛世奇花了三年探索出近乎完美的人造水晶祕方 —— 它的材質是一種高鉛玻璃。

20 世紀初，水晶成為時尚流行裝飾，施華洛世奇大批生產的人造水晶成為設計師們的最愛，風靡巴黎、米蘭時尚圈。法國、義大利、美國等世界各地的訂單如雪片般向施華洛世奇湧來。

抓住了時代潮流的施華洛世奇，在戰爭中也沒有錯過發展機會。在第一次世界大戰期間，物資短缺，為了自給自足、延續生產，施華洛世奇就自己製造所需的設備。在第二次世界大戰期間，被軍方徵用的施華洛世奇把水晶打磨技術應用於改良軍用望遠鏡，從此開闢了新的業務領域 —— 光學設備。

第二次世界大戰後，歐洲經濟復甦，水晶再次受到大眾的歡迎，施華洛世奇逐漸成為全球頂級時尚水晶品牌。

1978 年，中國剛剛開始改革開放，16 歲浙江女孩周曉光就帶著借來的幾十元人民幣，一路向北，出了山海關，到東北三省沿街叫賣繡花針、繡花圈等小商品，一做就是六年。1985 年，周曉光用多年積蓄，在浙江義烏的小商品市場租了一個攤位，結束了漂泊叫賣的生活，後來又拿下臺灣一家知名飾品企業的經銷權。接著，她投資創辦新光飾品廠，逐漸站上了國內飾品產業的潮流。

周曉光帶領企業透過不斷引進新款式、新材料、新技術，成立自己的設計學校，將新光飾品廠逐漸發展為新光集團。隨著設計水準的提升，新光集團與施華洛世奇等國際大牌合作，其飾品多次榮獲國際大獎，產品還打入美國奢侈品市場，讓美國總統也別上了新光集團出品的領帶夾。新光集團品牌聲名遠播，奠定了產業龍頭地位。周曉光成了實至名歸的「飾品女王」、當地知名企業家。

2004 年，新光集團從單一飾品企業轉型為多角化營運控股集團。從房地產業開始，新光集團不斷跨界，而後一發不可收拾，快速拓展到製造、金融、投資、網路甚至農業，等諸多熱門產業。到 2016 年，新光集團旗下擁有近百家獨資子公司及控股公司，另有 40 多家參股公司，資產高達 800 億元人民幣，周曉光也一度成為浙江女首富。

2018 年 9 月，新光集團 30 億債務「引爆」，這成為新光集團崩盤的一條導火線，也證實了外界關於其流動性危機的傳言。爾後，新光集團相關公司的股份被輪候凍結、多處房產被查封，員工薪水被拖欠，創始人也被法院列入「失信被執行人」名單。2019 年 3 月，新光集團向法院申請破產重組，並對外披露未清償債務高達 357 億。從漂泊叫賣、擺地攤開始，周曉光 40 年打拚而來的家族基業，到後來只剩下「一地雞毛」。

（參考資料：曹謹浩，女首富「破產」：地攤起家傲立 40 年，貪大擴張基業毀於一旦，華商韜略）

　　按照傳統的說法，企業策略有三個層次，分別是總體策略、競爭策略、職能策略，見圖 1-2-1。

➤ 總體策略，也稱為公司層級策略或集團層級策略，主要回答「企業應該進入或退出哪些經營領域」，是指透過一體化、多角化、收購兼併、全球擴張、合資合作等經營策略，以形成所期望的多商業模式組合。

➤ 競爭策略，也稱為業務層級策略，主要回答「企業如何在經營領域內參與競爭」，指在一個商業模式內，透過持續累積競爭優勢，奠定本企業產品在市場上的優勢地位並維持這個地位。由此看來，競爭策略是圍繞產品展開的。通俗的說，競爭策略就是如何打造一個有競爭力、永續盈利的好產品的策略。

➤ 職能策略，也稱為職能支持策略，是按照總體策略或競爭策略，對企業相關職能活動所制訂的大致計畫，例如：行銷策略、財務策略、人力資源策略、研發策略等。參照一個企業的組織結構圖，可以列出企業應有的職能策略。

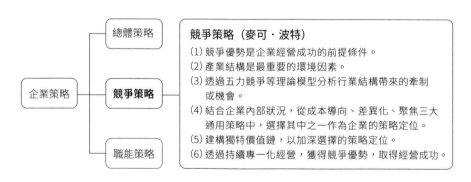

圖 1-2-1 企業策略的分類及波特競爭策略的主要內容

　　結合上例，在競爭策略層面，可以說新光集團取得了經營成功，而在總體策略層面，企業又遭遇了經營慘敗。究其原因，大致有以下四點：①

雖然新光集團抓住了發展機會，但競爭策略層面並不扎實，即常說的主業不穩、大而不強，沒能將積累的競爭優勢轉變為企業核心競爭力；②從競爭策略到總體策略，新光集團並不是沿著競爭優勢或核心競爭力展開的，而是依據所謂的外部機會及企業家的豪情萬丈，盲目的跨界擴張；③透過總體策略做大後，企業的核心能力與關鍵資源明顯不足，最終出現「小馬拉大車」的困境；④創始人所謂的「出眾能力」和自信，導致職能策略對總體策略、競爭策略的支持不足。

與新光集團「拚命跨界」的策略路徑有所不同，創立 120 多年的施華洛世奇並不熱衷於所謂的總體策略，沒有盲目多角化跨界，而是依據外部環境變化，聚焦於制定或調整競爭策略。從自研水晶切割打磨機床開始，到開發專屬原料、投資專用設備、進軍光學儀器、創立消費品牌，施華洛世奇打通了人造水晶加工上下游全部環節，最終擁有了自己的超級產品。施華洛世奇緊跟時代潮流，聚焦於自己的業務領域，精益求精、不斷深耕，從持續累積競爭優勢到形成企業核心競爭力，最終登頂人造水晶飾品業巔峰。

業務層級策略後來被廣泛稱為競爭策略，可能與哈佛大學麥可·波特教授 1980 年出版的書籍《競爭策略》有關。之前的策略學者，像安索夫、錢德勒（Alfred D. Chandler Jr.）等，以及麥肯錫、波士頓等管理顧問公司，主要是在總體策略方面進行研究或諮詢，這與大公司、跨國公司對策略更重視或願意支付較多的諮詢費用有關。至今，全球各地的商學院繼承了這個傳統，策略管理的課程內容主要與總體策略相關。筆者認為，聚焦於競爭策略，才是一個企業成長與發展的「王道」。先透過競爭策略累積競爭優勢，然後形成企業核心競爭力，再圍繞核心競爭力有機擴張，隨著企業實力增強，主要業務變得扎實且強大，自然可以躍升到總體策略，也有利於建構職能策略並發揮其支持作用。從這樣的角度來看，企業策略主

要就是競爭策略，它應該占企業策略 80% 以上的權重。競爭策略應該在很大程度上代表著企業策略，這不是矯枉過正，而是消解上節提到的策略「三宗罪」的重要舉措之一。

策略學派及其理論追隨者之間也會相互批判。例如：根據一些專家學者的觀點，波特的競爭策略似乎還不只有「三宗罪」：看重解構而輕視整體、強調競爭而忽視合作、強調產業結構而忽略企業的主觀能動性、策略定位靜止而缺乏有機及動態的論述……這些專家學者自有一套創新，提出了六力模型、七力模型甚至九力及以上模型等。

波特的專著《競爭策略》、《競爭優勢》等並不是通俗讀物，如何將其中多個經典的理論進一步組合成一個有機的理論體系，有待後人去研究和更新。參考其他學者的研究，筆者將波特的競爭策略理論體系概括為六個方向，見圖 1-2-1。大家研讀這六個方向後，就可知一些專家學者所謂波特理論中存在的那些「重大錯誤或缺陷」，大部分是子虛烏有或可能是理解不夠深刻導致的誤判。另外，見圖 1-2-1，聚焦策略是波特的三種通用策略之一，而非一些論文、書籍所稱謂的專一化策略或專業化策略。專一化與多角化對應 —— 專一化是指企業專注於經營一個商業模式，而多角化是指企業經營著多個商業模式；專業化與業餘化對應 —— 經營企業及工作需要專業化人才，而不能都是業餘化人士。

運用批判性思維時，我們應該重視更核心、更重要的問題。光陰荏苒而過，科技創新踴躍，萬物發生劇變，而波特的競爭策略是 1980 年代提出的。所以，對於企業策略來說，更重要的問題是，如何對波特的競爭策略進行更新？

筆者在《T 型商業模式》、《商業模式與戰略共舞》、《企業贏利系統》等書籍的基礎上，順勢而為又提出了新競爭策略理論，它能銜接波特

的競爭策略，更是一次重要更新。當然，這只是拋磚引玉，本書所言也只是新競爭策略的 1.0 版本。

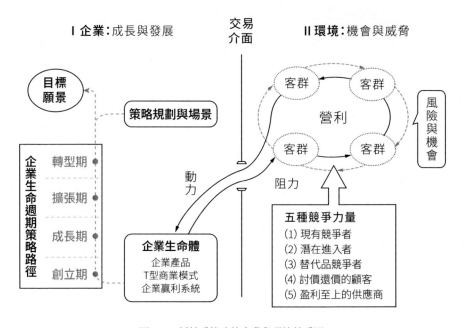

圖 1-2-2 新競爭策略的企業與環境競爭圖

　　圖 1-2-2 的視覺化形式能夠協助我們理解新競爭策略的大致內容：可以將這個圖視為一個棋盤，中間以交易介面代表「楚河漢界」。左側是 I 企業，它表示企業的成長與發展，需要在企業生命體、企業生命週期策略路徑、策略規劃與場景這三個新競爭策略要素的指引下，持續增加動力，從右側爭奪客群、增加自身盈利。右側是 II 環境，主要闡述環境機會與威脅對企業經營的影響。產業內現有競爭者、潛在進入者、替代品競爭者、討價還價的顧客、盈利至上的供應商這五種競爭力量，共同構成強大的產業牽制阻力，要不是與你的企業爭奪客群，就是透過各種手段設法降低企業的盈利，並且客戶密度、政策管制、產業週期、環境突變等環境風險因

素也會嚴重限制企業的成長與發展。以譬喻來說，這類似拔河，如果左側 I 企業競爭力強，就會將右側 II 環境中的更多目標客群拉動或吸引過來；如果右側的產業牽制阻力或環境風險較大，則會強力爭奪企業所期望擁有的客群，降低企業盈利，對企業生存與發展構成威脅。

此後三節內容將分別介紹企業贏利系統、T 型商業模式、企業生命週期策略路徑，它們是構成新競爭策略的基礎理論要素。

就像「新消費」也屬於消費，「新材料」也屬於材料，「新員工」也屬於員工，「新競爭策略」當然也屬於競爭策略。本書後續章節中，如果沒有特別指明，說到的競爭策略主要是指新競爭策略。

1.3
企業贏利系統：讓策略規劃有章可循

重點提示

▶ 結合相關企業，如何理解「策略＝目標＋路徑」？

▶ 華為從「小蝦米」長成了「大鯨魚」，為何當年的「大老虎」卻消失了？

▶ 對於制訂策略規劃，企業贏利系統有哪些開創性意義？

經常會有創業者說：「只要我們能借到錢，就可以再創一個阿里巴巴。我們比馬雲厲害多了，只是找不到當年的『孫正義』。」

當年的即刻搜索並不缺錢，背後股東的資金、流量及品牌資源可謂實力強大。專案的領軍人物壓根就沒有把百度看作是競爭對手，而是宣稱要超越谷歌。結果如何？專案團隊花費了大量資金，即刻搜索被人們嘲笑為「即刻失敗」。

又如，2019 年 12 月，熊貓直播與數十位投資人達成協議，近 20 億元人民幣的巨額投資損失全部由企業實際控制人承擔，曾經的「獨角獸」熊貓直播倒閉了！熊貓直播顯然不缺錢，實際控制人的家境富可敵國，多次成為「中國首富」；熊貓直播顯然也不缺技術，合作股東奇虎 360 為此派出了一流的產品經理團隊。

也有屢戰屢勝的例子，例如：字節跳動的創始人張一鳴是一位普通的「技術宅男」，出身於普通家庭，也沒有什麼特別背景。字節跳動成立幾年後，在張一鳴的帶領下，陸續推出了一系列熱門的手機應用程式（APP），如今日頭條、抖音、抖音火山版、西瓜視頻等，被業界稱為「APP 工廠」。

前面說到，策略＝目標＋路徑。對於目標，諸位都可以胸懷大志、暢所欲言；對於路徑，我們卻要保持敬畏之心。這也正是企業成功與失敗的關鍵所在。現在流行說「長期主義」、「做時間的朋友」。結合上面的案例，在短期內，企業的成長路徑出現重大失誤，可能會遭遇慘敗；在長期內，「常在河邊走，哪有不溼鞋」，所以基業長青很難。

這裡的路徑是指策略路徑 —— 企業生命體所走過的主要成長與發展路徑。 西元 1987 年，任正非借款人民幣 2 萬元創辦華為。當時的華為，只能勉強算是一個「小蝦米」級別的企業。在那個年代，與華為類似、從事通訊器材貿易的公司可謂多如牛毛，其中還有許許多多既有實力也有背景的「大老虎」級別的企業。現在，華為 5G 專利數量全球第一，通訊設備市場占有率全球第一，2020 年營收超過人民幣 9,000 億元。當年的「小蝦米」如今已經成長為全球「大鯨魚」，而當年的「大老虎」幾乎都銷聲匿跡了。

策略路徑代表著企業的前進方向，直觀上看是由一系列重大決策組成，而背後是由一個系統在發揮作用。將企業看作是一個系統，就要用系

統論的觀點去分析和研究。與系統論對應的是還原論，何謂還原論？笛卡兒認為，如果一件事物過於複雜，以至於一時難以解決，那麼就應該將它分解成一些足夠小的問題，分別加以分析，然後再將它們組合在一起，就能獲得對複雜事物的完整、準確的認知。

不可否認，還原論已經是近代科學研究的「標準作法」，對於推動理工類、管理類等各學科的發展功績卓著。但是，從局限性看，還原論這種無限分解、不斷拆分的方法，很容易讓我們「只見樹木，不見森林」。企業是一個不斷與環境互動而進化成長的類生命有機體，屬於非線性複雜系統。如果不斷用還原論方法線性分解、分塊拆卸、拼接組合，那麼碎片化知識、無實用價值的創新將會不斷湧出。

系統論與還原論是互補的關係，兩者交相輝映，缺一不可。如何用系統論的理念看待一個企業？一百多年前，法約爾（Henri Fayol）就將企業視為一個系統，區分了「經營」與「管理」，將管理活動從企業經營中獨立出來，並提出管理的 5 項職能、14 項原則。之後，麥肯錫的管理顧問提出了企業 7S 模型；彼得・聖吉（Peter M. Senge）在《第五項修練》中強調團隊要學會系統思考；有的學者將企業比喻為一臺笨重的機器或一個透明的黑盒子等。

以系統論的理念看待一個企業，筆者首次提出企業贏利系統理論。從靜態結構看，企業贏利系統分為三個層次，見圖 1-3-1。盈利邏輯層級，即經營體系＝管理團隊 × 商業模式 × 企業策略；執行支持層級，即管理體系＝組織能力 × 業務流程 × 營運管理；槓桿作用層級，即槓桿要素＝企業文化＋資源平臺＋技術實力＋創新變革。

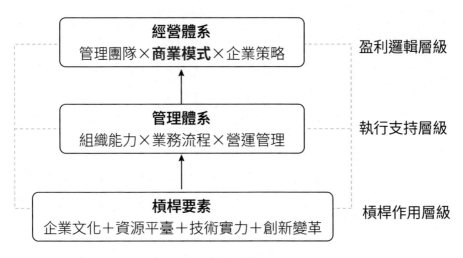

圖 1-3-1 企業贏利系統的結構分解與構成要素

　　經營體系說明一個企業的底層盈利邏輯，關乎企業如何在市場上立足及持續發展。顯然，管理團隊、商業模式、企業策略三者缺一不可。沒有了人，就沒有了一切！管理團隊是企業成長與發展的原動力。商業模式的核心內容是透過企業產品持續創造顧客，它是企業在市場上立足所必備的前提條件。企業策略的核心內容是不斷掌握外部環境機會，規劃一條更好的策略路徑，以保障商業模式永續創造顧客，最終實現組織的目標和願景。由此，企業策略可以分為三個部分：外部環境、目標和願景、策略路徑，也常用公式「策略＝目標＋路徑」簡要表達。

　　管理體系從屬於經營體系，發揮執行與支持的作用，將經營體系的盈利邏輯即時、準確、有效率的轉換為現實成果。管理體系的三要素與經營體系三要素一一對應：組織能力可以看作是經營管理團隊的功能放大及能力擴張，透過組織結構、制度等將企業全體人員凝聚成一個有機體；業務流程是商業模式的逐級展開及執行步驟，猶如涓涓細流與大江大河的關係；營運管理將企業策略規劃轉變為日常計畫、現場改進及績效成果。

　　槓桿要素主要包括企業文化、資源平臺、技術實力、創新變革。它們在企業贏利系統中主要發揮槓桿作用，讓經營體系、管理體系以及兩者協作起來更省力、更有效率，成本更低，競爭力更強、更持久。

　　在上述經營體系及管理體系的公式中，各要素之間用「×」號連結，表示每個構成要素缺一不可；在槓桿要素的公式中，用「＋」號連結各個要素，表示它們之間是疊加關係，視企業具體情況，可以增減這些要素，也可以有額外的要素加進來。

　　企業贏利系統的動態呈現形式，見圖 1-3-2。在經營體系三要素中，讓管理團隊、商業模式兩者保持不變，而將企業策略展開為策略路徑、外部環境、目標和願景三個部分，它們共同構成一個基本版（或稱為簡要版）的企業贏利系統。**我們通常以這樣的順序表述它的盈利邏輯：管理團隊驅動商業模式，結合外部環境，沿著企業規劃的策略路徑進化與發展，持續達成各階段經營目標，最終實現企業願景。**打個比方，它們三者就像一個「人－車－路」系統，管理團隊就像是司機，商業模式就像是車輛，企業策略就像是規劃好的行駛路線、外部環境及要去的地方。

　　在圖 1-3-2 中，為了讓圖示更加簡明扼要，更能流暢說明簡要版的企業贏利系統，所以沒有對管理體系、槓桿要素包含的內容進一步說明。從動態的視角，將「管理體系＝組織能力 × 業務流程 × 營運管理」這個構成公式，轉換為文字表述為：企業以組織能力執行業務流程，推動日常營運管理，周而復始達成現實的績效成果。另外，在《企業贏利系統》中，有近 60 個視覺化分析模型，大部分是用來說明企業贏利系統各部分及其所屬各要素之間的連結關係和動態運作原理。本書引入企業贏利系統，是為了更加有系統的說明新競爭策略理論，所以僅選取其中密切相關的內容進行簡要闡述。

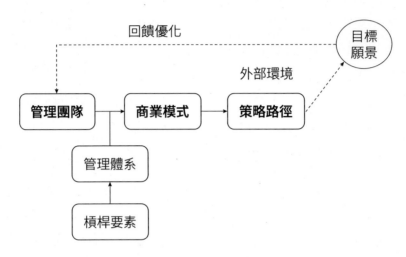

圖 1-3-2 企業贏利系統的動態呈現形式

　　在上述靜態結構圖中（圖 1-3-1），企業策略是企業贏利系統的一個基本構成要素；在圖 1-3-2 的動態呈現形式中，企業贏利系統的其他要素或者整體將沿著企業策略的規劃路徑成長、進化與發展，這似乎又突破了整體與部分的關係，是否有些自相矛盾呢？企業策略「掌管」著企業贏利系統在時間上的變化節奏。因此，從靜態與動態的不同視角，兩者確實存在以上的認知差異。為解此疑慮，可以從當下時間點向前或向後分別看待問題：從現在回溯過去，企業贏利系統各要素客觀存在、已成事實，最終歸結為當下時間點的一個截面（圖 1-3-1 所示的靜態結構）；從現在規劃未來，企業贏利系統是一個動態系統（圖 1-3-2 所示的動態呈現形式），我們考察企業在一個時間段的成長、進化過程。以下比喻或許有助於我們理解上述困惑：大腦是人體的一部分，人體在大腦的指導下生長和發育，同時大腦也在生長和發育。另外，在企業管理領域，我們要避免「學究」、「刻板」的分析矛盾或問題，應該多聚焦於理論的實用性及對實務的應用價值。

新競爭策略一定程度上代表了企業策略。企業贏利系統與新競爭策略有什麼關係？一方面，企業生命體是新競爭策略三大構成之一，而企業生命體包括企業產品、T 型商業模式、企業贏利系統三個主要模組。當然，此處的企業贏利系統，可以看作是除去「企業策略」要素後的企業贏利系統。另一方面，企業贏利系統及其 T 型商業模式、企業產品，讓策略規劃與場景「有據可依」，本書第 6 章將具體闡述這方面的內容。

1.4
T 型商業模式：與競爭策略攜手前行

重點提示

▶ 從還原論與系統論視角分別理解 T 型商業模式，有哪些顯著的不同？

▶ 企業產品代表著一個怎樣的不可分割的整體？

▶ T 型商業模式理論能否解釋 95% 以上的企業？

做公益、做慈善，最高的境界就是「授人以魚，不如授人以漁」，再昇華到理論層次，就是要為被資助者設計一個商業模式。

「羅輯思維」跨年演講中有這樣一個「時間的朋友」例子：上海投資人王益和買了 20 萬棵金絲楠木樹苗，免費送給四川深山裡的農民，要他們種在房前屋後、山上路邊。金絲楠木是中國特有的珍貴木材，在古代是皇家的專用木材，而今即使原產地四川，野生金絲楠木也已非常罕見。王益和把樹苗免費送給村民時，有一個附帶條件，種下去後 5 年內不准賣出。這些樹苗每年只能長高約 10 公分，20 ～ 30 年後，就可以長到 3 ～ 4 公尺高，稀有物資加上通貨膨脹效應，那時一棵樹苗價值上萬人民幣已經不成問題。一戶村民種了幾百棵，就像開了一家「綠色銀行」，幾十年或

上百年後就成了百萬或千萬富翁。

　　根據 T 型商業模式理論，上例中的創造模式、行銷模式、資本模式都組合在一起了。它隱含的假設是，「皇帝的女兒不愁嫁」，創造模式生產多少，市場就會需要多少，所以行銷模式依附於創造模式中；金絲楠木會不斷升值，具有複利或指數成長效應，大自然賦予這些農民的創造模式自己就會「錢生錢」，所以資本模式也依附於創造模式中。

　　一個完全版的 T 型商業模式有三大部分共 13 個要素，見圖 1-4-1。圖 1-4-1 右下側虛線框內是以還原論的視角給出的 T 型商業模式結構化分級示意圖。首先，T 型商業模式分為創造模式、行銷模式、資本模式三大部分；其次，這三大部分還有各自的構成要素。

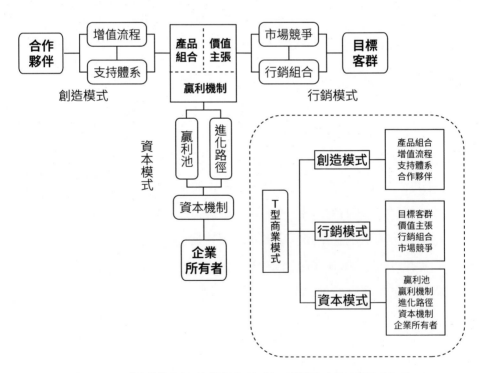

圖 1-4-1　T 型商業模式全要素構成圖（左上）及結構化分級示意圖（右下）

企業產品決定成敗

商業模式是企業贏利系統的一個子系統。從系統論視角，圖 1-4-1 是Ｔ型商業模式全要素構成圖。乍看到這個圖，我們會覺得它構成要素較多，連結關係有點複雜。就像庖丁解牛，我們先要找到一個切入點。對於這個圖來說，切入點是中間的大方框──產品組合、價值主張、贏利機制三者皆在其中，它們是「三位一體」。一個企業擁有的產品具有模組組合或多產品搭配的一面（產品組合），同時也有滿足目標客群需求的一面（價值主張），還有透過客戶付費購買為企業帶來盈利的一面（贏利機制），所以它們本質上是一個「整體」。只不過產品組合代表這個「整體」的實體形式，而價值主張、贏利機制代表這個「整體」的虛擬形式。之前的書籍中，筆者用「產品組合」代表這個整體。為了避免混淆，在本書中用「企業產品」代表這個整體。因此，這裡的企業產品是一個專有名詞，等同於企業生命體中的企業產品，都表示產品組合、價值主張、贏利機制三者合一的整體。

例如：一部智慧型手機就是一個產品組合，通常由硬體、作業系統、APP 組成。它不僅可以打電話、傳簡訊，透過安裝 APP 可以衍生出「無窮無盡」的應用功能，而且每個廠牌都有自己的產品特色，這些共同構成了該產品組合中蘊含的吸引客戶購買的價值主張。廠商銷售手機、配件，並透過軟體、維修服務收費，為企業帶來持續盈利，這是產品組合中蘊含的贏利機制。

從形式上看，設計商業模式，核心是設計產品組合，而產品組合可行與否，取決於蘊含的價值主張滿足客戶需求的程度。唯有客戶需求強烈，才會形成對產品組合的購買、口碑傳播等。這些都是贏利機制形成的前提條件。從實質上看，一個優秀的商業模式，產品組合、價值主張、贏利機

制三者是一個有機的整體，缺一不可、不可分割，並且它們之間相互激發、相互增強，將優勢最大化。我們在前文中討論競爭策略的企業生命體，要把企業產品放在第一位，然後擴大到商業模式，再擴展到企業贏利系統。專家學者們常說，商業模式決定企業成敗，實際上是企業產品決定企業成敗。試想，如果一個企業的產品組合沒有競爭力，價值主張不能激發目標客群的強烈需求，那麼必然會出現銷售受阻、產品積壓，設計再巧的贏利機制也不能真正帶來盈利。

彼得・杜拉克說，企業的唯一目的是創造顧客；華為有一句著名的 slogan：「以客戶為中心，以奮鬥者為本！」T 型商業模式有「商業模式第一問」：**企業的目標客群在哪裡，如何滿足目標客群的需求？**要解答這個問題或將前面的口號轉變為行動，企業就要創造差異化的產品組合，行銷有競爭力的價值主張，透過永續的贏利機制使資本累積和放大。並且，要將它們三者看作一個整體，你中有我，我中有你，不能將它們硬性分割或孤立看待。以比喻的方式說，產品組合、價值主張、贏利機制三者構成了一個立體容器，可將其稱為「聚寶盆」，合作夥伴的價值在其中，目標客群的價值在其中，企業的價值也在其中。通俗的說，企業與合作夥伴共同打造一個好產品，目標客群爭相購買企業的產品，企業也從中持續盈利——產品組合、價值主張、贏利機制三者形成了一個閉環。

如果產品組合、價值主張、贏利機制出現「三缺一」或「三缺二」，這個「聚寶盆」就不是一個立體容器了，而可能降格為一條線或一個面，從而無法承載任何價值。模仿或山寨的問題在哪裡？它們只是在產品組合形式上有點像某個品牌，但是無法模仿品牌的價值主張，或者就不可能模仿！例如：西元 1998 年，娃哈哈集團就推出了類似可口可樂的產品——非常可樂，但是產品組合中蘊含的價值主張一直不鮮明，消費者自然不會

買單，贏利機制不能形成閉環，再怎麼變換行銷方式也於事無補，後來逐漸銷聲匿跡了。

對 T 型商業模式各個構成要素的簡要解釋

圖 1-4-1 左上側圖中間大方框中，產品組合及其左側各要素，屬於創造模式部分；價值主張及其右側各要素，屬於行銷模式部分；贏利機制及其下方各要素，屬於資本模式部分。將這三大部分連結起來，形狀像一個「T」，所以稱之為 T 型商業模式。

➤ 對於創造模式中的四個構成要素 ── 產品組合、增值流程、支援體系、合作夥伴，簡要解釋如下：

- 產品組合。任何一個企業，要在市場上立足，都需要為目標客群提供產品 ── 在 T 型商業模式語境下，這個產品統稱為產品組合。由於競爭及客戶需求的多樣性，所以產品組合的形式是多種多樣的。例如：前面智慧型手機例子中說到「硬體＋作業系統＋應用程式」，它們屬於產品互補關聯組合。當然，單一產品屬於最簡單形式的產品組合。服務類產品可以視為功能模組構成的產品組合。例如：知名教育機構的「高收費課程＋文憑」組合，海底撈的「火鍋＋差異化服務」組合。基於研究需求，也會將看起來單一的產品拆分成產品組合。例如：將 Nike 鞋這個單一產品拆分成「運動鞋＋品牌形象」產品組合，將賓士汽車這個單一產品拆分成「交通工具＋品牌身分」產品組合。
- 增值流程。這裡是指形成產品組合所需要的在企業內部完成的主要業務流程，約等於波特價值鏈。
- 合作夥伴，主要是指對形成產品組合有貢獻的外部組織或個人，即廣義上的企業供應商。

- 支持體系，可以用「排除法」理解：除了合作夥伴和增值流程，其他對於形成產品組合有貢獻的內容，都屬於支持體系。通常來說，它包括技術創新及來自資本模式的各種能力與資源。

▶ 對於行銷模式中的四個構成要素 —— 目標客群、價值主張、行銷組合、市場競爭，簡要解釋如下：

- 目標客群，是指企業提供產品和服務的對象。在筆者的系列書籍中，目標客群與使用者、顧客、消費者等概念基本上一致，都表示產品組合的銷售或服務對象。

- 價值主張。價值主張決定了企業提供的產品組合對於目標客群的價值和意義，即相對於競爭者，產品組合滿足了目標客群的特定需求。例如：顧客買一杯喜茶的飲品，除了解渴或品嘗風味外，還有消費習慣需求、跟隨潮流需求、拍照上傳社群網站及排隊炫耀等社交需求，它們共同構成這個產品組合的價值主張。

- 行銷組合。行銷組合代表企業選擇的行銷工具或手段的集合。行銷4P[02]、4C[03]、4R[04] 等是經典理論的行銷工具組合。在網際網路環境下，社群行銷、裂變行銷……乃至「網紅」、直播、「種草」等都成了非常流行的行銷手段。將選用的行銷工具或手段整合在一起，統稱為企業的行銷組合。

- 市場競爭，主要是指產業內競爭者、潛在進入者、替代品競爭者等市場競爭力量。

▶ 對於資本模式中的五個構成要素 —— 贏利機制、企業所有者、資本機制、進化路徑、贏利池，簡要解釋如下：

02　4P 是指產品（Product）、價格（Price）、促銷（Promotion）、通路（Place）。
03　4C 是指顧客（Customer）、成本（Cost）、便利性（Convenience）和溝通（Communication）。
04　4R 是指關聯性（Relevance）、反應（Reaction）、關係（Relationship）和回報（Reward）。

- 贏利機制。它是指企業透過產品組合達成盈利以建立競爭優勢的原理及機制。例如：樊登讀書、羅輯思維等知識平臺的「免費＋收費」產品組合中含有這樣的贏利機制：免費的數位化產品帶來巨大流量，但是邊際成本趨近於零 —— 1萬個使用者與1億個使用者的總成本相差無幾；收費的數位化產品的邊際收益以指數遞增 —— 初期少數使用者抵銷掉成本後，而後若干年新增使用者帶來的收益基本上都是企業的利潤。與「盈利」不同之處在於，T型商業模式中的「贏利」不僅包括會計學意義上的利潤，還包括經營活動中形成的智慧資本等。
- 企業所有者。企業所有者名義上是指全體股東，而實質上發揮作用的是有權決定企業經營重大事務的一個人或一個小組。在經營實務中，往往是企業創始人、掌門人或核心團隊掌管了這些決策權，而股東會、董事會等往往是一個正式的法律形式。
- 資本機制，類似資本營運，主要指企業所有者透過對外權益融資、股權激勵、對外投資等資本運作形式，為企業引進資金、人才等發展資源或尋找發展機會。
- 進化路徑，是指商業模式發展進化的軌跡。例如：阿里巴巴從企業服務電商起步，然後有了淘寶、支付寶，再後來發展出天貓、菜鳥物流、雲端運算、智慧零售等諸多商業模式的組合。
- 贏利池。它表示企業可以支配的資本總和，主要有資本存量和贏利池容量兩個衡量指標。從資本存量角度來看，贏利池匯聚著企業內生及外部引進的各類資本。贏利池容量代表著企業未來的成長空間，通常以企業估值或企業市值來估算。

現在流行公式思維，關於T型商業模式三大部分的公式表達見表1-4-1。

表 1-4-1　T 型商業模式的構成要素及公式、文字表述

模式	T 型商業模式＝創造模式＋資本模式
創造模式	**公式**：產品組合＝增值流程＋支持體系＋合作夥伴 **轉換為文字表述**：增值流程、支持體系、合作夥伴三者互補，共同創造出目標客群需要的產品組合
行銷模式	**公式**：目標客群＝價值主張＋行銷組合－市場競爭 **轉換為文字表述**：根據產品組合中含有的價值主張，通過行銷組合克服市場競爭，最終不斷將產品組合銷售給目標客群
資本模式	**公式**：贏利池＝贏利機制＋進化路徑＋資本機制＋企業所有者 **轉換為文字表述**：贏利池需要贏利機制、進化路徑、資本機制、企業所有者等要素共同組合

　　至於 T 型商業模式的基本原理，就像筆者已出版書籍《T 型商業模式》宣傳語中所說的：依靠創造模式，對產品定位與錘鍊，持續打造一個好產品。學會行銷模式，再也不盲目促銷了，而是聚焦產品差異化，透過優秀的行銷組合克服競爭，為企業帶來持續盈利！掌控資本模式，累積競爭優勢，促進發展進化，培育企業核心競爭力。三者聯合起來，發揮飛輪效應，讓企業盡快成長為一匹「獨角獸」。

T 型商業模式的多樣化形式

　　為了表達商業模式的整體特徵，強調其中一些特定要素或功能、表現多商業模式疊加組合等需求，除了圖 1-4-1 所示意的 T 型商業模式全要素構成圖，下面再給出幾個與競爭策略相關、表達 T 型商業模式多樣化應用的示意圖形式。

　　忽略具體構成要素，只是將創造模式、行銷模式、資本模式構成一個 T 型圖，就是 T 型商業模式的概要圖，見圖 1-4-2 之左圖。這個概要圖主要用來表達商業模式的整體特徵、動態進化等。

　　對全要素圖進行「瘦身」，去掉中間要素，只保留與產品相關的三個核心要素（產品組合、價值主張及贏利機制）、與交易主體相關的三個周邊要素（合作夥伴、目標客群及企業所有者），由此得到 Ｔ 型商業模式的定點陣圖，見圖 1-4-2 之右圖。定點陣圖主要用於闡述或判斷企業產品如何定位，這對於創立期的企業尤其重要。

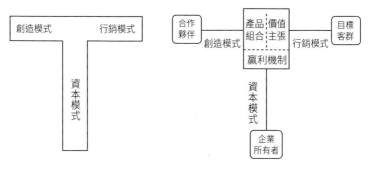

圖 1-4-2　Ｔ 型商業模式的概要圖（左）與定點陣圖（右）

　　此外，在傳統策略理論中，所謂的橫向一體化策略、縱向一體化策略及其他相關多角化策略、無關多角化策略等內容，都可以透過 Ｔ 型商業模式進行視覺化表達。例如：圖 1-4-3 的 a 圖為橫向一體化示意圖，由多個橫置的 Ｔ 型商業模式概要圖連結在一起而構成。它表示處於一個集團的各個關聯企業共享資本模式，但是在一定程度上保留各自的創造模式和行銷模式。b 圖是縱向一體化示意圖，c 圖是盲目多角化示意圖，d 圖是核心競爭力引領下的多商業模式組合示意圖。

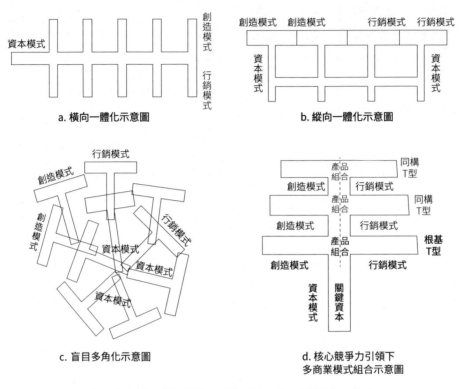

a. 橫向一體化示意圖

b. 縱向一體化示意圖

c. 盲目多角化示意圖

d. 核心競爭力引領下
多商業模式組合示意圖

圖 1-4-3　用 T 型商業模式表達一體化、多角化策略等示意圖

T 型商業模式的相容性與擴張性

　　追本溯源的話，原始社會後期出現的「以物易物」就是一種簡易的商業模式。它包括兩個交易主體：買方（目標客群）和賣方（企業所有者）。後來，出現了為「以物易物」提供搬運、清洗、仲介等服務的協力廠商合作夥伴。用 T 型商業模式理論解釋一下，目標客群、企業所有者、合作夥伴都有了，處於 T 型商業模式三端的三個「主角」都登場了，所以那時 T 型商業模式的實踐就已經開始了。

　　理論往往落後於實務，我們對理論的了解通常是一個逐漸遞進的過

程。關於商業模式，一種說法是 B2B、B2C 之類，還有成語接龍式的延長或變異，像 B2B2C、C2M2B 等。用 T 型商業模式來解釋，這些說法其實是企業所有者、目標客群、合作夥伴三者之間關係或衍生關係的反映。

另一種說法是以盈利模式（或贏利模式）指代商業模式。通俗的講，盈利模式就是如何將經營的業務拆分或組合 ── 化整為零、化零為整或跨界組合，想方設法向目標客群「巧立名目」收費。例如：租賃費、過路過橋費、解決方案費、訂閱費等。現在，也有 22 種盈利模式、55 種盈利模式的說法。用 T 型商業模式來解釋，盈利模式幾乎等於贏利機制，這只是 T 型商業模式的一個要素，不能獨立存在。

商業的本質不變，其實是說商業模式應該有一個固定的要素結構。它應該能解釋企業如何應對商業世界的千變萬化，將一切變化建立在一個不變的基礎之上。從西元 1990 年代開始，中外的專家學者都在尋找這個能夠反映商業本質的不變的要素結構。尤其進入 21 世紀以來，關於商業模式的「N 要素」說逐漸湧現，有 3 要素說、4 要素說、5 要素說、6 要素說、8 要素說、9 要素說等。筆者提出的 T 型商業模式屬於「13 要素」說，是站在前人「肩膀」上的又一次創新。

與前人的研究有所不同，筆者認為商業模式不能是一座理論孤島，不能囿於商業模式而研究商業模式。商業模式只是企業贏利系統的一個子系統，應該去探索商業模式與企業策略、組織能力、業務流程、營運管理、企業文化等子系統之間的連結關係。按照哥德爾定理，「不識廬山真面目，只緣身在此山中」，所以我們需要跳出商業模式來研究與探索商業模式。

另外，擴大範圍來說，T 型商業模式還與諸多企業管理理論及實踐有關聯，見表 1-4-2。

表 1-4-2　T 型商業模式與一些管理實踐及理論的關聯之處

相關理論及要點	與 T 型商業模式關聯之處
產品思維 一個具備優異產品思維的產品經理應該修練「微觀體感、中觀手段、宏觀格局」。	T 型商業模式 ≈ 產品思維＋資本模式，或者說：產品思維 ≈ 創造模式＋行銷模式。T 型商業模式及相關理論是可供參考的「中觀手段」，再與競爭策略結合，非常有利於培養產品經理的宏觀格局與視野。
平衡計分卡 從財務、客戶、內部流程、學習與成長四個角度，實踐企業策略。	客戶、內部流程對應行銷模式、創造模式；學習與成長增加了企業智慧資本，所以對應資本模式。T 型商業模式是使平衡計分卡能實行的一個簡單突破口。
淨資產收益率 淨資產收益率＝銷售淨利率 × 資產周轉率 × 融資槓桿倍數。	銷售淨利率、資產周轉率、融資槓桿倍數分別與行銷模式、創造模式、資本模式及各要素密切相關。
價值鏈 價值鏈指設計、採購、生產、銷售、交貨和售後服務等各項活動的聚合體。	價值鏈近似於 T 型商業模式 13 個要素之一的增值流程。T 型商業模式是價值鏈理論的一次更新。
五力競爭模型與利益相關者 含現有競爭者、潛在進入者、替代品競爭者、供應商、顧客。	對應於 T 型商業模式的市場競爭、合作夥伴、目標客群。T 型商業模式將五種競爭力量等利益相關者與企業自身放在一起，從競爭、合作雙重角度討論。
複利效應與指數成長 與增強迴路、滾雪球、贏家通吃、馬太效應等概念相同。	T 型商業模式的第一、第二、第三飛輪效應揭示了複利效應或指數成長在產品定位、贏利成長及培育核心競爭力方面的具體應用。
生產者剩餘與消費者剩餘 消費者剩餘是消費者福利，生產者剩餘是生產者福利，兩者之和為社會福利。	消費者剩餘是第一位的，是前提條件。根據產品組合、價值主張、贏利機制三位一體，必有合作夥伴剩餘、消費者剩餘、生產者剩餘。它們互相依存，形成閉環。
華為的「鐵三角」理論與實踐 在大專案管理中分設產品經理、客戶經理、交付經理三個不同的角色。	華為的「鐵三角」促進了產品組合、價值主張、贏利機制三位一體，讓合作夥伴、目標客群、企業（所有者）三者利益一致。

資源基礎理論 資源可轉變成獨特能力，在企業間難以流動或複製。這些獨特的資源與能力是企業持久競爭優勢的泉源。	資本模式與創造模式、行銷模式之間不斷循環發生的儲能、借能與賦能活動，持續增加企業的智慧資本、貨幣資本、物質資本。它們是企業建立競爭優勢、形成核心競爭力的前提條件。
定位學派與相關理論 成本導向、差異化、聚焦三大策略，藍海策略、品牌理論、定位理論、平臺策略、爆品策略等。	與 T 型商業模式的三端定位模型密切相關，都可以在 T 型商業模式三大部分中應用，從而讓它們具有可描述、可評價、可管理的性質。

在 T 型商業模式理論中，企業產品決定成敗，它是商業模式的核心內容，企業生存與發展必定要依靠現在的企業產品及不斷改進與創新的未來的企業產品。T 型商業模式是形成優秀企業產品的最直接保障，擔負著為企業不斷創造顧客及持續盈利的職能。企業贏利系統是促進商業模式發揮作用的系統性重要保障和建設支援力量。企業產品、T 型商業模式及企業贏利系統，三者組成新競爭策略中的企業生命體。

1.5
企業生命週期：競爭策略的曲徑通幽之旅

重點提示

▸ 樂視的「生態化反」為什麼無法成功？

▸ 在企業生命週期各階段設置策略主軸有什麼實用意義？

▸ 波特競爭策略存在哪些亟待修正的漏洞？

2020 年 7 月 21 日，樂視網（簡稱「樂視」）終止上市交易，總市值只剩人民幣 7.18 億元，較高峰時的 1,700 億元市值已經「蒸發」99% 以上。有網友稱，「樂視退市，半個娛樂圈都將遭受損失」。還有

網友調侃，「樂視就屬於娛樂圈，將『生態化反[05]』、資本運作這些新舊把戲放在一起玩」。

從企業生命週期來看樂視，大致可以分為以下三個五年：第一個五年，從 2004 年 11 月樂視創立到 2010 年創業板上市，可以看作是樂視的創立期、成長期；第二個五年，從樂視上市到市值屢創新高的 2015 年，這是樂視的擴張期，「一雲七屏」、七大生態一起「化反」的大餅已經成型；第三個五年，從 2015 年巔峰狀態到 2020 年退市，生命週期拋物線畫出了右半邊，秋風掃落葉，這是樂視的衰退期。

樂視從影音網站起家，這個業務在當時很引人注目。中國其他類似網站，像優酷、土豆、酷 6 網、六間房、愛奇藝等，全是賠錢的，直到投資人的錢燒得差不多了，就只能合併重組，找個像 BAT[06] 那樣的靠山，繼續進行商業模式探索。樂視於 2010 年深圳創業板 IPO[07]，當時質疑的聲音很多。樂視上市時，影音龍頭都深陷巨虧，樂視的財務指標竟神奇的位居產業第一，盈利非常高。華興資本包凡評論道：「一個排名第 17 位的影音網站，卻有產業第一的財務指標，變魔術啊！」多年後，《財經》雜誌爆料稱，因樂視 IPO 財務造假問題，多位前發審會[08]委員被抓。

樂視上市後，影音業務怎麼撐下去呢？

樂視創始人讀過知名商學院，意識到靠盲目多角化勝出的機率太低了，那就做策略課堂上曾被大家津津樂道的相關多角化。主要業務這棵「大樹」不夠有力，那就再種幾棵「大樹」，讓它們連在一起，像一片森林。樂視上市後從一個影音網站開始業務拓展，連續參與了七個產業生態圈：影音、電視、手機、體育、金融、汽車、雲端服務生態圈。有人疑問：這七個生態都是傳統大產業，都有產業龍頭，任何一個

05　生態化反：為「生態圈化學反應」的簡稱，由樂視集團創始人賈躍亭提出，用來描述以樂視控股集團為核心發展的產業鏈概念。

06　BAT 是指中國三大網路公司百度（Baidu）、阿里巴巴（Alibaba）、騰訊（Tencent）。

07　IPO（Initial Public Offering），即首次公開募股，是指一家企業第一次將它的股份向大眾出售。

08　發審會：為「股票發行審核委員會」的簡稱。

領域想做好都不容易，樂視同時在七條戰線作戰，這不是在自殺嗎？

也許樂視的創始人背後還有國際一流管理顧問公司或知名商學院出身的策略高手指點，樂視不斷拋出一些新概念，像「生態化反」、「開放的閉環」、「一雲七屏[09]」等。股市喜歡新概念，一些專家學者也跟著吹捧樂視的「生態化反」。2015 年極盛時，樂視股價屢創新高，市值超過了人民幣 1,700 億元。為了股票「增發」，樂視前後一共開了 63 家公司。樂視的所謂「生態化反」，無非就是「股票對倒」，以新概念來遮蔽背後的關聯融資、關聯補貼、關聯銷售、關聯採購、關聯擔保等各種形式的關聯交易而已。

樂視及一些幫忙鼓吹的專家解釋說，所謂的「生態化反」，就是讓各個產業生態圈之間發生化學反應。物競天擇，適者生存，不同物種之間都很難融合，各個生態圈之間能夠發生化學反應嗎？按照五力競爭模型，一個新企業、新產品周邊都是競爭生態。只有做到像賈伯斯引領下的蘋果公司那樣，才有可能將競爭生態大幅度扭轉為競合生態。只要是商業交易，競爭永遠是第一位，合作只是第二位。

樂視所謂的「生態化反」，就是將「相關多角化」換了一個說法。因為盲目多角化比較適合市場經濟極不發達的特定階段的特定企業，且這些企業最終有很大的機率會遭遇失敗，而總體策略的理論「香火」要續傳，所以相關多角化、打造生態圈或「生態化反」就成了一些人津津樂道的策略話題。**總體策略不能成為空中樓閣式的理論，而應該以競爭策略為基礎，否則所謂的相關多角化、打造生態圈等也屬於盲目多角化。筆者將這些統稱為「無根多角化」。**

明末清初文學評論家金聖歎曾說：「少不看《水滸》，老不看《三

09　一雲七屏：由樂視集團提出，指一個雲端服務搭配七種顯示螢幕（含手機、電視、戶外看板等），用來形容樂視未來智慧化整合的娛樂服務。

國》。」一方面，血氣方剛的年輕人價值觀尚未形成，一旦痴迷於閱讀《水滸傳》，很可能會變得更加衝動，做事不考慮後果，為社會安定帶來巨大危害。另一方面，人到年老時手中資源較多，且經歷豐富、老成世故，看了《三國演義》之後，會對各種權謀詐術更加心領神會……

　　套用金聖歎的說法，對於企業經營者來說：前期少看總體策略，後期少讀課堂上的知名案例。企業處於創立期及成長期，且創始人、高管經營經驗不足時，不要去碰諸如一體化、多角化、收購兼併、全球擴張等所謂總體策略的內容，也不要頻繁混各種「圈子」頗有興趣的討論這些「打高空」的策略或案例。像任正非、劉強東、王石、馬化騰等這些當年的創業者，並非讀過知名商學院，也不一定精通從國外傳進中國的那些總體策略，但在企業創立期及成長期，他們堅持把企業產品做好，把根基業務培育成「金雞母」，到了擴張期也是圍繞核心進行有機擴張。如果企業領導人經驗老到、涉獵廣泛，當公司面臨衰落及經營困境時，應該少提及過往的成功經驗、少模仿那些課堂上的知名案例，而應該讓自己心態歸零，遵循第一原理，多到企業第一線解決實際問題。一個人多年的經驗再疊加教學案例上他人的經驗，也許將會塑造出更強大的經驗主義思考模式。不過這段內容，也可套用混沌大學創始人李善友常說的一句話：「我說的可能是錯的！」

　　從企業生命週期階段看，樂視在創立期、成長期並沒有靠得住的企業產品。而進入擴張期，憑藉經營者的「魔棒飛舞」及各路人士的追捧與支持，七個業務組成的「生態化反」就像被捧上天了。但是，這樣的企業往往也很快進入衰退期，以迅雷不及掩耳之勢被原本的追捧者拋棄，就像流星一樣消失了。無根的企業（沒有競爭策略的企業）或者根基壞了的企業，是談不上企業轉型的，更談不上突破困境。後續的各種挽救，即使不

算飛蛾撲火，也常常是徒勞無功的。「眼見他起高樓，眼見他宴賓客，眼見他樓塌了。」之所以出現一個又一個類似樂視的企業，是因為不少企業經營者仍然有根深蒂固的投機心態。

　　波特競爭策略以分析產業結構見長，很少涉及具體的企業經營場景、產品願景、生命週期各階段策略主軸的差異，也不談及競爭策略如何透過企業的策略規劃實踐等。新競爭策略透過系統化的內容結構體系，將逐漸修補這些漏洞。從「策略＝目標＋路徑」展開，企業通常會歷經創立期、成長期、擴張期、轉型期／衰退期等生命週期階段。它們既是策略路徑，同時也屬於以宏觀視角觀察企業的經營場景，所以每一個階段都應該有自己的策略主軸。

　　創立期的策略主軸是什麼？企業產品定位及建立生存根基。成長期的策略主軸是什麼？持續贏利成長及累積競爭優勢。擴張期的策略主軸是什麼？堅持歸核聚焦及培育核心競爭力。轉型期／衰退期的策略主軸是什麼？革新再生、突破困境及第二曲線商業創新。上述內容見圖 1-5-1。這些都是本書第 2 章到第 5 章要著重討論的內容。為了簡化表達，從永續經營的角度，在之後的闡述中以轉型期指代「轉型期／衰退期」。

　　在企業生命週期的每個階段，相關策略主軸的成果最終透過企業產品在市場上的業績表現反映出來。另外，與產品思維、產品管理等理論互相連結，新競爭策略理論也更重視對企業產品的闡述。在新競爭策略理論中，為了加深對企業產品的進一步探索，研究企業產品演化對企業成長與發展的影響，我們將創立期、成長期、擴張期等各階段對企業產品的願景追求分別稱為潛優產品、熱門產品、超級產品，而轉型期相當於新的創立期，重新從潛優產品（稱之為潛優產品 II）開始，開啟下一個循環。

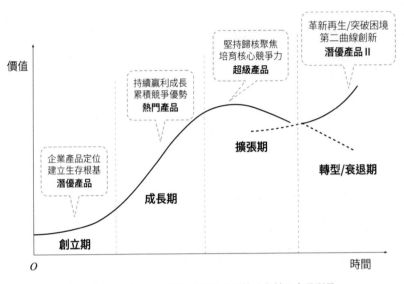

圖 1-5-1　企業生命週期各階段的主要策略主軸及產品願景

　　潛優產品就是潛在的優異產品、未來將有良好市場表現的產品。例如：阿里巴巴創立時期的淘寶、支付寶；騰訊創立時的 QQ 等。在創立期，透過企業產品定位、建立生存根基這兩個策略主軸，讓企業具備潛優產品、從而奠定未來銷售成長的基礎，開闢出一塊屬於自己的市場領地。

　　熱門產品就是在市場上有影響力、銷售量很高的產品，類似通常所說的「爆品[10]」。例如：小米成長時期的手機、行動電源等產品；本田成長時期的機車、汽車產品等。在成長期，透過持續贏利成長、累積競爭優勢這兩個策略主軸，企業追求將創立期的潛優產品打造為熱門產品，進而為下一步擴張發展打下良好的基礎。

　　超級產品是指在市場上具有巨大影響力、有一定壟斷地位，且能夠透過衍生產品長期引領企業擴張的產品。例如：福特的 T 型車就是一款超級產品，累計銷售量超過 1,500 萬輛，在美國市場的市場占有率一度超

10　爆品：中國網路流行語，指「一時爆紅的流行商品」。

過 50%。蘋果的 iPhone、可口可樂、字節跳動的抖音、騰訊的微信、谷歌搜尋等都屬於超級產品。這些超級產品帶來的持續盈利及衍生產品，引領了相關公司的擴張與發展。在擴張期，透過堅持歸核聚焦、培育核心競爭力這兩個策略主軸，企業追求將成長期的熱門產品打造為超級產品，在市場上逐步形成有一定壟斷地位的產品組合家族，並引領企業的長期擴張與發展。

從企業的創立期→成長期→擴張期的生命週期過程，也是企業產品從潛優產品→熱門產品→超級產品成長與進化的過程。在企業轉型期，透過革新再生／突破困境、第二曲線商業創新這兩個策略主軸，下一輪潛優產品Ⅱ→熱門產品Ⅱ→超級產品Ⅱ的循環就再次開啟了。

企業願景是較長期限內企業的終極目標追求。從潛優產品→熱門產品→超級產品，可以視為企業產品願景。古人有一句話：「取乎其上，得乎其中；取乎其中，得乎其下；取乎其下，則無所得矣。」企業產品願景是企業在產品方面追求的崇高目標，需要管理團隊帶領企業全體員工不畏艱險、排除萬難努力去實現。**相比於企業願景，從潛優產品→熱門產品→超級產品的產品願景更加具體化、有可行性，所以它必然是實現企業願景的突破口和前提條件。**

新競爭策略旨在將企業產品打造為超級產品，致力於發揮 1 ＋ 1 ＋ 1 ＞ 3 的加乘作用。第一，透過企業生命體打造超級產品；第二，以企業生命週期各階段的主要策略主軸共同打造超級產品；第三，透過策略規劃與場景打造超級產品，最終讓「小蝦米」創業成長為「大鯨魚」。

儘管理想很豐滿，但是現實較骨感。圖 1-5-1 也會給那些只會談論縱橫一體化、相關多角化、生態共創化、收購兼併、全球擴張等「打高空」策略知識的布道者、經營者敲響一記警鐘：站在企業生命週期拋物線的頂

端，回頭看一下，企業有沒有一個優異的企業產品定位，是否建立起了生存根基、具有潛優產品？更進一步，企業的主要產品組合是否經歷了持續贏利成長，已經累積起競爭優勢，是否成功塑造了熱門產品？如果答案都是「否」的話，那就大膽往前看一下吧！試圖透過收購兼併、產融結合、多元擴張等「快攻」形式，能讓企業飛躍式發展嗎？前車之鑑，後事之師。曾經的南德集團、德隆帝國、春蘭集團、海航集團、樂視集團……它們都是類似策略路徑的「先烈」。

知易行難，且知行也難以合一。貝佐斯（Jeff Bezos）有一次問巴菲特（Warren Buffett）：「你的價值投資理念非常簡單……為什麼大家不直接複製你的做法？」巴菲特說：「因為沒有人願意慢慢變富有。」巴菲特個人財富的 99.8%，都是在他 50 歲之後累積的，而 50 歲之前，巴菲特也要經歷創立期、成長期……

凡事沒有絕對，管理學也沒有絕對的真理，企業經營更是沒有絕對正確。很多管理學的道理通常是在普遍範圍內多半正確，新競爭策略也適用於這條原則。經營企業需要承擔一定的風險，但在性命攸關的策略問題上，不能老是與機率作對，孤注一擲希望小機率事件發生，也許有極少數幾次能僥倖勝出，但從長時間來看，必然是慘敗的結局。

1.6

新競爭策略：為企業打造制定策略的「模具」

重點提示

▶ 中外策略學者在選擇目標客群上有哪些問題？

▶ 如何培養企業管理團隊的策略觀念體系？

▶ 策略規劃是企業發展的指南針，為何大部分企業一直在隨機漫遊？

本章開頭就說，策略有「三宗罪」：浮誇、「內捲化」、學不會！這可以看作是一種自我批判。

由於策略有「三宗罪」，所以經常有企業出現策略失誤，還通常都是「要命」的大事。在創業投資工作中，被投資的企業出現了問題，身為投資方代表，筆者還要進行投資後管理，久而久之就成了半個策略工作者。

誰是中外策略學者的目標客群？

如果進行自我批判，就要追問策略「三宗罪」的根源在哪裡。類似一個藝術家創作藝術品，一名策略學者必然要向社會提供「策略產品」。這可能是出版書籍、發表論文、發表演說、講授知識等。從這個意義上來說，策略學者也是一個企業 —— 屬於一個人構成的企業，或者叫作工作室。結合商業模式第一問：策略學者的目標客群在哪裡，如何滿足目標客群的需求？

雜誌社、出版社是策略學者的目標客群？顯然不是。掌握著職稱評定、職位升遷權力的相關人士是策略學者的目標客群？顯然不是。審核專案研究基金的機構是策略學者的目標客群？顯然不是。在學中的讀者或學生是策略學者的目標客群？顯然也不是。

　　既然策略學者研究企業策略，那麼策略學者的目標客群應該是需要「策略產品」的企業。近一百年來，中外策略學者提供給企業的「策略產品」是什麼呢？正如圖 1-1-1 所示，盲人摸象似的各種策略學派與工具、多不勝數的各種策略類型與案例、一批批的策略名詞裂變與混搭、冗長及空洞的策略制定／評價／控制……即便是全球知名的策略大師，提供給企業的也只是「策略零件」、「策略原材料」。這是讓企業經營者自己組裝所需要的「策略產品」嗎？面對浩如煙海的策略知識庫，這太難了，己所不欲，勿施於人！那麼，有現成「策略產品」的模具嗎？

新競爭策略給出的「模具」

　　新競爭策略給出的「模具」簡稱為「3321」。整體來看，「3321」代表著對當下日益擴張、多樣創新、混沌無疆的策略理論的一次收斂和聚焦，最終能讓其中有益的部分在企業中實踐。

　　「3321」的第一個「3」，是指 I 企業、II 環境、III 知識等廣義上的競爭策略三大板塊，見圖 1-6-1。其中，III 知識是指近一百年來累積而成的策略知識庫，它包括策略學派與工具、策略類型與案例、策略裂變與混搭、策略制定與控制四大模組。這個策略知識庫是浩瀚無垠的，參與者、貢獻者眾多，至今還在多樣化裂變、混搭式擴張，有數不清的論文、書籍、案例、演講等。這些對企業都有實用價值嗎？弱水三千，只取一瓢飲。一個企業的策略規劃，用不到幾個策略知識模組。III 知識對 I 企業和 II 環境發揮輔助支援作用，而 I 企業和 II 環境才是競爭策略的核心。II 環境主要是指企業所處的外部環境，相關研究內容也很多。百鳥在林，不如一鳥在手。企業領導者常常會被各類專家學者誤導，不斷豪情萬丈的盲目擴張與多元投資。所以，在 II 環境中，我們只導入產業牽制阻力（主要是

五種競爭力量）及風險與機會兩個子模組。Ⅱ環境與Ⅲ知識最終都要聚焦及收斂到Ⅰ企業。Ⅰ企業是指企業的成長與發展，它是狹義上的競爭策略需要注意的重點內容。

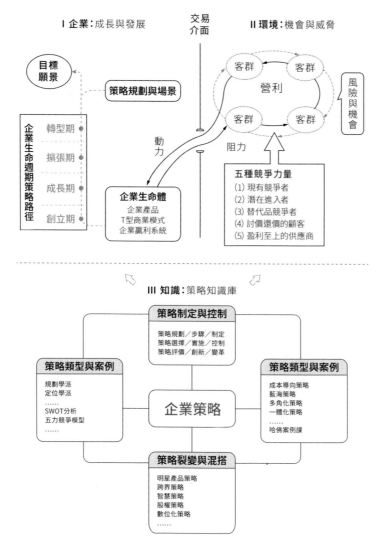

圖 1-6-1　狹義競爭策略與廣義競爭策略的主要構成

在圖 1-6-1 中，對 I 企業來說，狹義上的競爭策略包括企業生命體、企業生命週期策略路徑、策略規劃與場景三大構造，即「3321」中的第二個「3」。企業生命體包括企業產品、T 型商業模式、企業贏利系統三個部分。它主要解決企業策略規劃中存在的「巧婦難為無米之炊」的問題。前文說「95% 以上的企業沒有策略，而所謂有策略的企業，『好策略』鳳毛麟角，『壞策略』比比皆是」，主要原因在於大部分企業不知道策略規劃應該做什麼。目前，還沒有任何策略學派系統性、結構化的回答這個問題。

新競爭策略中的企業生命體簡要回答了上述問題。筆者認為，企業策略規劃應該談企業產品、T 型商業模式、企業贏利系統三個子模組。按照「策略＝目標＋路徑」，為了達成策略目標，要先有企業產品，它是超越競爭對手、贏得客戶口碑、員工日夜奮鬥的最終「憑藉物」，否則就偏離「以客戶為中心、以奮鬥者為本」了。打造優秀的企業產品，需要 T 型商業模式，而 T 型商業模式又是企業贏利系統的中心內容。它們構成一個三層鑲嵌結構，來描述企業生命體，也共同構成了企業策略規劃的基本內容。

企業產品、T 型商業模式、企業贏利系統等屬於企業空間維度上的構造。它們沿著時間維度一直在生長、進化、發展，每時每刻都在發生變化。前文曾說，華為原本是一個「小蝦米」，現在長成了一個「大鯨魚」。從 1987 年華為創立，迄今有 30 多年的時間了。按照每天一個截面來看，華為已經有超過 12,000 個截面了。今天的華為與昨天的華為一定不同，所以每一個截面上的企業產品、T 型商業模式、企業贏利系統等企業生命體的相關內容都有所區別。

從「策略＝目標＋路徑」深入分析，策略路徑由諸多時間維度上的策

略區間組合而成。因此，上述競爭策略的三大構造需要進一步收斂，代表空間維度構造的企業生命體應該融入生命週期策略路徑、策略規劃與場景才有實踐意義。類似於高等數學，這就像將一個個微分截面融入時間區間的積分，才能衍生出更多實用價值。

　　上述讓「空間截面融入時間區間」的再收斂，「3321」中的「2」就形成了，它是指企業生命週期策略路徑、策略規劃與場景。沿著時間維度，一個企業通常會經歷創立期、成長期、擴張期、轉型期四個主要的生命週期階段。它們構成企業策略路徑的「主幹道」。筆者認為，在企業生命週期的每個階段，企業都應該有自己的主要策略主軸及產品願景。在創立期，企業應該考慮企業產品如何定位，建構一個潛優產品，達成從 0 → 1 的突破，建立生存根基；在成長期，企業應該考慮如何持續達成贏利成長，逐步累積競爭優勢，讓潛優產品成為熱門產品；在擴張期，企業應該考慮如何有機擴張，塑造核心競爭力，把熱門產品打造為超級產品；在轉型期，企業應該考慮如何轉型突圍，開闢第二曲線業務，達成革新再生，以突破困境，下一輪潛優產品 II → 熱門產品 II → 超級產品 II 的循環就開始了。

　　策略規劃與場景是競爭策略實際執行的最終承載之地，也就是說，生命週期策略路徑及其策略主軸、產品願景等還要再收斂到策略規劃與場景，因為它是「3321」中的「1」，見圖 1-6-2。絕大部分企業經營者不寫書、不發表論文、不講課⋯⋯他們學習那麼多策略知識，其目的是什麼？競爭策略最終要收斂到企業策略規劃，應用在企業經營場景，其他內容都屬於知識基礎或中間過程。這也是一個檢驗標準：凡是不能歸結到策略規劃與場景的所謂策略理論或思想，就難以在企業經營中實踐，可以稱之為「與現實脫節」。

企業有年度計畫、競爭對策、策略觀念三個需要制定策略規劃或指導方案的經營場景。

> 年度計畫場景。通常在歲尾年初，企業經營者要帶領企業主要員工討論年度策略計畫，這叫作年度計畫場景。當然，討論中長期策略規劃也是一種經營場景，因為這是與年度計畫場景近似的例行活動，所以把它歸入年度計畫場景。

> 競爭對策場景，是指企業如何面對突發策略性問題這類經營場景，屬於非例行策略場景。在這類經營場景下，企業需要一個應急的策略對策方案。企業面對的突發性策略問題，大部分是由於利益相關者的衝突對抗、自身出現經營失誤，少部分是由於外部環境突變。例如：2010 年發生的奇虎 360 與騰訊之間的策略性對抗 ——「3Q 大戰」；一些國外晶片廠商對華為、中興實施「禁運」；由於監管或政策變化，螞蟻集團暫緩上市；新冠疫情爆發對餐飲、住宿等服務業的巨大衝擊等。外部環境突變往往影響一大批產業或企業，有一定的平等性和普遍性。

> 策略觀念場景，是指透過正確學習與實踐修練，讓新競爭策略闡述的策略規劃或指導方案在管理團隊的頭腦中實行。所謂企業「有策略」，不僅指企業有一個形式上的策略規劃藍圖，更是指企業的管理團隊頭腦中具有與企業發展階段相應的策略觀念體系。

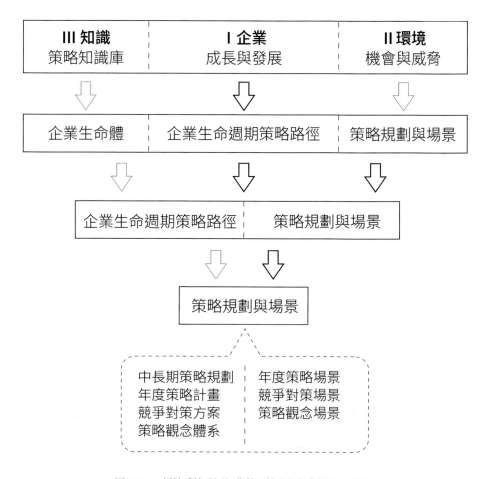

圖 1-6-2　新競爭策略逐級收斂到策略規劃與場景示意圖

　　綜上所述，「3321」是新競爭策略給出的一個「模具」，企業經營者可以據此組裝出適合本企業需要的「策略產品」。圖 1-6-2 下方策略規劃與場景所包含的內容：這個「策略產品」就是透過年度計畫、競爭對策、策略觀念三大經營場景，分別獲得企業需要的中長期策略規劃、年度策略計畫、競爭對策方案、策略觀念體系。

新競爭策略的兩大重點內容

　　一本書篇幅有限，內容安排上要有詳有略。參見圖 1-6-1 及圖 1-6-2，廣義競爭策略的 II 環境、III 知識兩大板塊，近一百年來已經有很多人在研究和闡述，相關論文及專著頗多，理論也相對成熟，我們直接從中借鑑與選用就可以了。本書重點在狹義的競爭策略，即 I 企業板塊中的三大模組，其中企業生命體（企業產品、T 型商業模式、企業贏利系統）方面的內容，筆者已經出版了可供參考的相關書籍，本章前面的內容也對其主要內容進行了介紹。因此，本書重點闡述企業生命週期各階段（策略路徑）的主要策略主軸及產品願景（第 2 章至第 5 章）、策略規劃與場景這兩大模組的內容（第 6 章）。

　　按照筆者系列書籍的寫作慣例，本書最後一章（第 7 章）是關於「T型人」的內容，將視角從企業轉移到個人。每個有願景追求的職場人士、創業者或自由職業者 —— 筆者在所著系列書籍中稱之為「T 型人」，都可以把自己看作是一個人構成的公司。本書闡述的新競爭策略理論，同樣可以濃縮投影到每一個「T 型人」身上……

1.7
「小蝦米」創業，如何成長為「大鯨魚」？

重點提示

▶ 什麼是產業研究的「魚塘理論」？
▶ 新競爭策略與波特的競爭策略有哪些關聯？
▶ 如何將新競爭策略應用到企業的經營實踐中？

有個童話故事是這樣講的：小貓在池塘邊釣魚，小兔子在蘿蔔田看書。一年一年過去了，小貓釣魚遇到了瓶頸，就向小兔子求教。小兔子自信滿滿的說：「你的魚餌老化了，唯一不變的是變化！因此，你需要將魚餌換成小蘿蔔頭。」

如上故事，小貓釣魚遇到了瓶頸，可能不只是魚餌的問題。突破困境的思路很多，例如：牠應該對附近池塘做一個產業研究，選擇一個魚多又大，並且垂釣者較少的池塘。

就像地球是太陽系的一個行星，而太陽只是浩瀚銀河系的一個恆星，任何企業都屬於一個產業，而產業只是產業鏈（或產業生態）上的一個環節。個體只是整體的一部分，所以全面看一家企業時，我們要擴大到產業的範圍，這叫作產業研究。

如何進行產業研究？為了易懂易記，筆者將其總結為「魚塘理論」，它大致包括三個部分：第一，產業時空分析。從空間構造上分析，企業所在產業處於產業鏈的哪個環節，上下左右產業生態有哪些特點。從產業生命週期分析，過去這個產業有哪些特點、現狀如何、未來發展趨勢是什麼。策略教科書常用的 PEST 分析中，P 指政治（Politics），E 指經濟（Economy），S 指社會（Society），T 指技術（Technology）。PEST 分析屬於

宏觀環境分析，置於具體的產業時空分析才有適用意義。第二，產業競爭分析。它主要包括策略群組分析和五力競爭模型分析。策略群組分析就是分析產業中第一梯隊、第二梯隊等各企業群組的特點。搞清楚企業處於哪一個梯隊，透過 SWOT 等策略分析工具，初步釐清企業的策略意圖及願景。前文已有簡述，五力競爭模型分析是對顧客、供應商、產業競爭者、潛在進入者、替代品競爭者五種競爭力量的分析。這五種力量共同構成強大的產業牽制阻力，是企業發展的巨大挑戰，也更能激發企業成長的動力。第三，企業成長與發展分析。這部分要用到企業贏利系統、T 型商業模式及新競爭策略理論，本書各章將對企業成長與發展進行闡述與分析。

　　以上是站在企業自身發展的角度進行產業研究。如果站在投資的角度進行產業研究，那麼第三部分就是透過分析產業中的若干重點企業，從而選拔出其中更有投資潛力的企業。以上產業研究的三個部分，類似養魚或捕魚──先找到一個好池塘、對優質魚群定位、精心養魚或有策略的捕魚，所以稱之為「魚塘理論」。本書淺嘗輒止，只是簡單說明一下「魚塘理論」。關於更進一步的產業研究方法論，相關教科書、波特競爭策略、證券分析師的報告、企業 IPO 公開說明書等方面都有詳實的闡述或具體案例。

　　眾所周知，波特的競爭策略以五力競爭模型、策略競爭群組等產業結構分析工具見長。除此之外，其三大通用策略、企業價值鏈等也是非常知名且實用價值較高的理論模型。波特在西元 1980 年提出競爭策略理論，至今已經有 40 多年了，時過境遷，萬物劇變。因此，非常有必要對其進行一次更新。

　　民樂演奏專家方錦龍說：「傳統就是一條河，一定要流動，只有流動起來它才清澈。創造性轉化，創造性發展，我們今天一定要走這一條路。」相較波特競爭策略，本書闡述的新競爭策略有哪些繼承與發展呢？

在圖 1-7-1 中，右側 II 環境板塊的五種競爭力量，來自波特的五力競爭模型。筆者是五力競爭模型的超級粉絲，我們評估創業專案、開發新產品、遭遇發展瓶頸等諸多經營場景時，都可以用五力競爭模型進行分析。筆者一己之見，競爭策略畢竟屬於企業策略，波特從產業結構視角闡述五力競爭模型，而缺乏從企業角度的進一步闡述，這算一個小漏洞。後續的講授者們如同玩「傳聲筒遊戲」，逐漸失真了。最後，五力競爭模型成了考試的一個考點，沒有在實踐中發揮出它強大的應用功能。

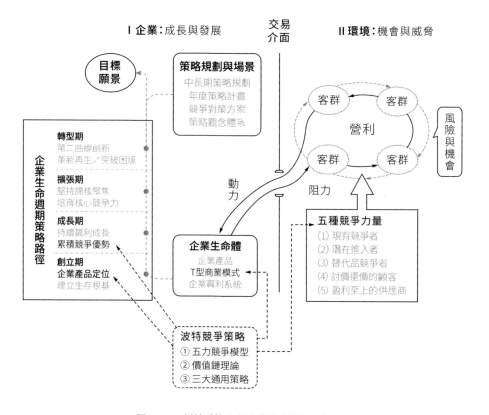

圖 1-7-1　新競爭策略與波特競爭策略關聯示意圖

　　筆者對五力競爭模型的改進點之一是，將它置於圖 1-7-1 所示的企業與環境競爭圖中，扮演阻礙企業發展的產業牽制力量。在被五種競爭力量圍堵的情況下，企業如何激發原動力、尋找突圍路徑、獲得目標客群、達成永續盈利？回答這個問題，就有可能得出最好的競爭策略。改進點之二是如何將競爭轉變為合作。從商業本質講，競爭是第一位，合作是第二位，但是由於交易的互惠共贏性，所以競爭可以向合作轉化。顧客、供應商，乃至產業各類競爭者，都可能是企業發展的合作力量。探討如何將競爭轉化為合作，比細緻入微的對五種競爭力量進行分析更有價值和意義。本書章節 6 與 7 的內容將介紹筆者提出的五力合作模型，它是對五力競爭模型的一個重要補充。

　　圖 1-7-1 左下側，Ⅰ 企業板塊有兩個子模組與波特的競爭策略密切相關。其一，波特價值鏈是 T 型商業模式 13 個要素之一，即創造模式中的增值流程。可以說，價值鏈理論是商業模式的根源理論之一。筆者提出的 T 型商業模式理論，是在很多前人研究基礎上的又一次修正與改進，所以相較於價值鏈，那已經是經過多次更新的理論了。其二，波特三大通用策略，即成本導向策略、差異化策略、聚焦策略，是企業生命週期策略主軸的一部分。前文曾說，創立期企業的主要策略主軸是企業產品如何定位及建立生存根基。波特三大通用策略就是產品定位的具體方法，成本導向是指產品的低成本，例如：福特 T 型車、格蘭仕微波爐；差異化是指產品的差異化，例如：喜茶、愛馬仕，它們與眾不同；聚焦策略是指產品的集中化，例如：航太硬碟，它主要應用在航空器上。

　　有專家評價說，波特的《競爭策略》、《競爭優勢》等書籍太過厚重與瑣碎，太重經濟理性而輕管理人性，不太容易閱讀。《經濟學人》雜誌調侃說：「若是讓麥可·波特發表一些妙語連珠、引人注目的東西，會比

要求他穿著女用內衣公開演講還讓他感到難堪。」從目標客群角度看，波特的理論及書籍不太適合企業經營者或管理者，更適合產業分析師及策略學者借鑑、研究與學習。

2012 年，波特聯合創立的美國摩立特管理顧問公司申請破產保護，有媒體文章提問：「策略大師麥可‧波特的公司破產，他的理論也破產了嗎？」顯然，這是兩回事，波特喜歡教學及學術研究，對於企業經營並無興趣，也未參與企業經營。毋庸置疑，波特的五力競爭模型、價值鏈理論、三大通用策略等依然熠熠生輝，具有非常好的實踐參考價值。

圖 1-7-2 示意了新競爭策略的動態系統構成。與圖 1-7-1 等之前的示意圖相比，它由豎轉橫變換了一下形式。

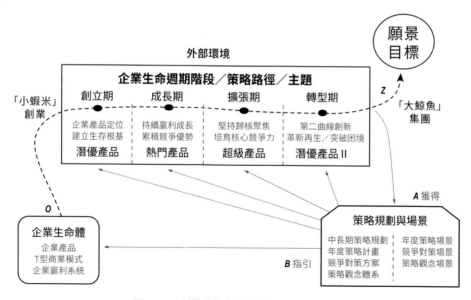

圖 1-7-2　新競爭策略的動態系統構成示意圖

遊戲製作人小島秀夫的作品中有這樣一句話：棍子和繩子是人類最古老的工具，棍子讓不好的東西遠離自己，而繩子則是讓好的東西連繫在一

起。筆者寫這本《新競爭策略》，力求比波特的《競爭策略》更通俗易懂，形式上更活潑一些。筆者從事創業投資工作，處於策略制定及應用的前線，寫這本《新競爭策略》，是「讓聽得見炮火的人呼叫炮火」。另一個改進之處是，本書以企業的經營管理者為目標客群。他們處於經營管理第一線，並不需要太過厚重及瑣碎的理論說教。就像《隆中對》中諸葛亮對劉備的策略建議，區區 350 字就指導蜀漢集團從幾個「流浪漢」迅速發展為三國鼎立中的一方強國。船到橋頭自然直！只要有一個大致的思路，企業經營管理者就能將競爭策略用好、將企業經營好。

「策略＝目標＋路徑」可以被稱為策略的第一原理。近一百年來我們的策略研究、策略教科書、策略大師所言等，有多少與這個第一原理相關？我們是否經常偏離策略的核心或正題？遵循策略第一原理，新競爭策略對「策略＝目標＋路徑」的具體闡述如下：

參見圖 1-7-2，從左向右，從 O 點到 Z 點，企業生命體沿著企業生命週期的策略路徑進化與發展，透過達成各階段的策略主軸，致力於將企業產品從潛優產品塑造成熱門產品，最終打造成超級產品，使一個從零開始創業的「小蝦米」，最終成長為「大鯨魚」，實現組織目標或願景。像阿里巴巴、騰訊、華為、蘋果、微軟等「大鯨魚」，創立之初就是一個「小蝦米」，創始人也沒有耀眼的履歷，很多人甚至沒有讀完大學。新競爭策略不囿於策略知識庫，主要依靠成千上百個成功公司的經驗提煉、概括與總結。

從左向右，從 O 點到 A 點，沿著時間軸檢討過去、認清現在、預測未來，這是策略規劃與場景形成的過程。從右向左，從 B 點出發到企業生命體及生命週期階段各部分，表示策略規劃與場景指引企業經營活動的過程。「從左到右」，再「從右到左」……如此循環往復的過程，就是新競爭策略持續指導企業經營的過程，也是企業始終如一開展策略管理活動的過程。

管理學者明茲伯格曾說：「我們對企業策略的認知就如同盲人摸象，每個人都抓住了策略形成的某一面向：設計學派認為，策略是設計；規劃學派認為，策略是規劃；定位學派認為，策略是定位；企業家學派認為，策略是看法……但是，所有這些學派都不是企業策略的整體。」

近一百年來大家尋尋覓覓，策略這頭「大象」究竟是什麼？從還原式切分到系統性整合，從盲人摸象到摸著石頭過河，我們不能放棄探索！比較來看，圖 1-7-2 給出的示意圖是否更像那頭「大象」？後續各章，我們將把策略這頭「大象」描述得更清楚一些。

1.8 企業策略：必須知道的一件大事是什麼？

重點提示

▶ 為什麼會出現企業策略「空心化」的問題？

▶ 如何理解「策略＝目標＋路徑」呢？

▶ 筆者所定義的「企業生命體」概念有哪些不妥之處？

回中國創業兩年，邢昆博士帶領團隊終於研發出具有世界頂尖水準的新一代 CT 掃描技術。有了先進技術，融資就很容易，他的公司很快就獲得三家知名投資機構共人民幣 7,000 萬元創業投資。有了資金支持，邢昆博士對於利用這項創新技術設計、製造新一代醫療 CT 設備信心滿滿。兼聽則明，偏信則暗。融資成功後，邢昆開了一個策略研討會，想聽聽策略管理方面的各路專家怎麼說。

1 號專家說：「邢博士，以我的多年經驗，經營企業要有執行力，你們應該先生產 30 ～ 50 臺醫療 CT 機，然後強力推銷，迅速占領市場！」

　　2 號專家說：「對於新技術、新產品，盲目擴大規模有風險，我在這方面有深刻的教訓。貴公司應該執行『訂單最大化』策略，向所有意向客戶行銷推廣，『廣撒網、多捕魚』，最後以銷定產。」

　　3 號專家說：「應該透過兼併收購策略，達成跨越式發展。」

　　4 號專家說：「是的，可以先收購一家 CT 醫療設備公司，然後走國際化發展的路線，在海外設立研發中心和製造工廠。」

　　5 號專家說：「不應過早實施國際化策略，可以考慮前向一體化發展策略。例如：收購兩家醫院，要在最終消費者一側有話語權。」

　　6 號專家說：「基於技術相關性的同心多角化策略風險最低，並具有加乘作用，所以應該是首選策略。例如：同時研發市場領先的核磁共振設備等，這樣有利於進一步融資。」

　　7 號專家說：「做產品不如賣服務，我建議在全國設立 CT 影像醫療中心，可以實施加盟連鎖策略。並且可以與各地政府招商一起互動，申請優惠政策，經營醫療產業園區，進一步下好這盤棋！」

　　8 號專家說：「企業策略很重要，但是不能靠直覺、信口開河！按照策略教科書，還是先做一下外部環境分析，像 PEST 分析、SWOT 分析等，然後才能定策略。」

　　以上 1 號、2 號專家給出的策略建議屬於自己的經驗之談，如果脫離邢昆公司的實際情況，這些經驗很有可能帶來巨大的策略失誤。而其他專家給出的策略建議大多屬於總體策略，更適合處於擴張期的大企業謹慎採用。

　　策略教科書上談及的總體策略，多數內容是如何透過擴張及跨越式發展，讓一個大企業變得更加龐大。但是，中小企業如何生存及健康發展？如何成長為大企業？大企業如何讓核心業務更有市場競爭力？這些應該是企業策略需要優先回答的問題。企業策略不能「空心化」，總體策略是周邊，而競爭策略是核心。拿一個建築群做比喻，主樓如同競爭策略，而周邊的副樓則像是總體策略。

　　筆者認為，聚焦於競爭策略，才是一個企業成長與發展的「王道」。針對一個小企業如何成長，起初根本談不上什麼總體策略，重點是透過競爭策略，先把主要業務做好，培育潛優產品，並逐步將它打造成熱門產品、超級產品。如果中小企業過早引入及實施總體策略的相關內容，必然會出現小馬拉大車、窄溪行大船等不良經營現象。

　　寓言故事〈狐狸與刺蝟〉中說：狐狸知道很多事情，但刺蝟知道一件大事。對於企業策略管理來說，我們應該知道的一件大事是「策略＝目標＋路徑」。競爭策略在一定程度上代表企業策略，著重回答一個小企業如何長大的問題。

　　新競爭策略是對波特競爭策略的一次重大更新。概括來說，根據「策略＝目標＋路徑」，新競爭策略給出一個指導「小企業如何長大」的基本策略路徑（簡稱「基本路徑」）：企業生命體沿企業生命週期進化與成長，透過創立期、成長期、擴張期、轉型期等各階段的主要策略主軸，將企業產品從潛優產品→熱門產品→超級產品，讓「小蝦米」創業成長為「大鯨魚」，實現企業策略目標和願景。

　　基本路徑只是一種供參考的通用策略路徑。由於企業經營的多樣性及面對環境的不確定性等，現實中企業的策略路徑往往有些變異或個性化特色。例如：有些企業在創立期或成長期就開始轉型，不斷轉換產業，很難發現潛優產品或熱門產品，長期處於「創業」之中。還有一些企業，像可口可樂、茅台酒等消費類公司，產品的壽命很長，企業的擴張期就非常長。還有像字節跳動、滴滴這樣的公司，創立期及成長期很短，在新流量及資本推動下迅速進入擴張期，很快就有了自己的熱門產品或超級產品。

　　這有點像我們每個人從小到大接受教育、學習成長的路徑。多數人從幼稚園→小學→中學→大學，遵循這樣一條基本路徑，但總有人與眾不

同。例如：作家莫言小學沒有畢業就去從事農業勞動，後來主要依靠自學，成為首位中國籍諾貝爾文學獎得主。漫畫家蔡志忠在 4 歲半時就想清楚了自己的人生定位，15 歲從國中輟學，開始成為職業漫畫家。

　　企業生命週期各階段與主要策略主軸也不是嚴格「一對一」配對的，見圖 1-8-1。例如，企業產品定位並不僅是創立期企業獨有的策略主軸或策略行動，因為客戶需求在變化、市場競爭在變化、企業能力和資源在變化，所以它應該涵蓋整個企業生命週期。成長期、擴張期、轉型期的企業也需要不斷創新或修正企業產品定位。除了企業產品定位之外，其他策略主軸如持續贏利成長、累積競爭優勢、培育核心競爭力、第二曲線商業創新等，也不限定在企業生命週期的某一特定階段。例如：在創立期有些企業不斷進行業務選擇嘗試錯誤或探索，類似於不斷進行第二曲線商業創新。生命週期每個階段都需要持續贏利成長或堅持歸核聚焦等。

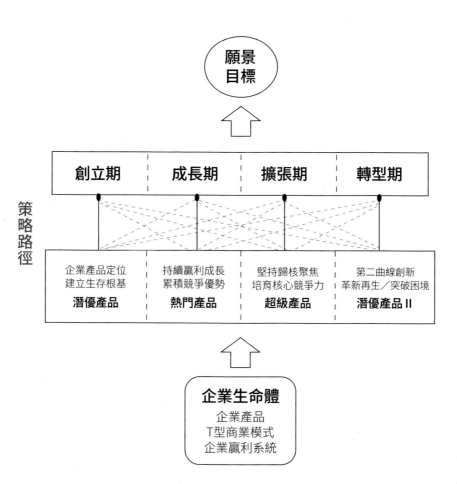

圖 1-8-1 企業生命週期各階段與策略主軸、產品願景的相互關係示意圖

同理，企業生命週期各階段與相關產品願景也不是嚴格「一對一」配對的。例如：潛優產品並不僅是創立期、轉型期所獨有的產品願景，成長期、擴張期也可以發現潛優產品。現實經營中，科技創新日新月異，五種競爭力量一直在變化，並且企業能力和資源也在變化與發展。因此，每個企業的產品組合及產品生命週期管理都會有自己的特色，並沒有一個統一的範本。

　　新競爭策略之所以為每個生命週期階段各「配備」兩個主要策略主軸和一個產品願景，一是因為要符合企業成長與發展的普遍規律；二是因為每個階段應該有所側重和聚焦，策略是「取捨」的藝術，不能不分輕重緩急；三是因為一個創新理論要給出明確的實踐指引和普遍方法論，以供企業選擇和參考。

　　根據「策略＝目標＋路徑」，企業策略規劃中制定的策略目標不僅包括銷售額、淨利潤、市場占有率等定量的財務績效指標，更應該包括生命週期各階段的相關策略主軸和產品願景等定性的經營目標。例如：企業成長期要達成的策略主軸是「持續贏利成長，累積競爭優勢」，致力於將潛優產品塑造為熱門產品。把它們視為定性的經營目標，有哪些實踐方式呢？後面的第 3 章將有專門論述，主要的實踐方式包括：聚焦於跨越鴻溝達成成長、驅動第二飛輪效應達成成長、發揮企業家精神達成成長、勇於面對硬球競爭達成成長、綜合利用各種策略創新理論或工具達成成長等。這就像 3D 列印，每一次永續性成長，就相當於為企業增加了一層競爭優勢，日積月累，企業的資本 —— 尤其是智慧資本不斷增加，企業就將擁有稱雄於市場的熱門產品。在研討企業策略規劃時，策略管理者應該根據這些主要的策略路徑及定性目標，結合企業經營實際情況，闡述具體細化的策略路徑和確定定量的財務績效指標。

　　各階段的策略主軸和產品願景實際上是企業實現策略願景路途中的里程碑，將這些里程碑連結起來，構成企業的總體策略路徑，它以前文介紹的新競爭策略所含有的指導「小企業如何長大」的基本策略路徑為參考。銷售額、淨利潤等定量的財務績效指標不能作為企業策略路徑上的里程碑，它們只是企業這艘船艦在未來行駛中所追求的「里程表」數字。如果只會將這些「里程表」數位作為策略目標，那麼企業這艘船艦未來很可能

遭遇偏離航向的風險，長期找不到正確的策略路徑。

現實中，幾乎所有企業都會確定未來年度的銷售額、淨利潤等定量的財務績效指標，但是達成這些財務績效指標的策略路徑在哪裡？它們是如何推導出來的？如果近一百年來的策略理論未能明確的、有系統性的討論「策略＝目標＋路徑」這個根本問題，很少談及「一個小企業如何長大」的基本路徑，必然導致「95％ 以上企業的高階管理人員有 MBA/EMBA 文憑或曾經學習過策略，但企業缺乏例行的策略規劃」。

企業生命體由「企業產品→ T 型商業模式→企業贏利系統」構成，是公式「策略＝目標＋路徑」成立的必備前提條件。企業贏利系統包含了 T 型商業模式及其企業產品。嚴格意義上來說，企業贏利系統就等於企業生命體，但是新競爭策略所討論的基本策略路徑中，更強調企業產品、T 型商業模式的成長與發展，為了「重點部分與系統整體」兼顧，就將企業生命體定義為「企業產品→ T 型商業模式→企業贏利系統」的三層鑲嵌模式結構。

提出企業生命體概念有什麼實際意義？第一，為「策略＝目標＋路徑」中的目標、路徑確立一個具體的主軸，即「企業產品→ T 型商業模式→企業贏利系統」歷經策略路徑獲得成長與發展，促進達成各自及企業總體的策略目標。第二，解決策略研究嚴重脫離策略本質及策略實踐的問題。例如：在「策略管理」課堂上，老師講課時會說，策略具有指導性、全域性、長遠性、競爭性、系統性、風險性六大本質特徵，但是我們的企業策略研究方面正在加速呈現出「灌木叢」化、過度理論化、加速碎片化、研究盲從化的學術「四化」特徵（詳見本書章節 6.8 的內容）。第三，讓「策略＝目標＋路徑」中的目標、路徑有可描述性、可衡量性、可管理性，有助於解決策略「難以實踐」的問題。

第 1 章　如何降伏策略這隻「怪獸」？

第 2 章
企業產品定位：從 0 到 1，建立生存根基

本章導讀

　　有人曾問，現在的中國是創業機會多，還是創業專案多？創業機會確實多，但是盲目創業的人更多，創業的失敗率高達 80% 以上！多年來，中、低階產品供過於求，而許多高階產品需要從國外進口。

　　現在流行說「所有的生意，都值得重做一遍」。有沒有具體的操作思路呢？在市場區隔上定義企業產品，五力競爭模型主外，而三端定位模型主內……讓企業具備潛優產品，從而奠定未來銷售成長的基礎，開闢出一塊屬於自己的市場領地。潛優產品中還可能觸發第一飛輪效應，這相當於為企業的產品組合，聘用一個不需要薪水的「行銷總監」！

　　產品經理族群中流行一句話，叫作「一個優秀的產品經理，應該具備宏觀格局、中觀手段及微觀體感」。熟練掌握和應用新競爭策略的產品定位理論，是否有助於培養優秀的產品經理呢？本章將給出具體的解答。

2.1

企業短命與新產品失敗的根源在哪裡？

> **重點提示**
>
> ▸ 為什麼說「為了情懷、捕捉宏觀機會、『跟風』」是創業的主要誘導因素？
>
> ▸ 有哪些傳統策略理論屬於企業產品定位？
>
> ▸ 為什麼要為企業生命週期各階段「配備」對應的策略主軸？

　　羅永浩是一個有夢想的人。他高中二年級就退學了，來到北京成為「北漂」。境遇所迫，急中生智，羅永浩發現自己有說話、演講的特長，歷經三次毛遂自薦，終於成了北京新東方英語學校的英語教師。

　　然後，羅永浩繼續跟著感覺走，不辜負自己的夢想……2012 年 5 月，羅永浩創辦錘子科技，開始做智慧型手機。2013 年，錘子科技第一款手機尚未發表，羅永浩已經放出豪言：「我會努力把錘子做好，將來收購不可避免走向衰落的蘋果，是我餘生義不容辭的責任。」錘子科技自此有了「蘋果母公司」的稱號。現實很殘酷，前後 8 輪融資 17 億元，錘子科技一直在嘗試錯誤。2019 年 4 月，錘子科技被字節跳動收購。2020 年，羅永浩開始直播賣貨，以償還「為了夢想而做手機」欠下的人民幣 6 億多元債務。

　　恆大集團的主營業務是房地產，屬於週期性產業，且經常被政策影響。恆大創始人是一個危機感極強的人，身邊也不乏總體經濟專家及策略發展顧問協助出謀劃策，共同消除恆大集團業務單一化帶來的風險。從宏觀的角度，中國要「消費升級」、「拉動內需」，大消費市場容量達人民幣數兆元，似乎必然有能成就眾多大企業、大品牌的機會。2010 年左右，恆大集團就開始了多角化策略布局，先後進入了食品、乳業、礦泉水、新

能源車等多個產業。這些嘗試卻鮮有成功，想當年恆大冰泉聲勢浩大，但連續三年虧損人民幣 40 億元之後，便與相同命運的乳業、食品業務一起，被恆大集團以極低的價格忍痛拋售。

雷軍說「站在風口上，豬都能飛起來」。這個所謂的「飛豬理論」被一些創業者誤學誤用，創業「追趕風潮」似乎有了理論依據。團購風潮、共享單車風潮、O2O 風潮、茶飲店風潮、P2P 風潮……成千上萬創業者衝進來，數百億美元創業資金投進去，「先驅」成了「先烈」，跟隨者倒下一片又一片。

因為情懷、宏觀機會、「跟風」，很多人就去創業、投資下注，最後失敗者極多。據統計，近十多年來，創業投資的失敗率高達 80% 以上。今後會有改觀嗎？如果新一代人更有「夢想」、更喜歡捕捉宏觀機會、更愛「跟風」，那就很難改觀。應該怎麼辦？我們從新競爭策略理論中去尋找答案。

一個企業追求成長與發展，需要自身有持久且強大的原動力；同時也會受到環境風險與產業牽制的威脅 —— 眾人爭相過獨木橋，阻力必然很大。

圖 2-1-1 中，中間是交易介面，左邊是 I 企業，右邊是 II 環境，雙方似乎在拔河。如果左邊的動力持續大於右邊的阻力，企業獲得成長與發展；如果左邊的動力持續小於右邊的阻力，企業就會被淘汰。

花開兩朵，各表一枝。右邊的 II 環境會帶來哪些阻力？其中包括五種競爭力量帶來的產業牽制阻力。根據波特五力競爭模型，產業中主要有五種競爭力量牽制企業的成長與發展，它們分別是產業內現有競爭者、潛在進入者、替代品競爭者、討價還價的顧客、盈利至上的供應商。

例如：小欣留學歸來，一直有創業開咖啡連鎖店的夢想。她的理由是，咖啡非常符合好的創業標準：容易理解、市場空間大、毛利高，並且

容易規模化複製。像星巴克全球 3 萬多家店，門庭若市，但看起來沒有什麼經營難度。況且她的創業專案是「網路＋咖啡店」連鎖店，模式比星巴克先進，這個創業計畫書還曾獲得創業大賽金獎。小欣的男朋友是從事創業投資的，不看僧面看佛面，近水樓臺先得月，她很快就獲得了一筆上千萬元人民幣的創業投資。小欣與兩個合夥人辛辛苦苦經營了兩年，男朋友也在旁邊出謀劃策，搭配各種資源，最終自己的錢及創業投資機構的錢都燒完了，心目中的「線上咖啡」連鎖店也沒有做成。

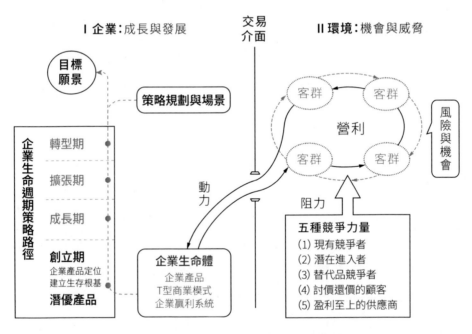

圖 2-1-1　創立期企業的主要策略主軸示意圖

　　用五力競爭模型分析一下，其實創業經營咖啡連鎖店難度非常高。首先，像星巴克、Costa（咖世家）等現有競爭者具有相當高的品牌知名度，能夠獲得顧客的信任，所以現有競爭者力量強大。其次，因為入行門檻很

低，像小欣這樣的潛在進入者有很多，投入幾萬元人民幣似乎很快就可以開一家咖啡店。再者，遍地開花的奶茶店、茶飲店是一股很強的替代力量，代表著消費新趨勢。因為選擇太多，有討價還價的空間，顧客就非常挑剔，哪家給的折扣多或優惠券多，就去哪家。最後，咖啡店、咖啡機多了，在需求高的情況下，咖啡原料供應商就趁機抬價，盡量提高自己的盈利能力，並且對小商家採購根本就看不上眼。

像上例中小欣的故事，很多創業機會只是看起來很美。五種競爭力量中的現有競爭者、潛在進入者、替代品競爭者與創業企業爭奪客群，而顧客、供應商透過討價還價與創業企業爭奪盈利，見圖 2-1-1。它們五者形成一種極強的產業牽制力量，最終讓創業企業步履維艱、阻力重重，極有可能創業失敗。

此外，創業企業還可能面臨外部環境帶來的「VUCA 風險」。「VUCA」是 Volatility（易變性）、Uncertainty（不確定性）、Complexity（複雜性）、Ambiguity（模糊性）四個英文單字的開頭縮寫。「VUCA 風險」包括很多不同種類的風險，這裡列出客戶稀疏、政策管制、產業週期、環境突變四項。

客戶稀疏，是指從理論上推導目標客群巨大，實際上為彈性需求或促成客戶購買的成本很高，以至於企業長期入不敷出。共享單車成為創業潮流後，共享雨傘也紅了一陣子。我們模擬一下，將共享雨傘鋪滿全中國各地，需要很多資金，但是目標客群在哪裡？總不能天天等著下雨吧！再說，愛撐傘的習慣帶著傘，不愛撐傘的也很少用共享雨傘。

為了創造進步、美好的社會環境，像環境保護、節能減碳、金融安全、內容傳播等方面的政策管制，其內容越來越多了。例如：中國對於P2P、電子菸、比特幣、直播、社區電商等相關領域的創業專案都有一些

政策限制。螞蟻集團在科創板首次公開募股前夕，被突然暫停，也有政策管制的原因。

新能源、農產品、航運、有色金屬、房地產、鋼鐵、水泥等都屬於週期性產業。以產業為中心，結合上下游產業鏈，就構成整個產業。週期性產業也會傳導至整個產業，形成產業週期。產業欣欣向榮時，創業專案或創業資金進去了；產業每況愈下時，創業專案及創業投資都撐不住了……

2019 年 12 月開始在全球傳播的新冠疫情，為餐飲、住宿、旅遊、航空等很多產業帶來了環境突變的風險。像中美貿易衝突、社會潮流的變革、突破性新技術的出現等，也會為企業帶來風險。

創業專案成片倒下、中小企業生命短暫與新產品上市失敗的根源在哪裡？綜上分析，相當多的原因是，低估了五種競爭力量帶來的產業牽制阻力及環境風險。當然，成功千篇一律，但失敗各有不同，由於企業自身原因導致的失敗也占很大比例。

不可否認，現在中國的創業機會非常多。除了「節能環保、資訊科技、生物科技、清潔能源、新能源汽車、高階製造業、新材料」七大新興產業，在人工智慧、新消費、新基礎建設、區塊鏈、智慧製造、3D 列印、金融科技、軍民融合等產業領域，也正在湧現出大量的創業機會。

機會眾多，失敗頻發，如何提高創業成功率？本章及後續章節闡述的新競爭策略理論將給出一些破局的方案或思路。

如圖 2-1-1 所示，**本章的重點內容是，讓企業在創立期透過達成企業產品定位、建立生存根基這兩個策略主軸，具備潛優產品，從而奠定未來銷售成長的基礎，開闢出一塊屬於自己的市場領地。**潛優產品就是潛在的優異產品、未來將有良好市場表現的產品。例如：阿里巴巴創立時期的淘寶、支付寶；騰訊創立時的 QQ 等。關於創立期企業產品定位的重要性，

可以拿穿衣服扣扣子來比喻。扣好第一個扣子就是定位，如果第一個扣子扣錯了，後面都是白費工夫。

　　一說到定位，很多人會想到美國知名廣告人特魯特（Jack Trout）或賴茲（Al Ries）知名的「市場定位」（Positioning）。如何利用該定位？它們有其獨特且吸引人的一面，但化繁為簡來說，就是設計一個特別的廣告語或圖案符號，透過廣告轟炸讓產品在消費者大腦中強占一個「地盤」——稱之為定位。這種定位方法，特別適合中國創業者追求簡單、速成的心態，尤其在飲料、保健品、白酒等定價區間大而功能、作用模糊的領域。市場不發達，該種定位反而更有效果。史玉柱無師自通，發明的「今年過節不收禮，收禮只收腦白金」廣告語，效果絕對超越「定位」理論的預期，每投入人民幣 1 億元的廣告，就會帶來近 10 億元利潤。

　　另一種定位就是傳統意義上的策略定位，其理論代表是波特策略定位。筆者認為，波特策略定位主要有三個操作步驟：①透過五力競爭模型等工具，分析產業結構帶來的牽制或機會；②結合企業內部狀況，從成本導向、差異化、聚焦三大通用策略中，選擇其中之一作為企業的策略定位；③建構獨特價值鏈，以加強選擇的策略定位。

　　特魯特——賴茲定位屬於廣告定位，主要對應 T 型商業模式中行銷模式的相關要素；以波特為代表的策略定位，是在產業結構中尋找一個有利的位置，主要對應 T 型商業模式的創造模式及行銷模式的相關要素。除此之外，像藍海策略、平臺策略、爆品策略、產品思維、品牌策略、技術創新等，都可劃分為對企業產品進行定位的一種方法或一種理論思想。關於企業產品定位，還有大片的版圖需要開墾。根據 T 型商業模式理論——參考書籍《T 型商業模式》、《商業模式與戰略共舞》——所謂商業模式創新，80% 以上屬於企業產品（或產品組合）定位的創新。

2.2

三端定位：提升創業及新產品上市的成功率

重點提示

▶ Peloton 公司的商業模式有什麼特點？

▶ 根據三端定位模型，為什麼晶片研製不容易成功？

▶ 長期依靠外部融資或資本補貼的創業，屬於哪一種單端定位？

在大家的印象中，健身產業很熱鬧，不僅有帥哥美女教練，還有推銷、辦卡、「跑路」。雖然健身產業一直在創新，但目前多數企業處於盈利困境之中。「光豬圈健身」創始人王鋒在一次論壇中表示，有 60% ～ 70%，甚至比例更高的健身房在虧損。根據福克斯網站消息，由於新冠疫情持續肆虐，美國健身產業受到重創；緬因州政府強制關閉健身場館，有 48.9 萬名健身員工失業。

但是，疫情期間美國也有一家主打居家健身的企業借勢「起飛」。這家企業名字叫 Peloton（派樂騰）。在新冠疫情蔓延的 2020 年，Peloton 的市值漲了 6 倍，從 76 億美元飆升到了 471 億美元，全年總營業收入和訂閱會員量也是雙雙暴增。現在流行說，每個產業都有可能進化與更新，任何生意都值得重新做一遍。Peloton 是如何逆襲成功的？根據投資人童士豪的觀點，Peloton 在做的是健身領域的一次消費升級。哪怕新冠疫情結束了，Peloton 依然會有巨大的發展潛力。

根據新競爭策略，一個企業的成功，主要是企業產品定位的成功。為了更完整闡述 Peloton 公司的企業產品定位，我們引入 T 型商業模式的三端定位模型。圖 2-2-1 來自第 1 章的 T 型商業模式定點陣圖（圖 1-4-2）。如圖 2-2-1 所示，該定點陣圖有六個要素，分為兩組：位於 T 型三端的目

標客群、合作夥伴及企業所有者是一組，它們是商業模式的三個交易主體。位於中心的價值主張、產品組合、贏利機制是一組，分別代表各個交易主體的利益訴求。由於這個定位是對 T 型商業模式三端的目標客群、合作夥伴、企業所有者三個交易主體的利益訴求進行綜合考量而進行企業產品定位，所以稱為「三端定位」或「三端定位模型」。

在三端定位模型中，合作夥伴與企業共同提供目標客群所需要的產品組合，所以合作夥伴是產品組合重要的利益訴求主體，它們代表了創造模式。回到 Peloton 的例子，這家公司的產品組合是什麼呢？優質的健身器材（設備）＋豐富的明星教練課程（內容）＋活躍的 O2O（從線上到線下）互動平臺（社交）。哪些合作夥伴（或供應商）參與了產品組合的創造呢？類似於蘋果手機的高檔健身器材製造商，各領域名人、健身明星或「網紅」健身教練，以及積極熱情的超級會員或粉絲。

如圖 2-2-1 所示，價值主張的利益訴求主體是目標客群，它們代表了行銷模式。Peloton 產品組合中蘊含了哪些吸引目標客群的價值主張？引入一流的健身設備，打造時髦的健身經驗；藉由優秀的名人或「網紅」教練，透過與會員線上線下「面對面」接觸交流，傳達精神感染力，激發廣大學員的健身熱情；營造異常活躍的 O2O 使用者社群，讓會員有更多機會邂逅親密夥伴與友誼。該公司創始人說：「Peloton 在這個時代，塑造人們對運動的信仰！」

關於 Peloton 公司企業產品定位及蘊含的價值主張特色，投資人童士豪說：「平常的跑步機跑起來有點死板，但 Peloton 的跑步機跑起來居然有一種科技感……這和蘋果的產品很像：你第一次用 iPhone 的時候，就會覺得它跟普通的智慧型手機不一樣，Peloton 也是這樣。」

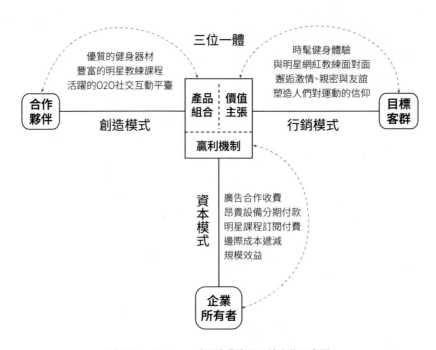

圖 2-2-1　Peloton 公司企業產品三端定位示意圖

邵恆頭條的文章〈美國健身企業 Peloton 是怎麼成功的？〉，這樣寫道：

Peloton 還發表了進階產品 Bike+ 和 Tread+，使大螢幕能夠左右旋轉，用法更多樣了，比如，你可以把螢幕轉向側面，便於做瑜珈或啞鈴訓練。另外，每臺設備還配備了鏡頭和高品質揚聲器，讓你能輕鬆和其他人線上視訊交流。

Peloton 有個外號，叫「健身產業的 Netflix」。Peloton 擁有自己的錄影棚，所有健身課程都由專業製片人製作。課程類別非常豐富，涵蓋跑步、單車、瑜珈、體能、力量訓練等。還有一個特別之處是，Peloton 有 51 萬使用者並沒有購買設備，而是單獨付費訂閱了線上課程，而且這部分使用者數量成長很快，這足以說明課程本身很有吸引力。

在 Peloton 的教練團隊中，有很多明星健身教練，其中有模特兒、前田徑運動員、美國自行車大賽冠軍，還有知名歌手的伴舞。很多教練

背後都有勵志的故事，他們不只是教課，還在平臺上分享自己的人生故事和健身理念。

　　Peloton 提供的健身課能夠讓學員更有參與感。這是怎麼做到的呢？祕密就在「社交」上。有學員說，她第一次上課就被 Peloton 的教練嚇到了，因為教練居然能叫出很多學員的名字，還記得他們來自哪個城市、身體指數怎麼樣。要知道，一場直播課的參與者少則數百人，多則上千人，記住學員的個人資訊可難得很，但 Peloton 的教練就是能做到。

此外，Peloton 還與臉書帳號連結。你能很方便的在螢幕上找到一起上課的臉書好友，進行視訊通話，互相加油打氣；同時，你還能看到班上其他學員的資訊，結交新朋友。目前，臉書上有大量的 Peloton 社群，有的社群甚至有上萬名成員。

　　Peloton 透過健身這件事，打造了一條無形的感情紐帶，把人與人連結在一起。而社交，最終也成了 Peloton 最大的防護牆。當使用者透過 Peloton 進入了人際網，並且找到了情感認同之後，他們就很難再被競爭者搶走了。

　　如圖 2-2-1 所示，贏利機制的利益訴求主體是企業所有者，它們代表著資本模式。Peloton 產品組合中蘊含的贏利機制為：透過忠誠會員的高留存率與高重複購買率獲得規模化效益、影音課程產品的邊際成本遞減帶來巨大收益，透過超長期的分期付款來分攤昂貴的健身器材費用，透過內容訂閱來收取明星教練的課程費用，透過廣告等衍生收費形式進一步增加企業收入。

　　筆者在《商業模式與戰略共舞》第 2 章中著重闡述了三端定位模型，列舉了包括吉列、Nike、羅輯思維、名創優品、晶片研製、線上買菜、線上咖啡等諸多三端定位的成功或失敗案例。

　　一個可行的企業產品，目標客群、合作夥伴及企業所有者三方利益缺一不可；與之對應的價值主張、產品組合及贏利機制「三位一體」不可分

割。它們就像一個風扇的三個葉片，缺少任何一片，都不能順暢運轉。三端定位模型的經濟學解釋是：當消費者剩餘、生產者剩餘、合作夥伴剩餘三者達到平衡時，企業的長期價值最大。

　　三端定位模型的主要功能是判斷企業產品是否可行。企業產品是 T 型商業模式的核心構成部分，其他要素圍繞企業產品展開；T 型商業模式則是企業贏利系統的核心，其他要素圍繞 T 型商業模式展開。所以，企業產品決定企業成敗。在新競爭策略中，企業生命體由企業產品、T 型商業模式、企業贏利系統三者鑲嵌分層構成。如果企業產品不符合三端定位模型，企業生命體就會很快衰弱乃至死亡，再談策略路徑、生命週期策略主軸及策略規劃，猶如「巧婦難為無米之炊」，「差之毫釐，謬以千里」。

　　對照圖 2-2-1，羅永浩為了夢想創業去做智慧型手機，屬於從企業所有者一端發起的單端定位，雖然有資本支持，獲得外部多次融資共人民幣 17 億元，但是最終沒能符合合作夥伴、目標客群的利益訴求，即產品組合不夠好，價值主張也不夠好。比「夢想」威力更強大的是企業家的豪情萬丈，也是一種類似的單端定位。企業家牟其中曾提出一個驚人的發想：把喜馬拉雅山炸開一個大洞，將中國西北地區變成「塞上江南」！即使這個發想成真，西北地區也很難變綠洲，倒可能發生生態環境惡化及控制不住的自然災害。回顧過去，依靠企業家的豪情萬丈進行產品定位，確實有一些誤打誤撞的成功案例，但是絕大部分最後都失敗了。

　　中國企業特別重視行銷，網紅等銷售媒介成了非常流行的行銷手段。純粹從取悅目標客群作發想，也是一種單端定位。如果產品組合不夠優秀，價值主張偏離客戶需求，盈利機制必然也不長久，企業早晚會被市場拋棄。例如：帶有模糊或欺騙色彩的關係行銷、會議行銷、直銷或傳銷，絕大部分是從目標客群發起的單端定位。

　　商業模式的核心，也是新競爭策略的基本出發點，是具有一個永續性的企業產品。就像白光通過三稜鏡能折射出七色光，商業模式的內容豐富多彩，從交易的角度來看，它是一種由多個利害關係人連結在一起的結構。說者無心，而聽者有意。它導致一種風潮形成：大家不重視產品，而過度重視交易結構。

　　很多人誤以為商業模式就是利用關係去整合資源，喜好設計以各種手段套利的關聯交易結構。有人熱衷於策略合作、產學合作、中外合作；還有人脫離市場需求，盲目做技術創新、引進人才、購買成套設備及專利技術等。如果無法將產品組合、價值主張、贏利機制三者合一，打造一個永續性的企業產品，那麼它們多半算是從合作夥伴一端出發的單端定位，可能一時之間有聲有色，但長期來看，企業經營很難持續。

　　新創公司剛起步或成熟公司開發新產品時，在企業產品判定上，五力競爭模型主外，而三端定位模型主內。採用五力競爭模型，主要是從產業結構及牽制阻力的角度，判定企業產品是否有可能經營成功。經過五力競爭模型判定後，還需要採用三端定位模型對企業產品進一步判定，產品組合、價值主張、贏利機制是否能夠三者合一？這是讓企業具備潛優產品的前提。

　　像波特三大通用策略、藍海策略、平臺策略、爆品策略、產品思維、品牌策略、技術創新等，都是對產品組合進行定位的一種方法或理論思想。為了提高企業創業及新產品上市的成功率，以這些理論為基礎的特定產品組合，都需要透過三端定位模型進行判定，並透過 T 型商業模式、企業贏利系統協助進行系統化建構。

2.3
第一飛輪效應：為產品組合聘用一個不需要薪水的「行銷總監」

> **重點提示**
>
> ▶ 為什麼說商業模式應該有一個通用結構？
> ▶ T 型商業模式的產品組合與 BCG 矩陣產品組合有什麼區別？
> ▶ 如何看待「免費＋收費」產品組合中的「免費」？

　　知名媒體人吳伯凡說，網路公司可以分成三類：第一類叫盆栽型公司，第二類叫植樹造林型公司，第三類叫熱帶雨林型公司。

　　第一類公司像盆栽，必須不斷向它投入資源，一旦你停止澆水、施肥，它很快就枯萎了。像生鮮電商、線上咖啡等，有的企業營業規模已經很大了，每年卻仍在巨額虧損，這些應該屬於盆栽型公司。像亞馬遜、字節跳動、「BAT」、美團等，屬於熱帶雨林型公司，它們的主要特點是關鍵的產品要素之間能彼此產生呼應。這些要素疊加而成的結果不是簡單的 1+1+1=3，而可能等於 30、甚至等於 300。介於兩者之間的是植樹造林型公司，它們具有一部分自我生長能力，但又需要不斷投入資源，俗話說就是那些「時好時壞」的公司。

　　知名產品經理梁寧的課程中，常講一個叫作「三段火箭」的創新模型。典型案例是奇虎 360，它的第一段火箭是免費防毒軟體，其功能是獲得盡可能高的市場占有率；第二段火箭是 360 安全瀏覽器及網頁目錄，其功能是將流量轉換為商業環境；第三段火箭是在商業環境中獲得廣告、遊戲或硬體銷售等收入，其功能是完成「商業閉環」。

　　以上兩種公司劃分方式，實際上都是在談商業模式或產品組合。還有

一種現象，人們常常將產品組合的創新案例看作是商業模式或盈利模式。像常說的「21 種盈利模式、55 種商業模式」等，實際上在講產品組合的創新案例，大家常常認為這就是商業模式。三谷宏治所著的《商業模式全史》，90% 以上的篇幅都在列舉產品組合的創新案例，卻說這是為商業模式撰寫歷史。商業模式仍然不是一個成熟的學科，大家都在摸索前進，為求簡便，將產品組合的創新案例看作為商業模式，這也是約定俗成或是為了交流方便。

　　在筆者寫作的《T 型商業模式》中，除了定義商業模式是由 13 個要素構成的一個通用結構之外（圖 1-4-1），也列舉了大約 80 個典型企業的產品組合創新案例來協助說明這個通用結構。理論也來自對實際案例的歸納，再去套用至實務上，下面再補充五個有特色的產品組合創新案例。

➤ 對照上一節的圖 2-2-1，亞朵酒店轉讓未來的股權收益，不僅把房東（合作夥伴）變成了股東（企業所有者），而且透過集資把消費者（目標客群）變成了股東。這樣一來，T 型商業模式三端的合作夥伴、目標客群及企業所有者互相融合，形成一個利益共同體，共同致力於讓產品組合、價值主張、贏利機制三者合一。簡單來說，亞朵酒店的產品組合是「差異化客房服務＋社群活動＋閱讀空間＋電商平臺」。後面三者所需的投資費用很少，但代表了產品的品質，它能讓入住亞朵酒店的消費者不用花太多錢，卻擁有值得炫耀的消費經驗。

➤ 喜茶看起來只是一杯奶茶，但它的背後其實有一套差異化的產品組合。喜茶創始人聶雲宸帶領研發團隊，透過口味、口感、香氣、外觀、品味五個方向進行產品組合的創新與探索，以全面俘虜目標客群的味覺、觸覺、嗅覺、視覺及聽覺感官。有人說，喝喜茶的人瞧不起喝不知名品牌奶茶的人。人是有智慧的高等生物，身體內不僅有成癮

機制在發揮作用，而且也會透過象徵性消費，來彰顯自己或鄙視別人。

➤ 抖音提供短影片平臺服務，其平臺型產品組合中含有娛樂及流量分配機制，也包含廣告、銷售、電商、遊戲等內容。筆者不常使用抖音，可能是「廬山之外看廬山」，認為抖音類似老北京的天橋，給各路人士提供一個展示自己的平臺，同時招攬到億萬觀眾及遊客。

➤ 與「盒馬鮮生」提供的「超市＋餐飲市集＋外送」產品組合有所不同，位於北京銀河 SOHO 的「七范兒」推出一個「超市＋餐飲＋酒吧」的新產品組合。琳琅滿目的超市中穿插著各式各樣的餐飲、小吃，還結合一個酒吧！酒吧居然還有樂隊表演、主題派對，重點是價格不貴。你可以在超市買杯優酪乳在酒吧喝，也可以在吧臺點一杯 300 毫升且平均只要 10 元人民幣的「雞尾酒」。

➤ 深圳一家叫鱷魚寶的公司，在公車上打廣告，「2,000 元人民幣領養一條鱷魚，4 個月回本，年化報酬率 15%」。用手機就可以養鱷魚，不僅好玩，而且錢賺得快，參與者眾多。鱷魚寶 APP 上宣傳說，本公司專注於鱷魚產業，擁有自主智慧財產權，透過「線上領養、線下養殖、統一銷售、紅利共享」的新領養模式，達成「數位化」。騙子也能做商業模式創新，鱷魚寶的產品組合，表面上看起來是「網際網路＋鱷魚養殖＋鱷魚製品等價交換」，實際上就是一個龐氏騙局。

T 型商業模式中的產品組合是筆者提出的一個新概念，與策略教科書上常用的 BCG 矩陣產品組合有所不同。隨著時間推進，BCG 矩陣中的四類產品組合一直在更新，盡力使企業資源能力與外部環境機會相符，保持規模經濟、範疇經濟的均衡。

T 型商業模式中的產品組合側重於產品的策略布局狀態，它可以是實

物產品，也可以是虛擬產品或服務；它可以是單一產品，也可以是多個產品互補組合，在此將其統稱為產品組合。

　　本書章節 1.4 曾對「企業產品」有專門說明，上述案例中的產品組合只是企業產品的其中一個面向。企業產品實際上是產品組合、價值主張、贏利機制的三者合一。進一步看的話，從產品組合到成為實際產品，再到成為一個潛優產品，相當有挑戰性！本書的重點內容是新競爭策略，涉及企業如何建立生存根基、累積競爭優勢及培育核心競爭力等相關策略主軸，所以有必要解釋一下 T 型商業模式的第一、第二、第三飛輪效應。三個飛輪效應之間是彼此連結、依次遞進的關係，第二、第三飛輪效應將在本書章節 3.2 及章節 4.3 分別介紹，下面著重闡述第一飛輪效應。

　　第一飛輪效應是在企業產品組合中發生的飛輪效應，見圖 2-3-1。在圖 2-3-1 左圖中，「刀架＋刀片」產品組合內，吉列公司將刮鬍刀架賣得很便宜，甚至可以作為贈品，而將消耗品刮鬍刀片賣得較貴，毛利率非常高。吉列的刀片與刀架固定搭配，顧客買的刀片用完後，為了不「冷落」刀架，今後就要不斷購買好用的吉列刀片。吉列每賣出一個刀架，就相當於增加了一個不需要薪水卻忠於職守的「銷售總監」，協助鎖定顧客，然後帶來源源不斷的刀片收入。這就是吉列公司的產品組合中，具有第一飛輪效應的賺錢祕方：在一定時間區間內，當賣出的刀架呈線性成長時，毛利率高的刀片將保持指數成長。

　　經典案例自有不可替代之處，每講一次就是再學習一次。另一個第一飛輪效應的經典案例是亞馬遜，見圖 2-3-1 右圖。亞馬遜創立時，就是一個賣書的電子商務網站，由於店鋪虛擬化及長尾效應，它與實體書店相比擁有結構性優勢，成本較低。顧客不須出門，就可以在網路上下單購買；價格較低、且快遞送貨到府，Prime 會員更有優惠，所以顧客的滿意度通

常比實體商店更好。供應商只需要集中配送到亞馬遜的郊區倉庫，物流等交易成本更低，所以亞馬遜平臺能夠吸引更多優質供應商加盟，自身逐漸成了「百貨公司」。亞馬遜是平臺模式，產品組合的實際內容是由「低價＋百貨公司＋購物便利＋ Prime 會員」等部分構成的貿易服務。

　　亞馬遜具有先驅優勢，透過行銷推行以上產品組合，第一飛輪效應就開始運轉了：平臺的低成本結構使供應商更多、商品更豐富；消費者購物價格低、選擇多，消費經驗更好；在口碑傳播及老顧客不斷回頭消費下，保存購物記錄，以 Prime 會員身分價值提升黏著度，使網站流量更大……

　　接著以更優秀的低成本結構，20 年來不主動盈利，將平臺建設得更完整；更多優質供應商加盟，各類商品更多、價格更低；規模逐漸增加，邊際成本遞減，平臺的低成本結構帶來的驅動作用越來越顯著……由於亞馬遜的產品組合有增強迴路的效果，企業成長的飛輪就開始運轉了，基礎飛輪上搭載一個又一個衍生的飛輪。現在的亞馬遜遠不止是網路「百貨公司」，它已經是智慧零售、消費級人工智慧、企業雲端服務、出版傳媒、現代物流等諸多領域的產業先驅者。

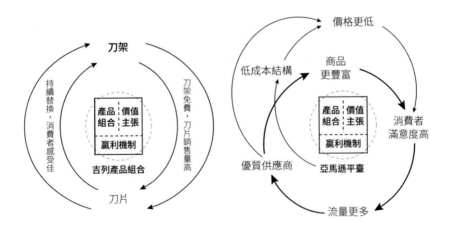

圖 2-3-1　吉列與亞馬遜的第一飛輪效應示意圖

　　如圖 2-3-1 所示，第一飛輪效應發生的條件是：**構成產品組合的互補產品（或要素）之間具有相互帶動及構成增強迴路的特性；它們互補之後的價值主張更能滿足目標客群的需求，從而增加了目標客群的忠誠度，引發口碑傳播；從贏利機制的角度看，它們互補之後可以降低企業的成本或增加企業盈利，讓企業可以投入更多的資源改良原有的產品組合。**

　　以上之所以被稱為飛輪效應，這裡用作比喻的飛輪是一個機械裝置，啟動時較花力氣，開始旋轉後就很省力，並且越轉越快。飛輪效應與複利效應、馬太效應、指數成長或常聽到的「滾雪球」、「富者越富，窮者越窮」等概念，背後都是系統思維中的增強迴路原理 —— 因增強果，果反過來又增強因，形成放大的循環，一圈圈擴大……它揭示了企業成長與發展的祕密。

　　能夠觸發第一飛輪效應的產品組合，通常都是「免費＋收費」或它的變體。像上例中的「刀架＋刀片」產品組合中，刀架相當於免費產品，高毛利率的刀片才是收費產品。亞馬遜 20 年堅持不主動盈利的目的，是透過持續進行商品降價或發放更多的 Prime 會員卡 —— 它們扮演了免費產品的角色 —— 從而建設一組「巨型成長飛輪」，以帶動更多的收費產品。本節開頭的「三段火箭」產品組合模型中，第一段「火箭」通常是免費產品，後兩段「火箭」一定要有收費產品。在「免費＋收費」產品組合中，透過免費產品引起注意，帶動收費產品的銷售量；收費產品累積利潤後，可以打造更好的免費產品。第一飛輪效應促使「免費＋收費」不斷循環，企業盈利持續成長，競爭優勢越來越強。

　　在「免費＋收費」產品組合中的關鍵，是對「免費」的了解程度。「免費」有很多種形式，並不一定是不收費。它可以像愛馬仕絲巾那樣，是一個低門檻的入門級產品；它可以像產品金字塔中的基礎產品那樣，是

一個透過高 C/P 值提高銷售量的產品；它可以像航空會員卡那樣，以點數換機票的形式出現；它可以像羅輯思維的每天免費知識分享，由於邊際成本遞減為零，一人收聽與一億人收聽的成本差不多。

透過五力競爭模型及三端定位模型，將產品組合、價值主張、贏利機制三者合一設計與建構，打造出的潛優產品將可能觸發第一飛輪效應 —— 這相當於為企業的產品組合，聘用了一個不需要薪水的「行銷總監」！

2.4
成本導向／差異化／聚焦策略：波特策略定位中的「紅綠藍」如何更新？

重點提示
▶ 為什麼說聚焦策略、成本導向、差異化三者可以串聯起來使用？
▶ 三大通用策略與 T 型商業模式有哪些關聯？
▶ 對於三大通用策略的應用，新競爭策略可以提供哪些系統性協助？

知名新能源汽車公司特斯拉的創始人伊隆‧馬斯克（Elon Musk），在航太產業也很有成就。2002 年，馬斯克突然對火箭產生了濃厚的興趣，於是就舉家搬到了洛杉磯。為什麼呢？因為那裡的太空產業非常發達。起初，馬斯克拿到一本二手的火箭製造手冊，每天讀得津津有味。不到一年，他就了解了火箭的發射原理，接著就成立 SpaceX（太空探索技術公司），開始製造火箭了。現在，SpaceX 製造的火箭，成本只有 NASA 的十分之一，並且已經達成火箭回收、多次發射等技術突破。馬斯克樂觀的表示，使用可重複發射的火箭技術，未來可以把發射的費用降低到現在的1% 左右。

財經作家吳曉波曾寫過一篇文章，標題是〈去日本搶購電鍋，買隻馬桶蓋〉，文章中寫道：

> 今年藍獅子公司的高階管理年會在日本沖繩舉辦，我因為參加京東年會晚到了一天。我坐的飛機剛在那霸機場降落，就看到微信群組裡已經是一片「購物氣象」：大家在免稅商店玩瘋了，有人一口氣買了六個電鍋！
>
> 到日本旅遊，順手抱一個電鍋回來，已是流行了一陣子的「時尚」了。前幾年在東京的秋葉原，滿街都是拎著電鍋的中國遊客。我一度對此頗為不解：「日本的電鍋真的有那麼神奇嗎？」就在一個多月前，我去廣東美的集團講課，順便參觀了美的產品館。它是全國最大的電鍋製造商，我向陪同的張工程師請教了這個疑問。
>
> 張工程師遲疑了三秒鐘，然後誠實告訴我，日本電鍋的內膽在材料上有所創新，煮出來的米飯粒粒晶瑩，不會黏糊，真的不錯，「有時候我們去日本，上司也會私下要我們帶一兩個回來」。
>
> 這樣的景象並不僅僅發生在電鍋上，從這幾天藍獅子公司高階管理人員們的購物清單就可以看出冰山下的事實 ──
>
> 很多人買了吹風機，據說採用了奈米水離子技術，有女生當場吹頭髮實驗，「吹過的半邊頭髮果然蓬鬆順滑，與往常不一樣」。
>
> …………
>
> 最讓我吃驚的是，居然還有三個人買了五個馬桶蓋回來。

啤酒廣告通常以高級優雅的畫面出現，例如：幾位穿著比基尼的模特兒從一個環境清幽的游泳池上來，展示一下曼妙的身段，各拿起一杯啤酒，與游泳池邊上流社會富有的紳士們乾杯。

當美國米勒釀酒公司經營陷入困境時，該公司的市場分析師在一次消費調查中發現，啤酒的最大消費族群是男性藍領工人。隨後，米勒釀酒公司仔細研究了藍領工人對啤酒的需求特點及他們的飲酒習慣，例如：

不太重視啤酒的味道，喜歡在酒吧與同伴一起喝酒，喜歡在打獵或釣魚時喝等。為此，米勒釀酒公司重新設計了一款適合藍領工人飲用的新啤酒──「米勒好生活啤酒」，並擬定了相應的促銷策略。此後，米勒釀酒公司調整策略，集中經營資源，迅速占領了該市場區隔，為之後更大的成功奠定了基礎。

　　在以上三個案例中，SpaceX 代表成本導向策略。成本導向策略也稱為低成本策略，是指企業強調以低成本為使用者提供低價格的產品。這是一種先發制人的策略，透過有效手段，將企業產品的成本降低，以建立一種不敗的競爭優勢。日本電鍋或馬桶蓋廠商採用的是差異化策略。它選擇使用者重視的一種或多種特質，並賦予其獨特的地位，讓企業的產品、服務、形象與競爭對手有明顯的區別。米勒釀酒公司採用的是聚焦策略，是指把經營策略的重點放在單一目標市場上，為特定的地區或特定的消費族群提供專門的產品或服務。

　　自從波特的《競爭策略》於西元 1980 年出版以來，成本領導、差異化、聚焦三大通用策略，在策略研究及應用領域就成了受到熱議的話題。迄今為止，相關論文有數萬篇之多，各種策略教科書更是必談「三大通用策略」。在網路上搜尋一下，參閱相關資料，就能看懂成本領導、差異化、聚焦三大策略。

　　本部分會談一些與眾不同的內容。從現代的角度來看，一個新創公司起步時通常會採用聚焦策略，像「滴滴打車」起步時，選擇集中打入北京市場，提供網路叫車服務。然後透過不斷權益融資，進行類似成本領導策略──創業投資機構的錢大多暫時不用償還。在資金支援下，滴滴打車向目標客群提供補貼、發放優惠券等，試圖在競爭中取得優勢。最後，進入差異化策略階段。滴滴打車便是透過不斷更新產品，提供差別化優質服

務，獲得更高的利潤，進一步累積競爭優勢。

圖 2-4-1 可以更清晰表達問題，左側Ⅰ企業為 T 型商業模式結構圖，右側Ⅱ環境為五種競爭力量示意圖。位於上側的波特三大通用策略主要與 T 型商業模式的價值主張、目標客群、市場競爭、增值流程緊密相關。

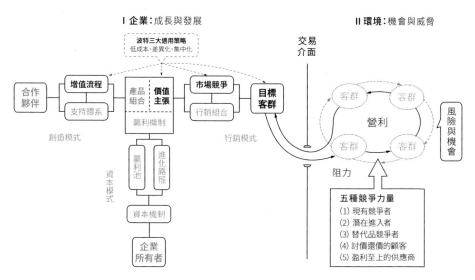

圖 2-4-1　三大通用策略與 T 型商業模式的關聯示意圖

筆者認為三大通用策略各是一種產品定位方法，更準確的說，它們各代表一種價值主張。成本領導的價值主張，類似企業對目標客群說「我的產品價格更低，選擇我的產品吧」。差異化的價值主張，類似企業對目標客群說「我的產品有某某特別之處，選擇我的產品吧」。聚焦策略的價值主張，類似企業對市場區隔的目標客群說「我專門為你們提供產品，我的產品價格低或有某某與眾不同之處，選擇我的產品吧」。

從市場競爭要素來看，三大通用策略主要是從Ⅱ環境的五種競爭力量中推導而來，屬於由外到內的產品定位。例如：雷軍創立小米時，小米的競爭者蘋果、三星的手機價格太貴了，因此小米手機有機會以成本導向策

略取得成功。只要小米手機將 C/P 值做到極致，就可以取代「山寨機」廠商等潛在競爭者或替代品競爭者。小米手機的初期顧客是看重 C/P 值的小眾手機愛好者，然後擴展到在意價格的廣泛目標客群。雖然供應商都是大公司，討價還價能力強，但是小米手機透過大規模訂貨，可以將它們「降伏」到麾下。

三大通用策略主要透過建構及改良相應的價值鏈（近似於圖 2-4-1 的增值流程）來實行。仍然以小米手機為例，自成立以來其供應鏈一直是核心，由雷軍、林斌、黎萬強、周光平四個聯合創始人親自參與供應鏈建構及修正，並且採用網路行銷降低成本，最終將價值鏈成本降到最低，追求極致的 C/P 值。

波特三大通用策略提出來 40 多年了，它們就像「紅綠藍」可見光的三原色——其他萬千種光色都來自三原色的合成，至今仍然熠熠發光，並不過時。西元 1980 年代，屬於產品時代；2000 年後，屬於商業模式時代。那麼，在商業模式時代，該如何對波特三大通用策略進行更新？

➤ 成本導向、差異化、聚焦策略是指企業所提供的產品而言，即向目標客群宣告本企業產品中含有的價值主張。所以，不能只是空談策略定位，讓三大通用策略「飄浮」在空中，而是要落實到產品組合的設計及建構、T 型商業模式其他各要素的搭配中，並發揮企業贏利系統的支撐作用。

➤ 根據商業模式第一問，結合「以客戶為中心，以奮鬥者為本」，三大通用策略的具體建設者是合作夥伴（奮鬥者），主要受益人是目標客群。三大通用策略可以從五種競爭力量推導而來，但是應該聚焦在目標客群上。他們需要什麼樣的成本導向、差異化及聚焦策略？目標客群的需求才是合作夥伴、產品經理等奮鬥者創新的源泉和努力的方向。

➤ 波特說，企業必須在「成本導向、差異化、聚焦策略」中選擇其一，
且不能做牆頭草。這個論述要與時俱進，是否可以進化為「一個為
主，其他為輔」？像特斯拉、UNIQLO、可口可樂等公司，利用全球
的資源在全世界買賣，同時進行差異化與成本導向策略。當然，這些
公司以追求差異化為主，其次才是成本導向。像工業 4.0 或大量客製
化、數位化製造、3D 列印技術等領域，都有助於差異化與成本導向
策略的整合。

➤ **在 T 型商業模式的產品組合中，可以使成本導向、差異化、聚焦策略
三者和諧共處，並產生「1＋1＋1＞3」的效應。**例如：某人開一
個水果店，以成本導向、低售價的水果引來顧客，以差異化策略的中
階產品吸引廣大目標客群購買，再以聚焦策略的禮品果籃、減肥水果
配餐等商品滿足特定目標市場的客群需求。從產品升級為產品組合，
好比從個人升級為團隊，必然能帶來更豐富的價值主張創新。

➤ 三大通用策略是一種從外到內的單端定位，必須結合三端定位原模
型，將價值主張、產品組合、贏利機制三者合一，將目標客群、合作
夥伴、企業所有者三方利益結合。

➤ 三大通用策略應該在圖 1-7-2 所示的新競爭策略的動態系統構成中更
有效的實行。例如：成本導向策略定位的實施，不能只局限於價值鏈
的建構與改良，而應該擴大到企業生命體在相應企業生命週期階段及
策略規劃與場景的系統性連結。

2.5

藍海策略／爆品策略／品牌策略／平臺策略：是策略，還是定位？

重點提示

▸ 藍海策略屬於新競爭策略的哪一部分內容？

▸ 為什麼說打造「爆品」需要的能力與資源因素很多，而成功的偶然性很大？

▸ 在平臺型企業的創立期，主要策略主軸應該是什麼？

　　金偉燦與勒妮·莫博涅（Renée Mauborgne）兩位學者合著的《藍海策略》於 2005 年出版後，「藍海策略」一詞開始在全球商界、學界乃至政界流行起來，大有與波特的競爭策略分庭抗禮之勢。2009 年，兩位學者「乘勝追擊」，在《哈佛商業評論》發表文章〈用藍海策略改變產業結構〉，文中寫道：「結構主義視角雖然也有價值和實用性，但在某些經濟環境和產業背景中，重構主義視角更適用一些。尤其是處於眼下的經濟衰退中，更有必要選擇重構主義。」

　　文中的意思很明顯，波特的競爭策略屬於結構主義，即透過五力競爭模型分析與判定，從產業結構中找到企業的策略定位。藍海策略屬於重構主義，即從紅海產業中重構出藍海領域，作為企業的策略定位。

　　對於藍海策略，波特也發表文章表達了自己的看法：「如果競爭者能夠利用價格、產品、服務、特性或品牌標誌的不同組合，來滿足不同客戶市場區隔的需求，那麼競爭對抗也可能帶來雙贏的結果。」在波特的筆下，藍海策略只不過是「重新定位市場區隔」而已，它仍然屬於競爭策略中差異化、成本導向、聚焦策略其中之一的定位方法。

藍海策略與競爭策略之間比較，哪個更好？筆者看來，藍海策略與爆品策略、品牌策略、平臺策略等，都是一種產品定位方法。前文講到的「如何對波特三大通用策略進行更新」的六點內容，對它們同樣有效。下面會進一步說明，它們與 T 型商業模式的關聯。

藍海策略：從紅海中開闢一片藍海

在中國，具有代表性的藍海策略案例是如家連鎖酒店。

2002 年如家酒店創立時，中國旅宿業的市場競爭情勢是如此：高檔星級飯店的大廳氣派豪華，娛樂健身設施俱全，但是相對於當時人們的經濟收入，住宿價格比較昂貴。低檔飯店以家庭旅館和招待所為主，配置簡單、設備簡陋，安全與衛生環境不佳。

那時也正是中國民營經濟迅速崛起的時候，中小企業、經理人、行銷人員等商旅活動越來越多，但是往往找不到合適的飯店住宿。高檔飯店價格高，超過出差預算太多，住不起；低檔旅館服務堪憂，沒有安全保障，還經常敲詐客人。從以上紅海市場中，如家創業團隊重新定位了一個市場區隔：經濟連鎖酒店，即從紅海中開闢一片藍海。這樣一來，有了目標客群 —— 中小企業商旅人士，他們的需求也非常明顯。

其次，藍海策略有兩個工具非常有效：四項行動架構及策略布局座標圖。透過這兩個工具，結合對現有產業市場中的競爭產品分析，可以更準確的刻劃出目標客群的價值主張，進而推導出應該為目標客群提供的產品型態或產品組合，見圖 2-5-1。由此看來，藍海策略就是一種透過「重新定位市場區隔」進行產品定位的新方法。因此，藍海策略與 T 型商業模式的關聯主要在目標客群、市場競爭、價值主張、產品組合這四個方面，見圖 2-5-2。

　　既然藍海策略是一種產品定位的方法，後來者當然可以追隨模仿了。實際上，如家之後陸續出現了漢庭、錦江之星、格林豪泰、莫泰、7 天、布丁、桔子水晶等為數眾多的經濟型連鎖酒店品牌。當藍海變成紅海後，亞朵、全季等酒店品牌又從紅海中再細分出一片藍海……

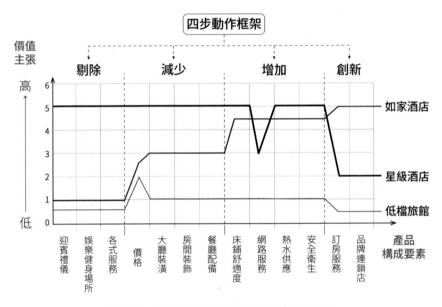

圖 2-5-1　如家酒店用於產品定位的策略布局座標圖

　　現在，藍海策略已經被濫用了：發表一項專利發明，還不知道目標客群是誰，也在宣傳自己開闢了一個藍海市場；在顧客稀疏的地區，開發一個團購、O2O、社群服務等功能的 APP，也說開闢了一個巨大的藍海市場等。照這樣說，馬斯克要將人類送上火星，那才真正叫作「開闢了一個廣大無垠的巨大藍海市場」！

　　藍海策略只是一個產品定位的好方法，而新競爭策略是全面闡述如何從潛優產品到熱門產品再到超級產品，並且讓企業達成目標及願景的策略路徑理論體系。

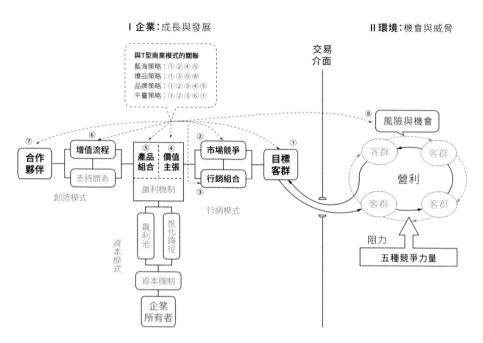

圖 2-5-2　藍海策略等定位方法與 T 型商業模式的關聯示意圖

爆品策略：打造一個爆品的條件是什麼？

爆品就是在目標客群中能夠引起強烈回響、短時間內引爆大量銷售量的產品。

策略專家金錯刀的《爆品策略》核心內容說明，要打造一款爆品，應該遵循「金三角法則」。它主要包括：①痛點法則。如何找到讓使用者最有感的「一根針」，把「客戶至上」變成價值鏈和行動，最終把使用者變成粉絲。②尖叫點法則。這是基於網際網路的產品策略。如何讓產品會說話，而不是靠品牌；如何讓產品「尖叫」，產生口碑，而不是靠行銷手段強硬推銷。③爆點法則。這是基於網際網路的行銷策略。如何用網路行銷「打爆」市場，而不是靠廣告；如何用社交行銷的方式放大產品，而不是靠明星。

產品人梁寧給出了一個爆品公式：爆品機會＝新流量 × 爆發類別 × 技術（或供應鏈創新）。

➤ 新流量。舉個例子，在商業地段搭建一個大舞臺，就會有很多人來看演出、做生意等，即大舞臺的出現帶來了新流量。像 2015 年的新媒體、2016 年的微商、2017 年的 O2O、2018 年的拼多多、2019 年的「渠道下沉[11]」和直播銷售等，這些都是新流量。

➤ 爆發類別。一個「爆品」的背後，其實是一個新產品類別的爆發。像智慧型手機、口紅、面膜、奶茶等，這些爆發類別的背後，或許是技術進步，讓原本互不相關的產品可以融合；或許是消費升級，人們開始寵愛自己；或許是世代交替，年輕人要選擇代表自己主張的東西……總之，某一處的天花板又一次被打破，新的空間出現，誕生了新產品類別。

新流量 × 爆發類別，靠這兩個要素就可以打造出「爆品」。抓住一批新流量，找到一個爆發類別，做好行銷，然後就能做出爆款產品。

➤ 技術（或供應鏈創新）有什麼價值呢？它們是做出爆品的產業基礎。爆品的背後一定有技術創新或供應鏈的成熟。

如圖 2-5-2 所示，金錯刀打造爆品的「金三角法則」分別與 T 型商業模式的目標客群、產品組合、行銷組合相對應。在梁寧的爆品公式中，新流量、爆紅產品類別、技術（或供應鏈創新）三者都屬於外部環境機會。

爆品策略或打造爆品也是一種產品定位方法。千里馬常有，而伯樂不常有。打造一款爆品，並非如上述「金三角法則」或爆品公式那麼簡單。它需要具備的企業資源及能力因素很多，成功的偶然性也很大！

---

11 渠道下沉：中國商業術語，專指銷售管道的末端（消費者端）延長，由城市向下擴散到二、三線城市。

品牌策略：如何從 0 到 1 打造一個新品牌？

從 2018 年開始，中國大量「新國貨」品牌開始崛起，像完美日記、元氣森林、喜茶、Ubras、鐘薛高、三頓半等，聲勢開始蓋過消費領域的「老霸主」們，成了新一代消費者的寵兒。這些品牌以非常快的速度崛起，大約用 3 ～ 5 年的時間，就走完了「前輩們」需要 10 ～ 15 年才能走完的道路。

如何衡量一個新品牌是否正在崛起？可以用三端定位模型來判斷：

➤ 目標客群是否願意積極推廣它。消費者（目標客群）願意主動將它分享給親朋好友；各類媒體為了討好自己的消費者，也願意免費、主動為它宣傳。

➤ 合作夥伴是否積極與它合作。通路、供應商、投資等合作夥伴圍繞著它，「屈膝」希望與它深度合作。

➤ 企業能否獲得品牌溢價。儘管它的售價比競爭產品貴，但大家還是趨之若鶩的購買。

2020 年之後，阿里巴巴、京東、拼多多、網易嚴選等電商平臺開始大舉投資新製造模式，例如：阿里巴巴投資的「犀牛智造」超級供應鏈，在越來越多的產業領域實行。背靠大樹好乘涼！這意味著更多中國的新國貨品牌將會迅速崛起。

如何從 0 到 1 打造一個新品牌？品牌策略在起步階段時，是一種產品定位方法。

弘章資本創始合夥人翁怡諾認為，隨著傳播管道和供應鏈的持續創新與變革，我們正在進入一個「新品牌時代」。在此背景下，從 0 到 1 打造一個新品牌，可以從以下三點著手：

➤ 聚焦在產品類別創新，做出一款好產品。其一是對老產品重新定位，開闢出一個全新的市場區隔，例如：2003 年 SARS 疫情期間，藍月亮推出了洗手乳；2008 年，藍月亮又推出了洗衣精。其二是在產品的消費場景上進行創新，例如：將海帶、金針菇等餐桌上的食材做成小包裝的休閒零食。

➤ 提升情緒價值，增加與目標客群的情感連結。例如：江小白在酒瓶上印一些勵志的句子，與年輕消費者建立情感連結；藍月亮推出的手洗洗衣精，包裝含有母愛、孝順等情感元素。

➤ 擁有品牌「傳播機」，讓品牌獲得自我生長的生命力。其一是建構超級消費場景，例如：2017 年 12 月，星巴克臻選上海烘焙工坊開業，這個超級體驗店最終成了全球網紅們嚮往的打卡點。其二是設計品牌產品的專屬會員體系，例如：喜茶的星球會員體系。

綜上所述，參見圖 2-5-2，品牌策略在市場競爭、產品組合、價值主張、目標客群、行銷組合等方面，與 T 型商業模式都有關聯。

（參考資料：如何在「新品牌時代」，從 0 到 1 打造一個品牌，邵恆頭條）

平臺策略：好定位，才有好平臺！

做產品好，還是做平臺好？《平臺策略》的作者之一陳威如先生說：「今天這個時代，只做產品的思維恐怕已經落伍了。我們需要從做產品轉為做服務，最終轉為做平臺。」阿里巴巴、騰訊、百度、京東、羅輯思維、喜馬拉雅、美團、滴滴、拼多多、抖音等都是平臺型企業。

平臺策略或平臺模式著重討論了如何創立平臺及平臺如何長大，見圖 2-5-2。平臺策略在以下四個方面與 T 型商業模式有關聯：

➤ 目標客群與合作夥伴。平臺策略講雙邊市場或三邊市場，萬變不離其宗，必然有買方與賣方，或稱為付費方與收費方。站在平臺的角度，直接或間接付費的是目標客群，直接或間接收費的是合作夥伴。

➤ 增值流程。平臺企業不製造產品，而是將平臺建設好，設法召集更多的賣方和買方來到自己的平臺上。

➤ 行銷組合。從 0 到 1 建構平臺時，為了激發供需雙方相互增強的正向循環，常用的行銷工具就是各種形式的價格補貼。

➤ 市場競爭。由於贏家通吃效應，一個市場區隔通常只能有一個主流的平臺，所以平臺之間的市場競爭異常激烈。

一個企業要在市場上立足，就要向目標客群提供產品。平臺型企業也是由產品經理設計、打造出來的，它提供的產品是什麼呢？就像平臺型企業的祖先 —— 遠古時代就有的市集，有賣方，有買方，它提供的產品是通路和仲介服務。

在平臺型企業的創立期，重要策略主軸是企業產品定位。例如：羅輯思維是一個優秀的平臺型企業，成功將產品定位、價值主張、贏利機制三者合一。以 T 型商業模式的三端定點陣圖可以表達出羅輯思維的一些具體企業產品定位，見圖 2-5-3。

無論是平臺策略，還是平臺模式的相關書籍、理論，都很少談及一個可行商業模式的必備內容 —— 產品組合、價值主張、贏利機制及其三者合一，所以也就忽略了企業產品定位這個重要策略主軸。

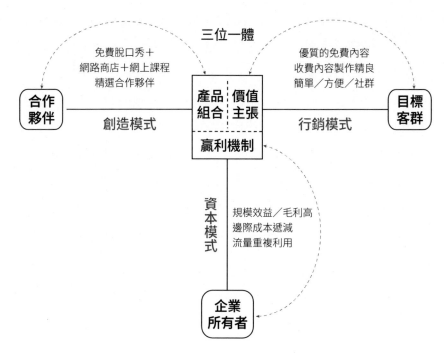

圖 2-5-3　羅輯思維企業產品三端定位示意圖

特魯特－賴茲定位：是高調的行銷騙局，還是奇妙的錦上添花？

重點提示

▶ 王老吉／加多寶能夠像可口可樂／百事可樂一樣，雙雄並存並持續發展嗎？

▶ 從心智定位的應用到三端定位模型，闡明了哪些開創性意義？

▶ 競爭定位、三端定位、品牌定位三者之間有什麼關係？

王老吉涼茶創始於清朝的道光年間，有「藥茶王」之稱，至今已有近200年的歷史，被公認為涼茶始祖。

2002 年以前，紅色罐裝王老吉涼茶已經是一個不錯的品牌：有相對固定的消費族群，在廣東、浙南等地銷售量穩定，盈利狀況良好，銷售額連續多年維持在 1 億多元人民幣。2003 年初，根據特魯特心智定位理論，成美諮詢為加多寶公司經營的紅罐王老吉進行品牌定位，非常明確的將其定位成預防上火的飲料，並持續投入巨額資金，透過各大媒體投放廣告 ——「怕上火，喝王老吉」。自此以後，紅罐王老吉逐漸成為一個飲料界的「爆品」：2003 年的銷售額比起 2002 年同時期成長了近四倍，從 1 億多元人民幣猛增至 6 億元人民幣，並以迅雷不及掩耳之勢擴大到廣東之外，在全中國熱銷……2010 年銷售額突破 180 億元人民幣。

特魯特定位是美國廣告人特魯特（Jack Trout）與他的老闆賴茲（Al Ries）共同提出的一種定位理論，應該稱之為「特魯特 —— 賴茲定位」。他們合著的《定位》一書，在引言中開宗明義闡明：「定位」是用於產品行銷的「一種新的傳播、溝通方法」。也就是說，在定位理論誕生之初，

其實是一門關於如何進行廣告傳播、與顧客溝通的學問。這本書的第一章中寫道：「定位的基本方法，不是去創造某種新的、不同的事物，而是去操控心智中已經存在的認知，去重組已存在的關聯認知。」所以，從理論源頭或原理上看，特魯特 —— 賴茲定位並不是去改變產品，而是調整與產品相關的資訊，透過頻繁的廣告或公關行銷，潛移默化操控潛在顧客的心智，促進產品銷售，並最終在顧客的大腦中形成該品牌的心智「獨占區」。

例如，紅色罐裝王老吉涼茶原本就存在，並且有相對穩定的銷售量。定位管理顧問不需要去改變產品 —— 既不改變涼茶的配方，也不改變主體包裝形式 —— 而是透過重組已存在的關聯認知（上火是中醫概念，涼茶可以預防上火），重點是提出「怕上火，喝王老吉」的廣告語，去操控潛在顧客對產品的認知，達到促進銷售、心智定位、塑造品牌的目的。

由於特魯特 —— 賴茲定位理論較早使用並持續宣揚「定位」一詞，並且這個理論具有「一學就會」的特色，還有諸多廣泛傳播的代表性成功案例，所以學習者、實踐者、跟隨者越來越多，以至於大家一說到「定位」和「定位派」，就是專指特魯特 —— 賴茲定位和該定位理論的信奉者。

任何一門學問或理論，一旦流行，就很可能被一些盲目的跟隨者或別有用心的人「庸俗化」。有人說，典型的「定位派」有個問題：如果企業接受了定位理論，然後企業經營得很好，定位理論的信奉者就會認為是定位理論有用；如果企業經營得不好，定位理論的信奉者就認為是企業對定位理論的了解不夠、或執行定位理論不到位。如果一個理論聲稱自己可以解決所有問題，或者有意無意給人這樣一種印象，那就很可能是騙子或者身為騙子而不自知。

智慧雲創始合夥人陳雪頻在〈為什麼定位理論不能解釋「BAT」的成功？〉的文章中說（此處摘錄其中幾段並稍有調整）：

> 我一直認為，定位理論是一個能有效幫助企業建立品牌認知的工具，尤其在那些主要依靠品牌認知驅動、產品差異化不大的消費品產業裡 ── 比如飲料、保健品、白酒等 ── 定位理論對於廣告投放時需要的精準表達特別有效……因為簡單易懂，而且有成功案例，於是有些人就有點「飄」了。定位理論在中國有一批忠實的信徒，他們言必稱定位，而且喜歡用定位去分析所有企業。

> 君智定位諮詢的創始合夥人分析過很多知名企業，並認為蘋果、百度、騰訊、華為、小米、海爾這些企業都有策略缺陷，因為這些企業橫跨許多產品類別都使用同一個品牌，這會讓客戶心智的認知產生困擾，不符合品牌無法跨類別延伸的定位原則。特魯特全球負責人也說過類似的話，他們的評判原則非常簡單：只要不符合定位理論就是錯的。

> 和定位相近、被學術圈認可的理論是「顧客感知價值」……為什麼定位理論在某些消費品產業比較有效，而在科技創新產業通常不那麼有效呢？因為用顧客感知價值理論解釋更有效。

專門進行消費品投資的天圖投資創始合夥人馮衛東，在他的《升級定位》一書的前言中說：

> 我最初學習定位是為了投資需要……毫不隱瞞的說，學習定位有正面效果，但也有「陷阱」。「定位派」流傳著一句話，「定位一學就會，一用就錯」，某些商業名人卻自得於「運用之妙，存乎一心」。身為科學方法論的堅定支持者，我認為「運用之妙，存乎一心」的狀態，表示定位理論還不夠完善，需要發展。

如何更新定位理論呢？馮衛東在書中提出了顧客價值配方、策略二分法、品牌商業模式、品牌策略五階段、產品類別三界論等既在地化又實用

的理論。品牌定位顧問張知愚結合中國企業的經營實務，將心智定位理論拓展到品牌定位，推出「品牌定位 40 講」系列網路專欄。魯建華著有書籍《定位屋》，將已經分庭而治的賴茲定位、特魯特定位這兩大門派重新融為一體，對「碎片化」的定位理論進行系統化整合，並宣告定位理論進入學科體系時代。根據定位理論，魯建華定位諮詢機構給自己的定位是「定位體系全球開創者」，明確宣稱自己屬於定位諮詢的第三大門派。

心智定位起源於美國，但為什麼在中國發展得很好？灰洞定位機構的侯德夫認為：「因為定位理論與中國人的思維模式很契合，所以中國人對（心智）定位接受更快、領悟更深、運用更妙。」可以說，在中國人鄧德隆、張雲分別擔任特魯特定位全球總裁、賴茲定位全球總裁後，這兩家跨國定位諮詢機構才開始整合定位理論的全球網路，真正的跨越事業傳承困境，並開創出一個後繼有人、追隨者如過江之鯽的全新局面；才能夠持續進行理論創新，訂單與案例越來越多，將心智定位的實踐帶到一個全新的高度。

特魯特與賴茲在西元 1969 年提出心智定位理論，原本用於廣告和傳播領域。後來，特魯特、賴茲與若干傳承人及眾多追隨者共同對心智定位理論進行不斷修正與創新，逐漸將心智定位延伸到品牌諮詢，並進一步拓展到策略諮詢。

儘管心智定位在中國發展得很好，但是中國的企業界、學界、管理顧問界對心智定位的批判也很激烈。〈看一個老廣告人的反思：定位理論是大忽悠？〉、〈《定位》，把你也給忽悠了嗎？〉、〈互聯網時代最大一棵毒草就是定位！〉等批判心智定位的文章，比比皆是。

一邊是「定位教」，將心智定位看得非常神聖的眾多追隨者；另一邊是大量批判者，認為心智定位的手段就是廣告轟炸、行銷洗腦，透過編創

「標新立異」的廣告語哄騙消費者！我們將觀察心智定位到三端定位模型的行銷模式部分，試圖給它一個視覺化的圖像，明確定位它在 T 型商業模式或新競爭理論上的位置，見圖 2-6-1。

圖 2-6-1 右上方的虛線框內，心智定位信奉「認知大於事實」，透過持續、頻繁的廣告／公關傳播活動，將編創的語言符號（所謂「視覺錘」及「語言釘」）植入目標客群的大腦，逐漸開墾出一片「鶴立雞群」的心智認知區域，最終達到促進銷售、塑造品牌的作用。

西元 1994 年，賴茲和特魯特分道揚鑣，各自擁有自己的定位管理顧問公司，從此心智定位理論開始分化，逐漸形成兩大門派。2004 年後，賴茲門派提出策略「聚焦」及開創「新產品類別」的相關理論；2009 年後，特魯特門派堅持在品牌「差異化」及策略「配適性」等重新定位方向上繼續創新發展，見圖 2-6-1。他們的這些創新分別可連結至三端定位模型的產品組合與價值主張。

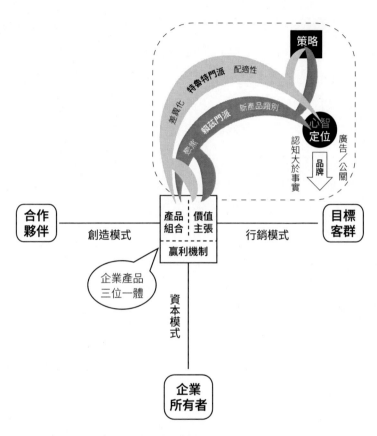

圖 2-6-1　從心智定位的實踐到三端定位模型示意圖

　　賴茲、特魯特兩大門派先後將「心智定位」上升到策略高度，與麥可 · 波特的競爭策略理論互相融合在一起。「差異化」屬於波特三大基本策略的差異化策略，而開創「新產品類別」是企業實施差異化策略的一種形式，大部分創業者或產品經理都是這麼做的！「聚焦」屬於波特三大基本策略的聚焦策略，相當於「集中兵力殲滅對手」，《孫子兵法》裡也有類似的策略。至於心智定位推崇的「配適性」概念，也是借鑑於波特的競爭策略理論。波特是策略定位學派的代表人物。早在西元 1996 年，波

特在〈什麼是策略〉一文中就把策略分為三個層次：第一是定位，第二是取捨，第三是配適性。

如果心智定位理論繼續向前發展進化，參照圖 2-6-1 的三端定位模型，必然會從行銷模式進入到創造模式和資本模式，這些都是本書《新競爭策略》及《T 型商業模式》的理論範疇。

彼得·杜拉克說：「企業的目的就是創造客戶，為此必須具備兩個基本職能，即行銷與創新。」進入 21 世紀後，彼得·杜拉克的這句話應該如何修正呢？**根據 T 型商業模式及新競爭策略理論，筆者提出「為了創造客戶，企業有三項基本職能：行銷、創新、資本」，具體表現便是贏得客戶、創造產品、利用資金，分別對應於 T 型商業模式的行銷模式、創造模式和資本模式。**

進入 21 世紀，企業經營從產品時代逐漸升級到商業模式時代，如果一些心智定位顧問機構繼續堅持「認知大於事實」、「不改變產品」的理論基礎，那麼要怎麼為客戶繼續創造價值呢？

第一，尋找那些具有優秀產品及資金實力的公司，對它們的市場銷售或經營策略進行錦上添花或畫龍點睛式的改進。例如，加多寶時代的王老吉就是一個優秀的、適合心智定位諮詢的企業。但是，加多寶公司只了解行銷模式，不了解創新模式及資本模式，如今幾乎要破產，不得不艱難的尋求東山再起！現在回歸廣藥集團的王老吉涼茶，儘管也有知名心智定位管理顧問公司以策略輔助，但也即將面臨「落伍」的困境。

第二，繼續專注於消費品領域，尋找那些越來越稀少的、主要依靠行銷驅動的公司。例如，「瓜子二手車」似乎是這樣的企業，「好想你棗業」曾經是這樣的企業，「貝蒂斯橄欖油」也是符合這個標準的企業。但是，經營企業如逆水行舟，不進則退。根據新競爭策略理論，如果這些主

要依靠行銷驅動的公司仍然不在創造產品（潛優產品→熱門產品→超級產品）、資金活用方面下功夫，那麼它們就很難取得理想的前景。

　　根據冰山模型，心智定位所謂的「簡單」，是因為只注意企業經營這座「冰山」浮在海平面的一小部分，而不重視冰山的主要部分。所以，心智定位機構應該敬畏競爭策略理論，學習商業模式理論，融入企業贏利系統及生命週期理論。

　　新競爭策略理論是對波特競爭策略理論的一次重大更新，所以傳統意義上的策略定位也需要同步修正。筆者初步認為，修正後的策略定位即企業產品定位，包括競爭定位、三端定位、品牌定位三個依次相互承接的部分，其中競爭定位是企業在市場上立足的基礎，三端定位為企業產品定位的核心，而品牌定位是為前兩者錦上添花或畫龍點睛的獨特內容。它們共同構成策略定位金字塔，見圖 2-6-2。**筆者預計出版的下一本書《三端定位》，將詳細闡述策略定位金字塔與相關的理論和實例。**

　　本章中介紹的波特三大策略、藍海策略、爆品策略、產品思維、技術創新等，都是競爭定位的經典內容；三端定位主要代表商業模式定位，從產品提升到商業模式需要三端定位；品牌定位在中國廣受歡迎，甚至有點名不副實！

　　中國製造難以升級為中國創造；「所有生意都值得重做一遍」難以普遍實行，這與行銷、品牌、定位顧問機構眾多，並且這些機構積極迎合廣大創業者及企業家喜歡走捷徑的需求密切相關！

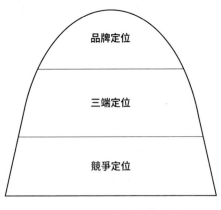

品牌定位

三端定位

競爭定位

圖 2-6-2　策略定位金字塔示意圖

2.7
技術創新：如何將「潛優產品」打造成超級產品？

重點提示

▶ 飲料、零食等消費品需要技術創新嗎？

▶ 對於超級產品，禧多郎諮詢是如何定義或解釋的？

▶ 產品經理如何具有宏觀格局、中觀手段？

　　傑克‧荀是美籍華人，中文名字叫作荀端乾。他在美國獲得博士學位後，先後在某跨國醫療公司工作 15 年、矽谷合夥創業 5 年，於 2016 年回到中國，在上海張江創立了一家醫療器材中外合資公司。在荀博士眼裡，中國到處是創業賺錢的機會。圍繞著主營業務不斷發展，不到 2 年，荀博士就新開闢了 8 個創業專案，其中 2 個拿到了天使投資，另外 6 個是江蘇、浙江、安徽 6 個城市的招商專案。荀博士自認為有經商天賦，最擅長設計交易結構。他認為交易結構就是如何謀劃股權架構及整合多方面資源。憑藉設計交易結構的專長，他還在籌劃要成立一家創業投資公司、一個投資銀行、一個醫療產業園區和一個醫療器材研究所。這樣一來，創業、投資、招商、科技創新的產業鏈就完善了，並且可以自給自足、內部循環，以保障現金流的安全，降低創業風險。這些專案連繫在一起，最終將成為一家投資控股集團。做好這些事，荀博士預計只需要三年半的時間。

　　恆立液壓的主營產品是液壓油缸，於西元 1990 年在江蘇常州創立，起初是工作室類型的小企業。恆立液壓創業初期的工廠低矮陰沉，地面坑坑窪窪，設備簡陋不堪，四處是雜物、油汙，環境還比不上「車庫創業」。其創始人汪立平生於 1966 年，國中畢業，原先是鄉鎮企業銷售員，後來轉型鑽研技術，自學了工程機械相關的所有課程。

　　沿著液壓油缸這個產品定位，汪立平帶領恆立液壓，依靠技術創新解決產業痛點，起初實施聚焦策略，專攻「小型挖掘機」市場區隔；然後實施成本導向、高品質策略，以高 C/P 值產品占據進口液壓油缸的目標市場，擴大市場占有率；最後實施差異化策略，布局高階產品產業鏈。現在，恆立液壓已經領先於全球液壓領域。2011 年 10 月，恆立液壓在上海證券交易所主板上市，當時市值人民幣 96 億元；2021 年 2 月，恆立液壓市值突破人民幣 1,660 億元。

　　根據所屬投資機構的安排，筆者將以上恆立液壓案例寫進投資後管理簡報，與公司投資的博士專家、創業專案的高層管理團隊一起研討學習。在產品定位、技術創新、公司策略等方面，那些只有科學研究經歷的博士專家們應該謙卑的向只有國中學歷的汪立平多多學習。雖然我們沒有投資他的相關創業專案，但是他這個人勤奮好學、結交廣泛，他的創業中說不定會誕生「黑馬」專案。但後來，就聯絡不到荀博士了！輾轉透過他人，筆者才知道荀博士失聯了，可能躲在國外「母公司」，也可能回美國了。據說，荀博士的投資公司還沒有上軌道，若干創業專案的資金就出了問題。荀博士從小到大都是資優生，有不認輸的固執，無奈之下從老家台州借了不少民間高利貸……

　　從理論到實踐，從國外到國內，很多人認為商業模式創新大有可為，便設計了各式各樣、連結各方利益的交易結構。**熱衷於交易結構，意味著拚命整合資源，諸多案例證明，被「強制平倉」的機率很高！投機之道錢賺得快，就會不屑於提升管控及利用資源的能力。**交易結構創新也屬於商業模式創新的一部分，就像一根繩索可以把好的東西連結起來，也可能讓自己被「五花大綁」或做其他匪夷所思的事，所以交易結構本身並沒有什麼問題。

　　從 T 型商業模式視角，交易結構只是周邊，只是在企業所有者、合作

夥伴、目標客群等利益相關者之間多做些文章而已，見圖 2-7-1。

在新競爭策略理論中，T 型商業模式的核心功能是將企業產品打造為超級產品。首先透過三端定位模型找到潛優產品，然後透過不同生命週期階段有所側重的第一、第二、第三飛輪效應，將潛優產品塑造為熱門產品，最終打造為超級產品。

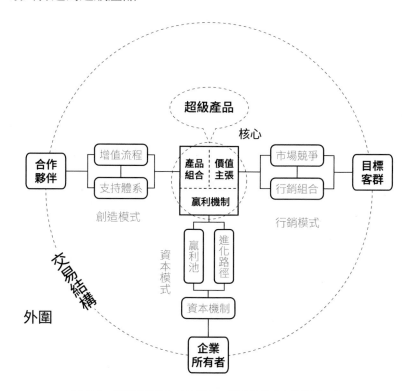

圖 2-7-1　超級產品與交易結構在 T 型商業模式上的位置示意圖

像華為、英特爾那樣，依靠技術創新打造超級產品，應該是屬於高科技公司的專利；消費品有很多超級產品，它們也需要依賴技術創新嗎？

例如：吉列公司於西元 1998 年推出的鋒速 3 新型刮鬍刀，歷經 6 年研發，成本高達 7.5 億美元。其新穎的 3 層刀片帶來了全新的使用感受，一

上市就席捲全球，成為一款超級產品。2005 年初，寶潔以 570 億美元收購吉列，吉列當時的全球市場占有率接近 70%，美國市場占有率高達 90%。

再如：格力家用空調是一個超級產品。「格力，掌握核心科技！」它不是停留在一句定位口號上。在 2018 年時，格力就有 1.2 萬名研發人員，在中國設有 2 個院士工作站[12]、15 個研究院，擁有 94 個研究所、929 個實驗室……

2018 年，在家用空調領域，格力以 20.6% 的市場占有率連續 14 年蟬聯全球第一。

林子大了，什麼鳥都有！所以還有一些另類的所謂超級產品。當年的秦池酒，以人民幣 3.2 億元拿下 1996 年央視廣告「標王」，超越茅台、五糧液，銷售額 3 年激增 47 倍；「今年過節不收禮，收禮只收腦白金」，多年前這個電視廣告頻頻播出，腦白金銷售量連續多年位於保健品之首。

技術是解決問題的方法及原理，或根據聯合國的相關定義，技術是關於製造一項產品、使用一項工藝或提供一項服務的系統性知識。從廣義上說，設計及傳播一個新穎的廣告、開創一個新產品類別、對一個新產品進行定位等，都屬於技術創新。

現在創業容易，但創業成功非常難。例如：開一家茶飲店幾乎沒有什麼門檻，花幾萬元就可以從受僱階級躍升為創業者。所以，大小城市一條條街上，就有了許多家茶飲店。但是如何做好產品定位，才能顧客盈門？

從喜茶的例子說，看起來喜茶提供的飲品就是一杯奶茶，似乎不難模仿。但是，如果將它放在圖 2-7-1 所示的 T 型商業模式結構內分析，對 13 個要素進行技術創新並形成加乘作用，目前也只有喜茶等少數企業做得比

12　院士工作站：中國特有機構，是由中央政府推動，使科學院、工程院院士與企業合作進行創新研發的研究機構，具有專案實施、基地建設、人才培養等功能。

較好。例如：從合作夥伴方面，喜茶已深入到種植環節，先研發及培養一些特定茶種，找相關茶農幫喜茶種植，再挑選進口茶葉組合。所以，供應鏈已經是喜茶真正的壁壘之一。「我們的茶都是自己訂做，並非市面上能拿到的茶種。」聶雲宸如此表示。從滿足目標客群需求的價值主張方面，喜茶向入口即化的哈根達斯冰淇淋學「口感」；向香奈兒學「香氣」，將不同食材原料搭配在一起，不僅有聞到的「前調」，還有進入喉嚨後噴溢出來的「後調」……喜茶還從口感、香氣、味道、外觀、品味五個方向，全面俘虜目標客群的味覺、觸覺、嗅覺、視覺及聽覺系統。《企業贏利系統》章節 4.5 中詳細介紹了喜茶在 T 型商業模式相關要素上的技術創新和最終如何完成企業產品的差異化定位。

對照 T 型商業模式的 13 個要素，像完美日記、元氣森林、Ubras、鐘薛高、三頓半、三隻松鼠等正在崛起的中國新國產品牌，與喜茶一樣，它們也在透過多要素的技術創新，完成差異化的企業產品定位，最終的產品願景也是將創立階段的潛優產品打造為各自產業領域的超級產品。

筆者曾與禧多郎品牌諮詢創始人陳向陽先生聊到超級產品這個話題。他說：「產品即策略，所以超級產品就是超級策略。禧多郎諮詢透過產品開發、整合行銷兩者共同形成的核心競爭力為目標客群打造超級產品。」禧多郎對超級產品的定義或解釋，包括以下六個方面：

➤ 超級產品是企業產品定位的實踐平臺、策略實踐路徑和最終產物。

➤ 透過產品類別創新、技術創新引領產業發展趨勢。

➤ 擁有專利等智慧財產權。

➤ 符合大眾審美，擁有與競爭產品形成區隔的獨特產品外觀。

➤ 銷售量占據主導地位。

➤ 能夠改寫企業發展命運，顛覆產業競爭格局。

筆者與陳總進一步探討發現：禧多郎諮詢聚焦於大消費領域十多年，堅持杜絕形式主義，真誠面對消費者，力求把產品做到極致，近期成功案例有大益茶、金柑普、本田、瑞草世家、東方素養、萊克電氣等，是超級產品諮詢領域一個有潛力的「低調的英雄」。禧多郎打造超級產品的五大工程模組，與 T 型商業模式的創造模式、行銷模式不謀而合，並將進一步延伸到資本模式。

借鑑管理顧問界的實際業務，通俗的表達新競爭策略的追求，就是「如何打造一款永續盈利的超級好產品」！

好產品需要優秀的產品經理主導，還是那句話「千里馬常有，而伯樂不常有」，優秀的產品經理或超級產品經理太少了。產品經理界有一句話，叫作「一個優秀的產品經理，應該具備宏觀格局、中觀手段及微觀體感」。熟練掌握和應用新競爭策略理論，是否有助於培養一個產品經理的宏觀格局與視野？筆者的回答是「是」。T 型商業模式及其相關原理就是一個優秀的產品經理應該理解的中觀手段。見圖 2-7-1，從目標客群→價值主張→產品組合……即從行銷模式到創造模式，再從創造模式到行銷模式，反覆循環。這等同於產品思維理論所闡述的對產品進行定位及更新的過程。更進一步，透過三端定位模型及行銷模式→創造模式→資本模式……不斷進行增強迴路的循環，讓產品組合、價值主張、贏利機制持續達成三者合一，就是對潛優產品進行定位並進一步改良，達成從潛優產品→熱門產品→超級產品的過程。

根據前文關於「技術」的定義，當進行企業產品定位以獲得潛優產品時，T 型商業模式的每一個要素都需要技術創新。如果要將潛優產品進一步打造成超級產品，更需要搭配 T 型商業模式的 13 個要素，持續進行技術創新。

2.8

企業生命體：如何連結、達成創立期的策略主軸？

重點提示

▶ 如何將產業「重做一遍」？

▶ 創立期企業的管理團隊有哪些注意事項？

▶ 企業產品定位與建立生存根基之間有什麼關係？

總體經濟學者常說這樣一些資料：南京有 800 萬人口，但是一年能吃掉 1 億隻鴨子；四川不到 1 億人口，每年要吃將近 2 億隻兔子；武漢 1,100 萬人，一年要吃 30 億隻小龍蝦⋯⋯中國現在男女單身人口 2 億人，16 歲以下有 3 億人，60 歲以上有 2.3 億人⋯⋯中國手機上網使用者數已達 12.9 億戶，汽車達 2.7 億輛，中國有 10 億人沒坐過飛機，至少 5 億人沒有馬桶可用⋯⋯

顯然，有 14 億人的中國是一個巨大的市場，除了人口紅利、消費升級等因素帶來的消費驅動外，還有技術驅動、政策驅動、投資驅動、出口拉動等促進經濟成長的諸多積極因素。因此，中國的創業機會非常多。另外，14 億人的中國，也在提倡「大眾創業，萬眾創新」。截至 2020 年底，全國有近 4,000 萬家中小企業、9,000 多萬個獨資企業，新註冊企業將近 700 萬家。

有人曾問，現在的中國是創業機會多，還是創業專案多？創業機會確實多，但是盲目創業的人更多，創業的失敗率高達 80% 以上！多年來，中低階產品供過於求，而許多高階產品需要從國外進口或採購。

因此，先知先覺者開始行動了，所有的產業都值得重做一遍！小罐

茶將茶葉產業重做一遍，創立的第二年，年銷售額就達到了人民幣 20 億元。喜茶將奶茶產業重做一遍，經歷新冠疫情 3 個月，融資估值反而上漲了人民幣 70 億元。鐘薛高將冰淇淋產業重做一遍，一根冰淇淋賣人民幣 66 元，被稱為「冰淇淋中的愛馬仕」……

所有的生意，都值得重做一遍！如何重新做？透過新競爭策略理論，筆者正在試著給出一些思路或方案。本章的主要內容是討論企業創立期的重點策略主軸 —— 企業產品定位及建立生存根基。當開啟創業或研發新產品時，可以先用「魚塘理論」做一下產業研究，分析環境機會和風險，用波特五力競爭模型弄清楚五種產業牽制力量，由此搜尋到可能有商業機會的目標市場。

潛優產品是企業創立階段的產品願景。所謂潛優產品就是潛在的優異產品、未來將有良好市場表現的產品。它可以是實物產品，也可以是虛擬產品或服務；它可以是一個單一產品，也可以是多個產品互補組合。在目標市場上定義企業產品，並成為企業的潛優產品，猶如在雜亂擁擠的空間蓋一座高樓大廈，非常考驗一個企業創始人或產品經理的勝任能力。

在市場區隔上定義企業產品，五力競爭模型主外，而三端定位模型主內。採用五力競爭模型，主要是從產業結構及牽制阻力的角度，判定企業產品是否具有取得經營成功的機會。經過五力競爭模型判斷後，還需要採用三端定位模型對它進一步判斷：將目標客群、合作夥伴、企業所有者三方利益統一考慮後，價值主張、產品組合、贏利機制是否能夠達成三者合一？

像波特三大通用策略、藍海策略、平臺策略、爆品策略、品牌策略、產品思維、技術創新等，都可歸屬為對企業產品進行定位的一種方法或一種理論思想。為了提升創業及新產品上市的成功率，在這些定位方法或理

論指引下的企業產品，仍需要透過三端定位模型判斷，並透過 T 型商業模式、企業贏利系統協助進行系統化建構。

　　在創立期進行企業產品定位及建立生存根基，需要企業產品、T 型商業模式、企業贏利系統三者組成的企業生命體的配合支持，見圖 2-8-1。

　　第 2 章前面的部分有詳有略的討論了企業產品、T 型商業模式的相關內容，企業贏利系統這一部分有哪些值得我們重視的內容呢？

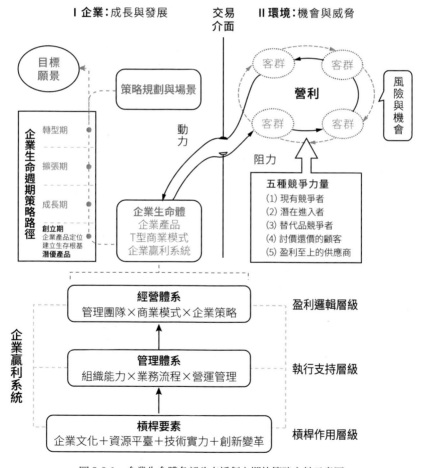

圖 2-8-1　企業生命體各部分支援創立期的策略主軸示意圖

企業贏利系統分為三個層次：經營體系（盈利邏輯級）、管理體系（執行支持層級）、槓桿要素（槓桿作用層級）。對於創業專案，經營體系必不可少，是企業盈利的本源，相當於「1」；管理體系有放大規模及提升效率的作用，相當於「1」後面的若干個「0」；槓桿要素是錦上添花，幫助經營體系、管理體系持續創造盈利。

➤ 經營體系。對於公式「經營體系＝管理團隊 × 商業模式 × 企業策略」，打個比方說，它們三者就像一個「人－車－路」系統，管理團隊好比是司機，商業模式好比是車輛，企業策略好比是規劃好的行駛路線、外部環境及要去的地方。

T 型商業模式、新競爭策略分別代表了企業贏利系統構成中的商業模式、企業策略，它們也是本書的主體內容。下面簡要介紹管理團隊自身的策略性建設內容及其對本階段重點策略主軸的支援情況。

創業投資界的研討會上經常討論：創業初期，企業的領導人物重要還是創業團隊重要？沒有一個好的領導人物，創業通常是不成功的，所以領導人物的作用怎麼強調都不為過。儘管創業初期領導人物更重要一點，但是從創業開始就要打造創業團隊，否則企業發展不起來，因為對建立一個企業贏利系統來講，一個人的能力與精力太有限了。

在創業團隊構成上，有些人學歷及工作履歷光彩奪目，但是一點創業能力和態度都沒有；還有些人看起來資源很多、人脈也很亮眼，但實際上只是來攀關係的，為創業團隊帶來更多的是麻煩；還有些人名氣很響亮，講話滔滔不絕、「語驚四座」，但做起事來幾乎都是錯的。以上這些人通常不適合成為創業團隊成員或創始股東。

中國古話說：三個臭皮匠，勝過一個諸葛亮。借鑑彼得・杜拉克的說法，一個理想的創業團隊，應該包含「對外的人、思考的人、行動

的人」，以團體能力建構 T 型商業模式的行銷模式、創造模式及資本模式，最終為企業打造一個超級產品。例如：在英特爾創始團隊的核心三人組裡，諾伊斯（Robert Noyce）是對外的人，摩爾（Gordon Moore）是思考的人，而葛洛夫（Andrew Grove）是那個行動的人。當然，「一個強人＋數名助理」的優秀團隊，也可以形成「對外的人、思考的人、行動的人」組合。

➤ 管理體系。管理體系屬於經營體系的一部分，對於企業產品定位等策略主軸，發揮執行支援的作用。管理體系有一個公式，即「管理體系＝組織能力 × 業務流程 × 營運管理」，其文字表述為：企業以組織能力執行業務流程，推動日常營運管理，周而復始達成實際的績效成果。

- 組織能力可以簡單理解為由企業員工、組織結構、管理文書資料三部分構成。創業初期，不僅創業團隊成員都應該是關鍵人才，還要透過股權激勵、共同願景等誘因吸引優秀人才加盟，提升企業員工的整體品質；組織結構力求簡單化、扁平化及專案制，這樣便於靈活調整以應對不確定性，也有利於提升工作效率和發揮全員創造力；管理文書資料則要摒棄繁文縟節，能以幾行字或幾句話說明的問題，千萬不要寫成冗長的報告。

- 創立期進行企業產品定位，主要是創造及創新性的工作，不宜採用嚴謹及過分細化的業務流程。創業初期應該有大致的業務流程，問題變得清晰後，再逐步改良、細化業務流程，以便累積技術實力和管理成果。

- 根據《企業贏利系統》的相關說明，營運管理有六大作業步驟，分別是目標分解、計畫落實、精實執行、指引管控、績效考核、持續改進。對處於創業階段的企業來說，根據企業產品定位的具體情況，應該將這六大作業步驟簡化為一套最簡單的營運管理模型。

➤ 槓桿要素。依據公式「槓桿要素＝企業文化＋資源平臺＋技術實力＋創新變革」，初創企業可以選擇著重加強最需要的部分，發揮它對企業產品定位、建立生存根基的支援作用。

- 《企業贏利系統》的企業文化相關章節闡述了一個水晶球企業文化模型：透過結構洞（structural holes）人物、企業環境、文化網、文化儀式、文化考核與獎懲這五項具體建設要點，塑造和維護企業的核心價值觀。對於初創企業，絕不能讓企業文化處於空虛狀態，應該直接或間接圍繞企業產品定位展開。常見的關注點是對企業文化影響較大的「結構洞人物」，就是指那些在企業的組織結構或人際網中有關鍵性連結作用的人物。**對於某些企業來說，企業文化就是老闆文化，因為老闆是企業「第一號」結構洞人物。**看一下企業的組織結構圖可知，除了老闆、相關高層管理人士是關鍵結構洞人物之外，像公司前臺接待人員、人事經理、財務出納、總經理助理等，他們與企業的每一個部門甚至每個人都會有業務接觸或連結，所以都可能是重點結構洞人物。他們的一言一行對企業文化的影響很大。

- 資源平臺。創辦企業需要人才資源、資金資源、客戶量資源、供應商資源、資訊資源等。在企業草創期，資金資源是企業的生命線，所以創業團隊中應該有專門負責融資的人。當企業足夠好，資源便紛至遝來；有很好的產品或產品組合，才是生存發展的王道。為了融資而融資，資金不能轉換為產生複利效應的能力或資源，即智慧資本，企業便在「燒錢」——「燒掉」的是生存能力、發展前途、創始團隊的股權及青春年華。

- 技術實力側重於描述或衡量產品組合的技術含量多寡、檔次高低等精品化程度。日本企業有職人精神，德國企業有工匠精神，它們能

增加一個產品的技術實力，將產品做到全球「數一數二」，所以這兩個國家的「隱形冠軍」企業比較多。企業草創期的產品組合主要側重於對一個市場區隔的突破性創新，聚焦在解決目標客群的痛點或未被滿足的潛在核心需求；隨著不斷發展，企業會逐漸重視產品本身的技術實力。

- 創新變革。本章所討論的對企業產品定位及延伸到 T 型商業模式、企業贏利系統等相關支援都與創新脫不了關係；顛覆或替代傳統產品可看作是一種變革。

要達成創立期的策略主軸「企業產品定位，建立生存根基」，還可以參考《精實創業》等與創業相關的理論及書籍給出的具體建議。

《精實創業》所闡述的理論思想類似「精實生產」理念，代表了一種循序漸進、持續改進的創業新方法。它提倡創業者先向市場推出極簡易的原型產品，即 MVP（minimal viable product，最小可行產品），然後進行「驗證性學習」——透過一連串的快速更新，不斷測試和改進，靈活調整方向，以最小的成本驗證產品是否符合使用者需求。它隱含的創業哲學是：如果產品不符合市場需求，最好能「廉價的結束」，而避免「昂貴的失敗」。如果產品被使用者認可，就不斷透過「建造——測量——學習」循環，挖掘使用者需求，持續更新、改良產品。

本章的重點內容是如何進行企業產品定位。圍繞企業產品定位，透過 T 型商業模式努力建構有發展潛力、適合目標客群需求的潛優產品，並初步建立與之相配的企業贏利系統。這樣，企業就有了一個安身立命的生存根基。

第 3 章

持續贏利成長：累積競爭優勢才是開疆拓土的利器

本章導讀

　　新競爭策略提倡永續贏利成長，與之相反的是「煙火式成長」。煙火式成長類似「煙火式戀愛」，剛開始時轟轟烈烈，但是不會長久。煙火式成長就像綻放的煙火，只有一瞬間的美麗，美麗過後，除了地上會有少許「殘渣」，什麼都沒有留下。

　　市面上流行的直播銷售、裂變推廣、飢餓行銷、成長駭客、目標發誓等各式各樣的行銷成長技術，雖然其結果不一定是煙火式成長，但也不完全屬於持續贏利成長。或許，它們屬於「純行銷」。

　　如何達成「持續贏利成長，累積競爭優勢」兩個策略主軸，將潛優產品塑造為廣受市場歡迎的熱門產品呢？

3.1
跨越鴻溝：先「破局」後「破圈」，為創業開闢一片新版圖

重點提示

▸ 實現持續贏利成長，為什麼需要企業家精神？

▸ 企業家精神聚光燈模型的主要內容是什麼？

▸ 你贊同筆者對企業使命的定義嗎？

在創立初期，B 站（嗶哩嗶哩）是一個二次元影片創作與分享的社群網站，參與者幾乎都是 25 歲以下的年輕人，客群非常小眾。2019 年 12 月 31 日，B 站推出的跨年晚會，獲得了超過 8,000 萬的線上直播觀看量。這是一個里程碑事件，代表著 B 站「破圈」了，成功吸引了來自不同背景和不同年代的大眾使用者。

破圈是一個網路流行語，指某個人或產品突破原本的小眾「圈子」，被更廣泛的大眾接納並認可。產品破圈後，使用者數量將出現爆發性成長。

筆者認為，破圈之前還有「破局」。在新競爭策略的語境下，破局是指企業產品被成功推向市場，並有一定的銷售量。2018 年 6 月，筆者想寫一本書，因為是第一次寫書，怎麼寫？找哪家出版社？有人買嗎？等等，有諸多問題需要弄清楚。這就是一個局，在當時感覺像一個困局。2019 年 6 月，想寫的那本書《T 型商業模式》終於出版了，在當當、京東等網路平臺上都有一些銷售量。書就是作者的產品，在寫書這件事上，筆者破局了！

　　企業產品破局而立，有一定的銷售量，這本應是第 2 章應該討論的內容。因為它與破圈一樣，都涉及到如何吸引目標客群購買，達成銷售成長，所以就放在本章一起討論了。

　　在成長期，達成持續贏利成長、累積競爭優勢這兩個策略主軸，企業追求將創立期的潛優產品打造為熱門產品，進而為下一步擴張發展打下良好的基礎，見圖 3-1-1。熱門產品就是在市場上有影響力、銷售量很好的產品，類似中國網路流行語常說的「爆品」，例如：小米成長階段的手機、行動電源等產品；本田成長階段的機車、汽車產品等。

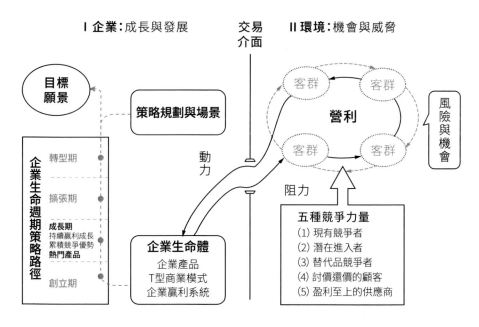

圖 3-1-1　成長期企業的主要策略主軸示意圖

　　這裡的盈利是指企業能力、資源等各類資本的增加 —— 讓企業逐步贏得一個有利的競爭地位，與會計學意義上賺取利潤的盈利有所不同。以此盈利定義，破局與破圈只是初步的贏利成長。涉及持續贏利成長、累積

競爭優勢這兩個策略主軸，還有更廣泛的內容需要在本章闡述。

如圖 3-1-1 所示，左邊 I 企業要透過企業產品達成贏利成長，右邊 II 環境中有機會、風險，也有阻礙力量。抓住機會達成贏利成長，企業就有更多的資本抵抗風險。企業產品足夠好，顧客就會購買，供應商就願意合作，其他各種競爭者的牽制力量也會減弱。這樣，企業產品就可能破局而出，達成贏利成長。有競爭策略的企業，隨著時間推移，五種競爭力量帶來的阻力遞減而合作力量遞增。有競爭策略的企業，以自己的優勢資本（即關鍵能力與資源），透過不斷改良、更新，將創立期定位的潛優產品打造成一個真正的熱門產品。有競爭策略的企業，為了實現自己的策略意圖及目標願景，就會沿著策略路徑累積競爭優勢，逐漸開闢出一片新版圖。從 II 環境來看，儘管中國的創業投資機會非常多，但是在「大眾創業，萬眾創新」的背景下，各類創業風起雲湧，獲取所需資源的成本水漲船高！所以企業之間的競爭也非常激烈。高速經濟成長從來就不是常態，而是多重歷史機會下的一個特例。尤其是經過 40 多年的高速成長後，中國經濟已經進入到一個成長放緩的中速發展時代，即中國經濟將進入「新常態」。

在「新常態」下，我們回歸到企業贏利成長的本質思維 —— 複利效應。複利效應可以看作是企業贏利成長的第一原理，一年年疊加，如同滾雪球一般越滾越大。複利效應啟示我們：在企業成長與發展的路途中，考驗的是企業贏利系統的高下強弱，它不能停留在局部的繁榮，更應該追求全面發展；企業之間比的是耐力，它不像障礙賽，更像一場馬拉松。「不謀全局者，不足以謀一域；不謀萬世者，不足以謀一時。」這也是新競爭策略在哲學層面的格局與視野。

既要仰望星空，又要腳踏實地。處於創立及成長階段的企業，路從腳

下起，萬事起頭難。一個有策略的企業，如何破局、破圈，以達成贏利成長？

關於產品初期推廣時如何破局，有這樣一種說法：有了一張策略圖之後，一定要找到一個一刀捅進去就會流血的點，聞到血腥味，大家自然會衝上來，這張皮一定能被撕開。如果拿小釘子敲四五個點，敲了三年，沒有一個點敲破，所有人都會崩潰。重要的是一定要找到一個點切入，把它做深、做透，澈底把釘子打進去。

在破圈之前如何才算站穩腳步，凱文‧凱利（Kevin Kelly）曾提出「1,000 個忠實粉絲」理論，大致的意思是：如果你有 1,000 個忠實粉絲，每個粉絲每年在你的產品上消費 100 美元，那你每年就有 10 萬美元的收入，通常足以過活了。後來，「1,000 個粉絲」就成了一個不成文的創業標準。一個新產品唯有累積到了 1,000 個使用者，才算是站穩腳跟。那麼，在創立期，企業要用什麼方法才能拉攏到 1,000 個使用者呢？不少人給出了自己的答案，例如：看準目標使用者聚集的地方，設法去拉人；以朋友推薦或找有影響力的人幫忙宣傳，對使用者施加影響促進購買意願；透過免費／折扣、限量供應的方式，或說「飢餓行銷」，利用消費者「害怕錯過」的心理促成銷售等等。

關於如何破局、怎麼破圈，彼得‧蒂爾（Peter Thiel）認為創業一開始，企業就應該力圖成為壟斷企業。市場被企業壟斷後，客戶就只能選擇企業的產品。所以創業前期的破局、破圈，都成了「小菜一碟」。他在《從 0 到 1》中分享了自己的創業哲學：大部分創業者喜歡做從 1 到 N 的重複過程，但從 0 到 1 才是創造市場的過程。像 Airbnb、Uber 等企業開拓一個全新市場那樣，從 0 到 1 有三個步驟：第一步，發現「祕密」，所謂祕密就是那些被人們忽略卻蘊含巨大價值的全新創業機會。第二步，避免

競爭陷阱，失敗者採取競爭，創新者應該選擇壟斷。第三步，打造壟斷企業。怎麼做呢？利用品牌優勢、規模經濟、網路效應、技術壟斷等要素組合起來打造壟斷企業，透過占領小市場、謹慎擴大規模、不搞「破壞」而避開競爭，使企業逐步達成贏利成長。

　　更有系統的方法論，可以參考傑佛瑞·摩爾（Geoffrey Moore）根據創新擴散理論提出的「跨越鴻溝」理論，見圖 3-1-2 的右下圖。根據接受新產品的先後順序，就可以劃分成五個相互連繫、依次遞進的階段，分別是創新者、早期採用者、早期大眾、晚期大眾、落伍者這五種類型的目標客群。

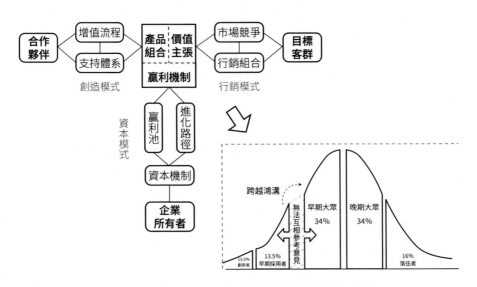

圖 3-1-2　Ｔ型商業模式為「跨越鴻溝」提供解決方案示意圖

　　讓創新者、早期採用者接受或購買新產品，以現在的說法，可以稱之為「破局」。創新者是指那些「愛好者」、「行家」。他們買的是新功能，無論產品好壞，只要新就會買，新技術是生活中的最大樂趣，他們可以為此忍受產品的不足和缺陷。早期使用者通常是一群具有遠見的人，能夠看

到新產品帶來的新價值，喜歡做別人還沒有做的事，利用新技術產品完成他們的夢想，來獲取策略優勢。早期大眾對新技術產品或許有興趣，但他們更實際，對價格非常敏感，更關心提供新產品的公司是否有名氣、支撐體系是否完整、服務是否可靠。總之，他們需要看到價值才會決定購買。

如圖 3-1-2 右下圖所示，在早期使用者與早期大眾之間有一條非常顯著的鴻溝，大部分創業公司很難跨越。如果有企業成功跨越了這條鴻溝，就相當於「破圈」了 —— 企業推向市場的新產品，將會被 50% 以上的目標客群接受，假以時日，更可以獲得晚期大眾及落伍者的認可。

在早期使用者與早期大眾之間，為什麼會存在一條顯著的鴻溝呢？因為這兩個目標客群對新產品的認知差距太大了。**早期使用者屬於有遠見者，喜歡「嘗鮮」，而早期大眾屬於實用主義者，面對新事物，習慣再等等、再觀察一下。兩者就像新潮女郎與傳統淑女，無法相互參考意見，所以後者遲遲無法做出購買決策。**

如何跨越這條鴻溝？摩爾提出了消除鴻溝的三大原則：

➤ 確保產品的完成度，讓早期大眾儘早接受。

➤ 透過行銷策略，形成良好的口碑，打消早期大眾的購買顧慮。

➤ 做小池塘裡的大魚，成為市場區隔的領先者，然後平行擴散、取得優勢地位。

結合摩爾的理論要點，我們給出企業跨越鴻溝的四個步驟：

1. 尋找一個客戶價值明顯、可行的市場區隔。

2. 集中關鍵資源和能力到該市場區隔。

3. 與同一市場上的競爭產品區分，強調自己產品的差異化優勢，以在目標客群的大腦中形成定位。

4. 透過直銷、零售批發、網路、直播銷售或線下推廣等各種行銷方式，
   在該市場區隔找到一個突破口，然後一塊一塊蠶食，直到全面占領該
   市場。這四個步驟，有點像第二次世界大戰期間同盟國選擇在諾曼第
   登陸，最終打敗軸心國，改變了整個歐洲戰場的格局。

關於如何破局、怎麼破圈，怎樣才能跨越鴻溝，更有系統的方法論是
依據筆者提出的 T 型商業模式的構成要素及相關原理。如圖 3-1-2 左上圖
所示，根據 T 型商業模式一步步走，可以為「跨越鴻溝」提供解決方案。

例如：在「T 型」左側的創造模式方面：

➤ 借助力量或與合作夥伴一起創造產品及開拓市場。對於中國的新品牌
  來說，天貓、京東、拼多多、小米、華為等平臺企業都是很好的合作
  夥伴，例如：裂帛、御泥坊、茵曼、麥包包、韓都衣舍、佰草集、歐
  莎等「淘品牌」，都是依靠淘寶、天貓線上購物平臺崛起的新品牌；
  再如，石頭掃地機器人依靠小米的流量及產業鏈支持迅速發展起來，
  具有自己的潛優產品及熱門產品，成功在科創板上市。

➤ 檢討增值流程，能外包的外包，不能外包的自己做好，集中關鍵資源
  和能力，在同一個目標市場達成突破。史玉柱在落魄時，用借來的人
  民幣 50 萬元進行腦白金專案。他把市場行銷做到極致，而將價值鏈
  上的採購、製造、包裝、物流全部外包，並聚焦在江蘇無錫的一個縣
  級市江陰，在局部市場上力求從一個點突破。

➤ 透過技術創新（屬於支援體系的重要內容），塑造出產品特色。西元
  1990 年代時，UNIQLO 從艱難生存到破圈而出，源於一款叫作「抓毛
  絨」布料的技術創新。其中有幾年，UNIQLO「抓毛絨」外套的銷售
  量達到每年 2,000 多萬件。然後，才有了現在全球開店的 UNIQLO，
  成為服裝界的「日不落帝國」。

➤ 建構能產生流量的產品組合，讓產品一上市就風靡於市場。像奇虎360、羅輯思維等，依靠「免費＋收費」，或稱為「三級火箭」產品組合，屢試不爽，瞬間破局、快速破圈，很快成為產業中的超級產品。

　　至於「T 型」右側的行銷模式方面，前文提及的破局經驗和凱文・凱利的「1,000 個忠實粉絲」、彼得・蒂爾的「從 0 到 1」、摩爾的「跨越鴻溝」等理論都有闡述。參考《T 型商業模式》第 3 章行銷模式，如果我們能澈底弄懂行銷模式的第一原理，即公式「目標客群＝價值主張＋行銷組合－市場競爭」，能夠理論結合實務，應用至爐火純青，那麼創業企業「如何破局、怎麼破圈，怎樣才能跨越鴻溝」，就會成為可以實行的問題。

　　至於「T 型」下側的資本模式方面，重點是引進策略股東（企業所有者）、借助創業投資、設計資本機制（資本運作）等。運用資本模式跨越鴻溝，「C/P 值」很高，但是風險也很大。例如：引進策略股東如同與人聯姻，這個決策要慎重，弄不好就會「引狼入室」，這樣的案例並不少見。借助創業投資能讓創業企業「瞬間暴富」，可以對目標客群進行價格補貼以帶動銷售量，但是要慎防創業對資本的慣性依賴，反而葬送了企業前途。如果創業公司只是透過資本運作，企圖破局、破圈，在大多數情況下，這近似於自投羅網，最終可能陷入交易結構的陷阱中。

　　如何破局、怎麼破圈？怎樣才能跨越鴻溝？對這些問題的闡述及回答，只是本章的序曲或前奏。在企業成長期，要藉由持續贏利成長、累積競爭優勢這兩個策略主軸，致力於將創立期的潛優產品塑造為熱門產品。為此，下面將要闡述 T 型商業模式的另一個重要理論：有助於企業產生複利成長的第二飛輪效應。

第二飛輪效應：永續成長背後的第一原理

重點提示

▶ 從「小蝦米」創業逐漸成長為「大鯨魚」，好市多有哪些值得借鑑之處？

▶ 智慧資本的構成及主要功能作用是什麼？

▶ 家樂福等傳統賣場日漸式微的主要原因是什麼？

從 2010 年起，由於各分店連年虧損等因素，家樂福開始陸續關閉在中國的一些大賣場。據統計，2010 年至 2017 年家樂福在中國歇業的分店累計超過 40 家。2019 年 6 月，家樂福（中國）將旗下 233 家大賣場，以 48 億元人民幣「賤賣」給蘇寧易購集團，而在同期，新式茶飲品牌喜茶 100 家分店的估值就達到了 100 億元人民幣。

2019 年 8 月 27 日，全球知名的連鎖會員制倉儲式量販店好市多（Costco）在上海開業，這是好市多在中國大陸開設的第一家分店。由於慕名而來的顧客太多，導致周邊交通堵塞嚴重，諸多商品被搶光。之所以這麼火爆，與好市多開業慣用的低價促銷、媒體造勢有關：市場上售價達 3,000 多元人民幣的茅台酒，在好市多只要 1,498 元人民幣！五糧液白酒，只要 919 元人民幣！各種奢侈品、包包，瞬間被搶購一空。

阿里巴巴、京東、拼多多等電商平臺崛起，像家樂福這樣的傳統零售大賣場開始走下坡，好市多憑什麼逆流而上，每開一家分店都門庭若市？

西元 1983 年，吉姆（Jim Sinegal）與傑佛瑞（Jeffrey Brotman）兩個合夥人創立好市多，在美國西雅圖郊區的一個大倉庫開了第一家門市。

2021 年初，好市多召開了線上股東大會，公布了 2020 年的一些經營

數據：好市多在全球擁有 795 家分店，銷售額 1,630 億美元，達到歷史最高值；受疫情隔離及交通管制等影響，好市多擴張速度有所減緩，但也新開了 13 家分店；全球有 1.07 億會員卡持有者，每年為公司帶來 35 億美元的會員費收入。

歷經 37 年，銷售額從 0 到 1,630 億美元，好市多達成了真正的指數成長。指數成長通常是指企業創立時，贏利成長比較緩慢；在「跨越鴻溝」或突破某個臨界點後，贏利成長非常快，見圖 3-2-1。當然，一個企業不可能永遠保持指數成長，市場進入衰退期時，成長將放緩或出現負成長。好市多連續 37 年保持指數成長，簡直是一個奇蹟！

與指數成長相對的是線性成長和搖擺成長。例如：10 年前，老馬在小鎮中心開了一家雜貨店。10 年過去了，老馬一共開了 3 家同樣規模的雜貨店。老馬的企業就不是指數成長，可以說是一種非常緩慢的線性成長。同鎮的老劉，喜歡開公司經營新生意，趕上機會大賺一筆，一不小心又賠光了，還欠了高利貸，然後東山再起，風光三五年，又連年虧損……老劉經營企業就屬於搖擺成長。

指數成長的背後是複利效應，也可以叫作複利成長。例如：100 萬人民幣的本金，連續 37 年保持 30% 的複合成長率，最終將變成 164 億多元人民幣。如果大家有所懷疑，可以用圖 3-2-1 給出的複利公式進行驗證。對於複利效應，巴菲特有一個通俗的說法：人生的財富累積就像滾雪球，要有很溼很溼的雪和很長很長的坡。

社會學把指數成長稱為馬太效應：強者越強，弱者越弱；富者越富，窮者越窮。2019 年諾貝爾經濟學獎得主班納吉（Abhijit Banerjee）就驗證了馬太效應的一部分：窮者越窮。對於一些貧困的人來說，貧困不僅是結果，貧困也是原因，他們落入了「貧困陷阱」中。一些企業之所以一蹶不

振，連年虧損，也是因為陷入類似的「貧困陷阱」，要不是複利公式中的本金出現了問題，就是利率成為負數。

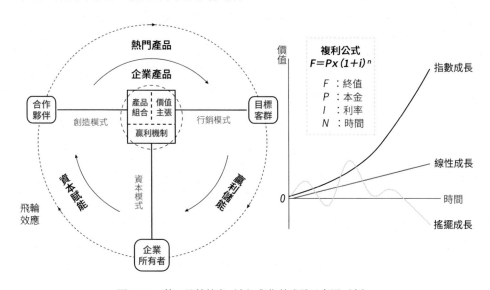

圖 3-2-1　第二飛輪效應（左）與指數成長示意圖（右）

在 T 型商業模式中，本金是指什麼？企業的資本。凡是直接或間接用於經營管理活動的能力或資源都屬於企業的資本。這裡的資本大致分為物質資本、貨幣資本、智慧資本三個類別。

物質資本、貨幣資本比較好理解，以下簡單解釋一下智慧資本。依據中外學者的研究，智慧資本主要包括人力資本、組織資本和關係資本三個方面的內容。

➤ 人力資本由企業家資本、經理人資本、職員資本、團隊資本構成。表現在知識或能力等具體面向，則主要有經營管理能力、創新能力、技術訣竅、有價值的經歷、團隊精神、協作能力、激勵效果、學習能力、員工忠誠度及受到的正式教育和培訓等。

➤ 組織資本是指職員離開公司以後仍留在公司裡的知識資產，它為企業的安全、秩序、運作效率和職員才能的充分發揮提供了一個平臺。它主要由組織結構、企業制度和文化、智慧財產權、基礎知識資產構成。其中企業制度和文化表現為組織慣例、工作流程、制度規章等；智慧財產權表現為專利、著作權、設計權、商業祕密、商標等；基礎知識資產表現為管理資訊系統、資料庫、文獻服務、資訊網路技術的廣泛使用等。

➤ 關係資本表現為兩大類：一類是指企業與外部利益相關者之間建立的有價值的關係網；另一類是在關係網基礎上衍生出來的、外部利益相關者對企業的形象、商譽和品牌的認知評價。組織之間的關係網通常由企業與股東、消費者、供應商、競爭對手、替代商、市場仲介、政府部門、大專院校和研究機構等組成。

（參考資料：李平，〈企業智力資本「家族」及其開發〉）

就像地球、火星等行星圍繞著太陽這個恆星轉動，資本模式中的資本圍繞企業產品創造價值，見圖 3-2-1 左圖。在企業產品定位成功後，資本模式對創造模式進行資本賦能，透過行銷模式把企業產品銷售給目標客群。如果目標客群認可並購買企業的產品，那麼歷經這樣一個經營管理活動的循環，企業就會相應增加貨幣資本、物質資本、智慧資本等，即以盈利儲能的方式回饋資本模式中的原有資本。透過這樣一個循環，企業的資本增加了，即圍繞企業產品創造價值的「本金」增加了。在後面延續的循環中，更多的「本金」將會增加更多的資本，並成為下一循環的「本金」，日復一日、年復一年，將企業產品從潛優產品培育為熱門產品。在 T 型商業模式中，如上所述把資本圍繞企業產品以增強迴路循環創造價值，將潛優產品培育為熱門產品的過程，稱為第二飛輪效應。第二飛輪效

應就是「T 型商業模式中的資本模式、創造模式及行銷模式之間發生複利效應」的形象化敘述。它也是永續成長背後的第一原理。

　　含有第一飛輪效應的產品組合，也更有利於驅動第二飛輪效應，兩者是相互連結、依次遞進的關係，在本書章節 4.2 將會進一步闡述第一、第二及第三飛輪效應之間的這種關係。

　　$F=P \times (1+i)^n$ 是一個集合型的複利公式，如圖 3-2-1 所示。以財務年度為單位拆開來看，就像銀行存款那樣，當期利息將會轉化為下一年度的本金。所以，持續成長的公司，其「本金」是每年增加的。

　　在複利公式中，利率 i 就是指企業資本的複合成長率，從可以精確量化的角度，通常以銷售收入或利潤的複合成長率來代表。複合成長率是一個特別重要的指標，它決定了企業資本歷經一個時間區間後的大小。例如：100 萬元人民幣的本金以 1% 的複合成長率連續保持 37 年成長，最終只能變成 144 萬元人民幣，與 100 萬元人民幣本金以 30% 的複合成長率連續保持 37 年成長後的終值 164 億元人民幣有天壤之別。這還不算最差，如果是 -30% 的複合成長率，那麼 100 萬元人民幣本金，3 年後就只剩下 34 萬元人民幣了。

　　複合成長率代表企業的贏利成長水準，它與哪些因素有關係呢？複合成長率與外部環境的機會和風險、企業生命體（企業產品、T 型商業模式、企業贏利系統）、策略路徑和目標等要素均有關係，見圖 3-1-1。新競爭策略的重點是圍繞企業產品搭配策略主軸、產品願景及確定策略路徑和目標，其他屬於支援或基礎內容。成長期企業的策略主軸是「持續贏利成長，累積競爭優勢」，通常有哪些通用的策略路徑呢？

　　參考理論之一是安索夫矩陣。它以產品和市場作為兩大基本面向，為了達成持續贏利成長，規劃企業的策略路徑，共給出五種成長策略，分別

是：①市場開發；②市場滲透；③產品開發；④多角化經營；⑤鞏固市場。後文也會介紹其他驅動第二飛輪效應的成長理論。

複利公式的另一個重要變數是時間 n，即某個複合成長率能夠持續的時間，通常以年為單位。一年高速成長，其他年分搖擺或負成長，不如連續多年中低速成長。新競爭策略與複利公式的成長哲學是一樣的，不提倡曇花一現式的爆炸式成長，而提倡「做時間的朋友」，堅持長期主義。

根據第二飛輪效應或複利公式，前文談到的好市多、家樂福兩者都是實體量販店，為什麼一個發展如日中天，而另一個日薄西山被賤賣了呢？

我們從潛優產品→熱門產品入手，就可以探究一些箇中緣由。在創立期，讓企業產品符合潛優產品，是指產品組合、價值主張、贏利機制三者合一，這也代表了合作夥伴、目標客群、企業所有者三者利益的統一。

好市多的產品組合是「高 C/P 值商品＋會員制＋附加業務」。好市多自己不製造產品，提供的是商品采購平臺服務，所以用「高 C/P 值商品」以區別於「高 C/P 值產品」。在好市多的產品組合中，高 C/P 值商品、會員制這兩項容易理解。好市多的「附加業務」是指倉儲式量販店中附帶的美食廣場、購車服務、輪胎服務、加油站服務、旅行服務、信用卡服務、影印服務、助聽器服務、光學眼鏡服務等十幾種相關的產業和服務。這些「附加業務」以高 C/P 值經營模式，一直在發揮聚集人氣、為會員提供一站式綜合服務、增加顧客黏著度等功能。

好市多對目標客群的價值主張主要是優質低價，節省會員挑選及做決策的時間。其贏利機制並不是主要依靠賣商品的差價，而是靠會員每年繳的會員費。這樣一來，好市多為了吸引更多的會員加盟，就會設法降低商品售價，不惜保持較低的毛利率，允許會員無理由退貨，精選商品以提升會員滿意度等。由於會員費的邊際成本遞減效應，即買得越多越便宜，會

員就會設法增加購買頻率和採購量，這進一步促進好市多採購及銷售的雙向規模經濟效益。

好市多真正貫徹「以客戶為中心，以奮鬥者為本」，不僅讓會員超級滿意，更讓奮鬥者（合作夥伴）樂於為共同的事業打拚。好市多視員工為親密合作夥伴，為他們提供超越同行的薪資待遇及醫療福利，並有「好工作策略體系」等配套體制。由此，好市多也多次獲得美國最佳大型雇主等榮譽。

如前所述，第二飛輪效應是指資本圍繞企業產品以增強迴路循環創造價值，將潛優產品培育為熱門產品的過程。以好市多創立期就有的潛優產品，佐以 T 型商業模式、企業贏利系統、策略路徑和目標、外部環境機會等成功必備要素，共同激發出極強的第二飛輪效應，將潛優產品培育成熱門產品，進一步打造為超級產品，共同促進好市多事業發展壯大。

家樂福等傳統大賣場的問題主要在於企業產品過時了。在新零售時代，它們憑藉「商品多而全」及依靠地段守株待兔式的價值主張對目標客群失去了吸引力；對供應商等合作夥伴收取進場費、條碼費、促銷費、貨櫃費、導購管理費等名目繁多的費用，也讓優秀的品牌商或供應商望而卻步。合作夥伴及目標客群都出現了狀況，就像一臺有三個葉片的電扇，其中兩片故障，飛輪效應怎麼還有可能「轉動」起來？

持續贏利成長：以客戶為中心，以奮鬥者為本

重點提示

▸ 持續贏利成長，為什麼需要企業家精神？

▸ 企業家精神投射燈模型的主要內容是什麼？

▸ 你贊同筆者對企業使命的定義嗎？

新競爭策略提倡永續贏利成長，與之相反的是煙火式成長。煙火式成長類似「煙火式戀愛」，剛開始時轟轟烈烈，但是不會長久。煙火式成長就像綻放的煙火，只有那一瞬間的美麗，美麗過後除了地上會有少許「殘渣」，什麼都沒有留下。

ofo 小黃車屬於煙火式成長嗎？ ofo 耗費大約 130 億元人民幣融資借款，僅花了三年時間，就投放了 2,300 萬輛單車。然後，在很短的時間內，ofo 小黃車就難覓蹤跡了，公司欠款高達 20 億元人民幣，總部已人去樓空。海航集團屬於煙火式成長嗎？ 2008 年之後，海航集團迅速拉開了大規模國際化、產業多角化的帷幕。之後，海航集團總資產迅速飆升至 1 兆 155 億元人民幣，業務遍布世界各地。但是，到 2017 年下半年，海航集團總負債規模已高達 7,500 億元人民幣，資產負債率高達 70%，資金鏈岌岌可危。2021 年 1 月 29 日，海航集團收到法院發出的「通知書」，主要內容為：相關債權人因海航集團無法清償到期債務，申請法院對海航集團破產重整。

市面上流行的各式各樣的行銷成長技術，雖然其結果不一定是煙火式成長，但也不完全屬於持續贏利成長。或許，它們屬於「純行銷」。

新競爭策略致力於讓利益相關者合力「驅動」第二飛輪效應，達成企

業持續贏利成長的策略主軸。而「純行銷」只是在 T 型商業模式的行銷模式一端用力，由於「三缺二」，無法「驅動」第二飛輪效應成長，所以「純行銷」多數是短暫成長或搖擺成長。

　　許多企業的經營者很累，不少老闆不得不親自做行銷工作，花費大量的時間、精力，終於拿下一個訂單。像阿里巴巴、好市多、華為、愛馬仕、萬科等，這些企業的領導人都在從事自己喜歡的事，真正在追求熊彼得（Joseph Schumpeter）提出的「企業家三樂」：成功的快樂、創造的快樂、建立一個理想國的快樂。他們具有企業家精神，是真正的企業家。

　　什麼是企業家精神？張維迎教授說：「我在 30 多年前就開始研究企業家問題。我總覺得他們是與眾不同的、人類當中少有的一部分人。企業家精神有哪些特點呢？一是企業家決策不是科學決策，沒有標準答案，它只能依據直覺、想像力和判斷。二是真正的企業家決策，不是在定好的約束條件下求解，而是改變約束條件本身。」

　　究竟什麼是企業家精神？綜合一些理論研究成果來看，企業家精神大致上是冒險精神、創新精神、創業精神、寬容精神等幾種精神的排列組合，再加上一些對敬業、誠信、執著、學習等概念的闡述。長期以來，企業家精神似乎研究不順遂，一些研究者開始改行研究領導能力了。

　　筆者在《企業贏利系統》章節 2.2 提出一個企業家精神投射燈模型，見圖 3-3-1 所示。經過再次改良後，它的五個要點內容如下：

> 以願景為導向。願景就是非常長期的目標或最終目標，至少需要 20
> 年才可能達成的目標。企業願景的作用之一，是讓企業始終堅持長
> 期主義，不被短期投機性機會所誘惑。正像黑石集團創始人彼得森
> （Peter G. Peterson）所說：「當你面臨兩難選擇時，永遠選擇長期利
> 益。」願景與現狀之間通常有一條巨大的「鴻溝」，它可以激發管理

團隊的創造性張力，建構出優異的企業產品、T 型商業模式和企業贏利系統等。企業家領導企業，而願景「領導」企業家。管理團隊要樹立共同願景，才能匯聚各方資源和能力。這樣，新競爭策略才能更有意義和價值。

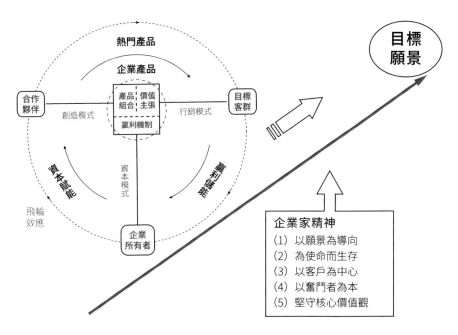

圖 3-3-1　企業家精神支撐持續贏利成長示意圖

➤ 為使命而生存。筆者認為，使命就是「如何透過利他而最終利己」，或簡要概括為「先利他後利己」。企業使命是指企業進化與發展對他人或社會帶來的好處，而履行使命又反過來促進企業的進化與發展。企業使命是第二飛輪效應的「第一推」── 永遠排在第一位的推動力。例如：小米的使命是「始終堅持做感動人心、價格公道的好產品，讓每個人都能享受科技帶來的美好生活」。從小米的使命我們可以看出，它至少包含了 T 型商業模式三個要素：企業所有者 ──

始終堅持做；產品組合 —— 感動人心、價格公道的好產品；目標客群 —— 每個人都能享受科技帶來的美好生活。

從企業使命，還可以推導出企業如何「分錢」。華為是這麼做的：以客戶為中心，以奮鬥者為本。阿里巴巴提出「客戶第一、員工第二、股東第三」，就是從企業使命推導出來，三者也正是驅動第二飛輪效應成長的三個推力。

➤ 以客戶為中心。商業模式第一問：「企業的目標客群在哪裡，如何滿足目標客群的需求？」就是「以客戶為中心」的初步展開。企業所有者及合作夥伴都應該以客戶為中心，其好處是為自身的利益提供長期可靠的保障。

需要說明的是，「以客戶為中心」是經營實踐中約定俗成的說法。T型商業模式中正式的說法是：在企業產品中，產品組合、價值主張、贏利機制三者合一；合作夥伴、目標客群、企業所有者三者利益一致。當然，其中客戶利益是第一位的，是合作夥伴、企業所有者利益的前提條件。

➤ 以奮鬥者為本。奮鬥者不僅是指創始人等企業所有者，還包括核心員工及關鍵供應商等重要合作夥伴。奮鬥者是驅動第二飛輪效應成長的重要推手，「以客戶為中心」也需要由奮鬥者具體實施。

➤ 堅守核心價值觀。核心價值觀是企業文化的重要內容。企業家只能抓重點，很多事不能親力親為，透過培育企業文化，貫徹核心價值觀，一定程度上能夠保障企業「不逾矩」及保持合力。

以上五點是精要版的企業贏利系統，屬於企業家的「第一要事」。願景是企業家的偉大事業目標，使命是策略路徑的軸心，核心價值觀是經營管理活動的虛擬邊界，而以客戶為中心、以奮鬥者為本，將激勵更多人與

企業家一起合力「驅動」第二飛輪效應成長，讓企業循環向前成長與發展。為什麼叫作企業家精神聚光燈模型？這個並不重要，只是個讓大家容易記住的稱呼，在《企業贏利系統》章節 2.2 中有答案。

企業家精神聚光燈模型的五點內容具體而實用性強，可以供研究企業家精神的各方專家學者參考。雖然這五點內容大家都是耳熟能詳，但是能夠全部做到者寥寥無幾。

要持續贏利成長，企業家精神最不可少，而其中「以客戶為中心、以奮鬥者為本」更為實在，經營管理或贏利成長活動的每時每刻都必不可少，所以顯得更加重要。

從圖 3-1-1 中可以看到，Ⅰ企業與Ⅱ環境中的五種競爭力量最終「爭奪」的是客群。目標客群增加，企業就興盛；目標客群減少，企業就衰落。可以說，客戶是唯一能「解僱」企業家的人，客戶也能「解僱」企業中的所有人。

在企業產品中，當價值主張、產品組合、贏利機制三者合一時，實際上價值主張是第一位，它代表著以客戶為中心；當目標客群、合作夥伴、企業所有者三方利益一致時，實際上目標客群的利益是第一位，由此而生其他兩方的利益，這也是以客戶為中心的具體表現。

第二飛輪效應以 T 型商業模式為基礎，T 型商業模式的核心內容是企業產品，而企業產品以目標客群的需求為基礎：基於目標客群的需求，透過創造模式打造一個好產品；基於目標客群的需求，透過資本模式引進人才等各種資源；基於目標客群的需求，透過行銷模式將產品賣給目標客群。可以說，T 型商業模式開始於目標客群，終止於目標客群，不斷循環也源於目標客群。

「以客戶為中心」必須在企業贏利系統中實踐，例如：由產品導向轉

向客戶導向，重新塑造業務流程；透過技術創新，為客戶創造新的價值；從重視行銷，轉向深度服務客戶，以提高回購率及留存率；把為客戶創造價值作為重要的績效評價標準；等等。

「以客戶為中心」的具體實踐需要依靠「以奮鬥者為本」。以奮鬥者為本，就是將奮鬥者看作是企業最重要的智慧資本。與貨幣資本或物質資本有所不同，由於技術實力累積和學習曲線效應，智慧資本為企業創造價值時具有邊際報酬遞增的趨勢，即智慧資本不會隨著時間發生減值損耗，反而越用越多、越用越好，創造的價值越來越大。以奮鬥者為本的實踐內容很多，例如：股權激勵計畫、塑造優良的企業文化、超越同行的薪水福利、職業晉升與培訓計畫、為人才提供事業舞臺、建立合作夥伴雙贏平臺等。

站在「T 型」的下端、企業所有者的角度，落實**「以客戶為中心、以奮鬥者為本」**，就是利他主義，見圖 3-3-1。《道德經》裡有句話：「是以聖人後其身而身先，外其身而身存。非以其無私耶？故能成其私。」轉換為現在的說法就是「利他就是最好的利己」。

將企業所有者置於「T 型」的下端，是賦予他們一種謙卑低調的品格。企業家唯有由衷「以客戶為中心、以奮鬥者為本」，沿著策略路徑，履行企業使命，堅守核心價值觀，才能持續驅動第二飛輪效應引發的成長，累積競爭優勢，最終實現企業願景！

3.4

硬球競爭：狹路相逢，智勇雙全者勝

具備了企業產品定位、跨越鴻溝、第二飛輪效應、企業家精神等策略指導內容，為了持續達成贏利成長，如何化策略為行動呢？從營運管理的角度來看，傳統而有效的做法通常分為三個步驟：第一，制定目標；第二，繪製成長路線圖；第三，有效激勵。其中有效激勵包括對目標客群和奮鬥者的激勵兩個方面，它的意義和內容也非常廣泛，但總結起來就是：如何讓客戶願意購買並積極口碑傳播，如何讓奮鬥者積極行動並富有團隊精神。有充分的激勵，目標客群才會進入企業的私域流量；有充分的激勵，奮鬥者也會為了實現目標而打拚。

企業給予充分的有效激勵，就是要啟動引發複利成長的第二飛輪效應，然後沿著成長路線圖，向策略目標進攻。「天下熙熙，皆為利來，天下攘攘，皆為利往。」競爭是第一位，合作是第二位。在策略路徑上，為爭奪目標客群，產業內的諸多企業必然會相互競爭。在激烈競爭的情勢下，一些企業就會進行「硬球競爭」，硬碰硬！狹路相逢，智勇雙全者勝。

什麼是「硬球競爭」？可以參考波士頓管理顧問公司喬治‧史托克（George Stalk Jr.）提出的「硬球策略」，它包括發揮強勢、全力打壓、以反常取勝、進攻對手的利潤要害、學以致用的「拿來主義」、誘使敵人撤退、打破妥協、「硬球併購」八大方略。

　　在此說明，實施「硬球競爭」的前提是既不鑽法律漏洞、不採用惡劣手段，也不損害對目標客群、合作夥伴及股東應盡的義務和責任。它可以憑藉競爭優勢全力打擊競爭對手，集中關鍵資源，進攻對手要害，壓倒一切困難，直到取得最後的勝利；它可以是以冷酷無情的態度追求優勢，甚至應用兵家謀略，以各種激進的方式超越競爭對手；它可以是「打鐵還需自身硬」，透過優良的企業產品、商業模式及企業贏利系統，取得雙方競爭對抗中的必然性勝利。

　　典型的「硬球競爭」案例有騰訊與奇虎 360 之間發生的「3Q 大戰」、滴滴出行與美團之間發生的「網約車大戰」、微信與支付寶之戰等。下面我們再補充三個相對溫和的「硬球競爭」案例。

株洲湘火炬：將定位變成現實，爭得產業領導者

　　株洲湘火炬位於湖南省株洲市，主要產品是汽車點火用的火星塞。火星塞產業的競爭格局在過去是這樣的：高階產品主要為 OES（Original Equipment Suppliers，原廠零件供應商）的零組件，長久以來由 NGK、博世、德科等日本、德國、美國企業把持；低階產品在汽車售後市場作為低值消耗配件銷售，主要由江浙一帶的小工廠生產。面對這樣的產業結構，株洲湘火炬要怎樣進行產品定位，才能「殺出一條血路」？

　　「在高階、低階產品之間，細分出一個中階市場。憑藉 C/P 值極高的火星塞產品，株洲湘火炬要成為中階市場的領導者。」株洲湘火炬總經理陳光雲當時這麼說。

　　這樁生意能成功嗎？一個高級火星塞 20 多元人民幣，每輛汽車需要 4 ～ 6 個，一共 100 多元人民幣。對於一輛汽車來說，火星塞的成本並不重要，而火星塞是汽車點火系統的關鍵零件，屬於真正「細節決定成敗」的產品，哪個原廠願意冒這樣的風險？

　　然而，這樁生意還真讓株洲湘火炬做成了！現在，株洲湘火炬的火星塞系列產品主要為上海通用、長安福特、瀋陽三菱等十多家主要汽車廠商供應零件，銷售量已經連續多年穩居中國第一，位列世界第三。株洲湘火炬的系列產品已被列入美國通用汽車的全球銷售及售後體系，暢銷全球五十多個國家和地區。

　　以新競爭策略理論分析，株洲湘火炬為汽車主機廠等目標客群所提供的火星塞系列企業產品，內含的價值主張為「高品質、低價格」。陳光雲說：「我們的火星塞品質上等於歐美高階產品，而價格只有它們的一半左右，汽車主機廠怎麼能不選擇我們？」

　　以這樣的「高品質、低價格」企業產品定位，株洲湘火炬還能盈利嗎？實際上，它每年創造 1 億多元人民幣的利潤，並且成長非常穩定。如何將這個定位變成現實，並成長為產業領導者？企業家陳光雲帶領株洲湘火炬做到了以下五點：

- ➤ 著重投入技術創新，建立起多條世界頂尖的自動化專業生產線，並將產能規模迅速提升至一年 2 億個火星塞，同時使品質提升、成本大幅降低。

- ➤ 重組企業的「增值流程」，將原本外包的一些中間產品或原材料加工流程，收回企業進行集約化管理。這樣既大幅降低了成本，又提升了品質管控水準，還縮短了交貨週期。

- ➤ 成立智慧製造中心，透過研發與自製先進裝備和自動組裝生產線，建立起較高的技術門檻，以防止同業模仿，避免惡性競爭。

- ➤ 不斷改善精實管理及精實製造系統，重視績效考核和有效激勵，以管理促進發展，向管理要求效益。

➤ 注重培養、引進及重用高階人才，加強全員能力素養培訓，長期致力
　於提升企業的智慧資本。

　　從重新定義市場區隔及目標客群的價值主張開始，即以客戶為中心，
在行銷模式的指引下，株洲湘火炬重新調整了創造模式，並且不斷提升企
業的智慧資本持續加強資本模式，不斷為創造模式賦能……這樣一來，第
二飛輪效應就逐漸啟動了。

　　從企業產品定位到達成策略意圖，成為產業領導者，讓定位變成現
實，是一個動態競爭的過程。在株洲湘火炬執行策略的過程中，必然會受
到國際巨頭及低階廠商的雙重阻力，它們甚至常常採取與之雷同的策略對
抗行動。株洲湘火炬是一個有策略的公司，透過第二飛輪效應的複利成長
功能，不斷將「高品質、低價格」內化為企業的一種特有的智慧資本。這
是它最終能夠勝出、開闢出一片新版圖的重要原因。

愛瑪和雅迪：在對抗中突破，從競爭中重生！

　　在電動兩輪車（以下簡稱「電動車」）產業裡，無錫的雅迪、天津的
愛瑪旗鼓相當、冤家路窄！它們在對抗中突破，從競爭中重生！在愛瑪與
雅迪之間展開的三場「防禦與進攻」之戰，屬於企業產品及商業模式之
間的競爭。此後，市場占有率逐漸向兩者集中，中國「南雅迪、北愛瑪」
的品牌影響力持續增強，已經形成南北「雙巨頭」的競爭格局！

第一階段，行銷模式之間的粗暴對抗

　　2011 年，雅迪銷售量 180 萬輛，而愛瑪是 280 萬輛。2012 年初，雅迪
一改以往安居第二，跟在愛瑪背後追隨、模仿的策略，向產業第一的位置
發起進攻。當年，雅迪投入上億元人民幣廣告費用，以一則「中國電動車
領軍品牌」廣告作為開始，企圖向消費者強化自己的產業「領導者」地位。

　　2012 年底，愛瑪加入戰爭，同樣開始向消費者強化自己「領導者」地位的宣傳。愛瑪公司同樣拿出上億元人民幣的廣告費用，投放的廣告語為「年銷售量率先突破 300 萬輛，電動車真正領導者」，無論是內容還是聲量上都對雅迪形成壓制。

　　2013 年，雅迪追加廣告支出到 2 億元人民幣，並將傳播的廣告語更換為「全球電動車領導者」。但是，雅迪在內容上缺乏證明自身領先的依據，所以無論措辭如何聳動，也無法反駁對方「率先突破 300 萬輛」的資料事實。

　　愛瑪以更小的投入換來了更大的戰果，這場歷時不到兩年的攻防戰暫告一段落。這個階段兩者只是行銷模式上的對抗，爭奪目標客群的方式以廣告為主，較為單純，勇於投入資金積極競爭就會獲得市場占有率。

第二階段，創造模式之間的互相抄襲

　　2013 年後，雅迪調整策略，以聚焦單一產品為主，推出自主研發的新車款。雅迪的新品除了造型之外，沒有在功能、性能等方面形成真正的差異化，仍然停留在發表新款式、創造新概念的層面。

　　雅迪推出新品不久，愛瑪迅速跟進，設計推出同樣款式的產品，並以更多的資金投入強化和更新電池組等核心零件。不僅如此，愛瑪開始細分電動車市場，並有針對性的推出新產品，例如：對於看重續航里程的平原市場，推出了長里程系列「騎跡」電動車；對於看重爬坡性能的山區市場，推出了動力系列「霸道」電動車。

　　這次，改為雅迪迅速跟進，模仿愛瑪。相互模仿的後果是兩者的產品趨於同質化。產品同質化後，如果發生激烈的市場爭奪，就會觸發價格戰。2014 年第四季度，愛瑪與雅迪之間的價格戰進入白熱化狀態。當兵出身的雅迪創始人董經貴被逼急了：「我不賺錢了，就算虧錢也跟你拚了！」

於是，雅迪不但給消費者促銷優惠，將數款熱銷車款的出廠價打折 200 ～ 300 元人民幣，還給經銷商促銷優惠，經銷商每賣出一輛車，就送價值 800 元人民幣的淨水器。

2014 年，愛瑪銷售量 400 萬輛，進一步拉開了與對手的差距。雅迪當年銷售量只有 280 萬輛，經營越來越困難，發展也越來越慢。當一個企業被另一個企業牽著鼻子走時，它的經營狀況往往會惡化，因為它總是比對手晚一步。

第三階段，資本模式賦能的競爭

2015 年 3 月，雅迪在天津召開全國經銷商大會。公司掌門人董經貴高調宣布：雅迪從此將遠離價格戰，專心做更高級的電動車。為了推動這個新定位、新策略的實行，雅迪當年就砸下近 10 億元人民幣，讓資本模式為創造模式和行銷模式賦能。

例如：在產品設計上，雅迪與義大利 Giovannoni、德國巴斯夫色彩研究室等國際品牌合作，加強高階自主專利產品的研發，並將國際流行元素及色彩融入產品設計，創新及研發出一系列高階新品；開發新款智慧鋰電池車，推出智慧鋰電池版的高級車款；大幅減少了初階車款，主攻熱銷精品車款；生產流程採用豐田式的精實生產管理方式，以確保每個環節的高級製造標準。

對高階產品來說，好的購物場所至關重要。為此，雅迪 2015 年投入數億元人民幣對中國近 8,000 家門市進行「設備」和「服務」更新。雅迪這麼做，是要將單純的零售生意轉變為騎行文化，讓消費者從進店的那一刻就產生品牌認同感。

2015 年，雅迪高級車款銷售量同比大幅成長 80%，排名產業第一。2016 年 5 月 19 日，雅迪成功在港交所首次公開募股，由此成為中國首家

電動車上市企業。

愛瑪一直對競爭對手「更高級的電動車」持懷疑態度，所以到 2016 年，愛瑪的防禦戰才剛剛開始，在設計、研發、製造、通路、服務、行銷等企業系統的各個方面先後累計投入數億元人民幣，企圖彌補差距，迎頭趕上。錯失策略良機，不進則退。在資本模式賦能的競爭方面，這個階段愛瑪落後了，逐漸淪為產業第二。2020 年，愛瑪銷售量 800 萬臺，並計劃 2021 年達成銷售量 1,600 萬臺的目標，希望再次奪回產業老大的位置。

2020 年，雅迪「更高級的電動車」達成 1,000 萬臺銷售量。如今，雅迪設立了企業大學，現有研發專業人才超過 1,000 人，在全球建有 7 大生產基地，是產業內唯一擁有 2 個國家級企業實驗室、5 家技術研發中心及 1 家工業技術設計中心的電動車企業，產品遠銷德國、美國等 83 個國家或地區，已經躍升為全球電動兩輪車產業第一品牌。

（參考資料：肖瑤，賴茲產品類別策略；劉雪慰，《大競爭》）

麥當勞、肯德基和星巴克：為什麼越來越像了？

據說，肯德基創始人哈蘭德‧桑德斯（Harland Sanders）一生經歷了 1,009 次嘗試錯誤，直到退休後又開始鑽研少年時期就有興趣的烹飪，發明了含 11 種調味料的炸雞祕方，並於西元 1952 年創立了以原味炸雞為特色的肯德基連鎖速食企業。

1940 年，世界第一家麥當勞餐廳誕生，主要販售漢堡等速食食品。1968 年，「大麥克」漢堡面世，麥當勞成立國際業務部，逐漸成長為全球知名速食連鎖企業。

後來，麥當勞與肯德基之間越來越像了，都有漢堡、炸雞、薯條、可樂、咖啡……菜單很像、店面很像、促銷很像、環境很像、服務很像、管理很像，就連地段也很像。有麥當勞的地方，往往有肯德基，並且兩個餐

廳之間的距離也越來越近。

再後來，星巴克與麥當勞、肯德基也越來越像了。最早開始競爭的應該是麥當勞，它於 2008 年大力推廣自己的咖啡品牌「McCafé」，開始在美國超過 14,000 家門市中設置咖啡館。面對麥當勞的這種挑戰，星巴克也沒有等閒視之，隨後開始仿效麥當勞的一些成功做法，例如：2017 年，星巴克高調宣布進軍午餐市場，計劃 5 年內讓食品銷售額翻倍，而午餐市場也正是麥當勞的傳統地盤。

麥當勞、肯德基和星巴克，為什麼會越來越像？

其中一種說法是：聚集經濟效應。肯德基、麥當勞越來越像，地段也彼此毗鄰，對於顧客而言，想吃這類速食的時候，第一時間就會想到這兩家店。這種說法有點像 1 ＋ 1 ＞ 2 的加乘作用，它會在產品同質化並且相互競爭的產業巨頭之間發生嗎？

另一種說法是：「競爭越激烈，打法越相似」，即符合霍特林法則。霍特林法則是美國數理統計學家霍特林（Harold Hotelling）在 1929 年提出的一個理論。它說的是，在一個理性市場裡，競爭對手彼此靠近、產品做得很像，是為了使得市場占有率最大化。

從博弈論的角度來說，霍特林法則就是競爭對手各自以最優策略採取行動，而最後趨於納許均衡。納許均衡又稱為非合作博弈均衡，典型案例是囚徒困境。通俗的表達納許均衡，可以這樣說：**旗鼓相當的競爭對手都以自己為中心，採取利益最大化策略，最後將會越來越相似。**

競爭策略提倡出奇制勝，透過差異化創新獲得競爭優勢。所以，霍特林法則或納許均衡不是一個策略家或企業家應有的格局及視野。麥當勞、肯德基、星巴克都是世界知名公司，應該比其他企業更了解策略。但是，為什麼它們會越來越像？

　　筆者給出的通俗解釋是：這是沒有辦法的辦法。透過第一飛輪效應、第二飛輪效應，持續贏利成長、積累競爭優勢，麥當勞、肯德基、星巴克都有了自己的熱門產品乃至超級產品，都已經成長為「大鯨魚」。隨著潛在進入者及替代產品增加，產業趨於飽和，產業天花板出現，這些「大鯨魚」的「第二飛輪」轉動變慢，指數成長過渡至平緩維持，它們進行差異化創新的難度將會越來越高！這時，霍特林法則生效，市場裡的主要競爭者信奉「有比沒有好」，就會相互模仿，最後彼此越來越像，形成納許均衡。

　　創業難，守業更難，那些曾經輝煌過的大企業怎麼持續成長？繼續進行高難度的差異化創新或啟動第三飛輪效應。

　　2017 年後，星巴克開始實施新一輪差異化創新策略，透過創造模式構築四層金字塔門市布局：最底層是普通星巴克店，較高一層是具備手沖咖啡服務的門市，再高一層是星巴克典藏店，而金字塔頂端就是臻選烘焙工坊店了。與時俱進並與新一輪差異化策略配合，星巴克在視覺識別、語音互動、區塊鏈、大數據、機器學習、人工智慧、VR（虛擬實境）／AR（擴增實境）七個領域進行再創新，以個性化精準行銷，企圖在贏利成長方面再突破。

　　在一個產業中，各企業面對的外部環境幾乎是一樣的，五種競爭力量構成的產業結構也具有相對穩定性。以上案例中企業之間的「硬球競爭」，歸根究柢都是商業模式之間的競爭，具體表現為對目標客群的競爭、對人才／供應鏈的競爭、對資本等相關資源的競爭，見圖 3-4-1。

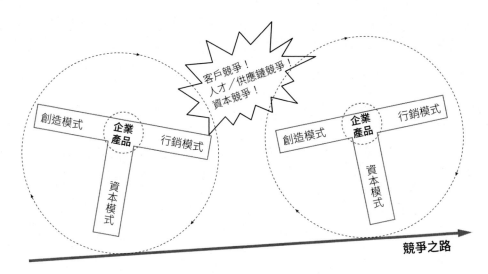

圖 3-4-1　競爭者之間的「硬球競爭」示意圖

　　面對激烈競爭時，該如何扭轉乾坤？所謂設計「巧妙」的交易結構、爭取一些國家補助、宣傳一些行銷概念、進行一些「無厘頭」的策略合作，這些頂多是錦上添花，或者說是機會成本損失。鬼谷子說：「內實堅，則莫當。」企業成長期的策略主軸是：持續贏利成長，累積競爭優勢。就如同 3D 列印一樣，「第二飛輪」每轉一圈，企業的競爭優勢就更厚一層。企業有了雄厚的競爭優勢，才能所向無敵，勇於「硬球競爭」。

累積競爭優勢：108 種贏利成長理論或方法，選用哪一個？

重點提示

▶ 在策略十大派別中，哪些內容有實際應用價值？

▶ 打造熱門產品與持續贏利成長、累積競爭優勢有什麼關係？

▶ 如何改善各種策略理論模組的孤島或碎片化狀態？

「你是想一輩子賣糖水，還是想跟我一起去改變世界？」西元 1983 年，賈伯斯（Steve Jobs）對時任百事可樂公司總裁的史考利（John Sculley）說了這樣一句話。在這句話的感召下，史考利毅然從百事可樂辭職，進入蘋果公司並擔任 CEO。兩年後，史考利與董事會共同決策，解僱了他的「伯樂」、蘋果創始人賈伯斯。

1997 年 9 月，賈伯斯回到陷入經營困境、距離破產只剩下兩個月的蘋果公司。接著，他砍掉了蘋果 90% 的產品線，推出了贏得年輕人好感的 iPod（蘋果音樂播放機），創造性的打造 iPod ＋ iTunes（蘋果數位媒體播放程式）產品組合（實體＋內容），重整了蘋果電腦系列產品，推出了改變世界的 iPhone（蘋果手機）系列產品，並最終為蘋果打造了具有 iPhone ＋ iOS（蘋果作業系統）＋ APP Store（應用程式商店）產品組合（實體＋系統＋內容）的優秀商業模式。

上文中賈伯斯為了說服史考利加入蘋果而說的那句話算是策略嗎？是的。賈伯斯回歸蘋果後，圍繞產品的一系列「大刀闊斧」算是策略嗎？當然是的。在實務中，策略應該圍繞產品展開，致力於為企業打造熱門產品及超級產品。企業賣給目標客群的「東西」，都屬於產品，它的形式是

多樣的，包括有形物品、虛擬物品、各種服務或它們的組合。T 型商業模式談的是產品組合。當然，單一產品是最簡單的產品組合。

　　T 型商業模式的核心內容是企業產品，主要功能是不斷創造顧客，達成持續盈利。為此，從圖 1-7-2 提取 T 型商業模式等若干關鍵元素形成圖 3-5-1，結合常用的策略理論或工具，來著重說明企業成長期的兩個策略主軸：持續贏利成長、累積競爭優勢。

　　成長期企業的競爭策略是圍繞企業產品依次展開的一個過程：首先，不斷改良、更新潛優產品，力求鞏固企業產品定位。其次，透過 T 型商業模式將潛優產品塑造為熱門產品，沿著策略路徑不斷創造顧客，持續達成贏利成長、累積競爭優勢。在這個過程中，企業生命體（企業產品、T 型商業模式、企業贏利系統）同步獲得成長與進化。策略規劃與場景為這個過程提供指導方案及糾正、控制、改良的方法和建議。

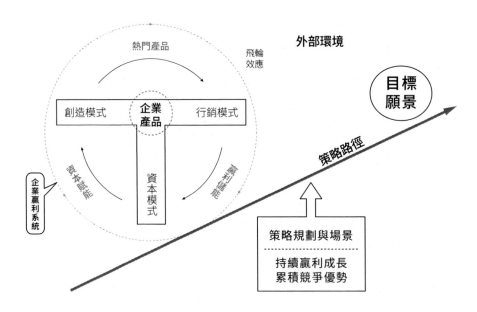

圖 3-5-1　成長期企業的競爭策略簡要構成示意圖

➤ 達成企業產品定位：儘管在第 2 章已經闡述了企業產品定位這個企業
創立期的主要策略主軸，但是企業產品定位是一個持續改良、更新的
一系列行動，它有賴於成長期持續贏利成長、累積競爭優勢。

在企業成長期，隨著潛優產品逐步獲得目標客群認可，波特五力競爭
模型所闡述的產業牽制阻力逐漸減弱，這有利於三端定位模型中的價
值主張、產品組合、贏利機制三者合一，目標客群、合作夥伴、企業
所有者三方利益整合。另外，像第 2 章所提及的成本導向／差異化／
聚焦三大通用策略、藍海策略、平臺策略、爆品策略、特魯特定位、
品牌策略、技術創新、產品思維等企業產品定位方法，將在企業成長
期透過連貫的策略計畫與行動，將定位轉變為現實，並為企業帶來持
續贏利成長、累積競爭優勢。例如：成本導向的策略定位，需要與目
標客群、合作夥伴、競爭者等外部力量持續互動以達成進化，依據外
部環境機會及風險不斷調整與改進，最終需要企業生命體（企業產
品、T 型商業模式、企業贏利系統）做出相應調整與改變。達成這個
策略定位還需要贏利成長過程中一系列連貫的策略計畫與行動。在這
個過程中，成本導向的策略定位逐步轉變為企業的競爭優勢，主要以
智慧資本的形式儲存於資本模式中。

為了持續達成贏利成長，不僅需要落實企業產品定位，還需要對策略
產品組合推陳出新。策略產品組合是指隨著策略路徑的推進需要而增
加－減少－剔除－創造企業產品的系列構成、品種、類別等。在產品
策略相關理論中，有對策略產品組合的相關闡述。例如：BCG 矩陣將
企業的策略產品組合拆分為明星事業、金牛事業、問號事業、老狗事
業四個組別。企業決策者透過增加 - 減少 - 剔除 - 創造四步動作框架，
定期調整這四個組別，以保障企業的持續贏利成長。

➤ 行銷模式對熱門產品的塑造：根據行銷模式的公式「目標客群＝價值主張＋行銷組合－市場競爭」，持續贏利成長就是創造和保留更多的目標客群。這需要傾聽目標客群的心聲，不斷改良、更新企業產品中含有的價值主張，透過行銷組合克服市場競爭，最終使目標客群持續購買。想改良、更新價值主張，不能虛有其表、堆砌概念，需要實實在在、堅持不懈將潛優產品塑造成熱門產品。

「現代行銷學之父」科特勒（Philip Kotler）的巨著《行銷管理》、《市場行銷學》中，囊括了大部分行銷成長理論或工具，少說也有 100 種以上。市面上流行的直播銷售、社群行銷、私域流量、裂變推廣、飢餓行銷、成長駭客等行銷成長工具層出不窮，大大充實了行銷模式的內容。本節的標題是：「累積競爭優勢：108 種贏利成長理論或方法，選用哪一個？」單從行銷模式看來，贏利成長理論就不止 108 種，而我們應該選擇更有利於累積競爭優勢及有助於塑造熱門產品的那一部分。

「產品」是行銷 4P 的主要內容之一，也是市場行銷學的核心內容。T 型商業模式的企業產品是指產品組合、價值主張、贏利機制三者合一，它比行銷 4P 中的「產品」定義更為全面。層出不窮的各種行銷理論不能只闡述如何賣產品，更應該闡述如何對企業產品進行持續改良與更新、將潛優產品打造成熱門產品。

➤ 創造模式對熱門產品的塑造：根據創造模式的公式「產品組合＝增值流程＋支援體系＋合作夥伴」，增值流程、支援體系、合作夥伴三者都會對熱門產品的塑造起作用。打造好產品，是持續贏利成長的必備要件，也是累積競爭優勢的過程。

結合相關策略理論或工具，促進創造模式對熱門產品的塑造。關於增

值流程，有波特價值鏈、精實生產、工業 4.0、智慧製造、微笑曲線等理論與實例；關於支持體系，有突破性創新、技術創新、逆向創新、熊彼得創新等理論；關於合作夥伴，有供應鏈理論、生態理論、合作策略、共生共創理論等；關於產品組合有產品思維、產品管理、IPD（整合式產品開發）等理論與實例。

➤ 資本模式對熱門產品的塑造：根據資本模式的公式「贏利池＝贏利機制＋企業所有者＋資本機制＋進化路徑」，贏利池需要贏利機制、企業所有者、資本機制、進化路徑四個要素共同組合。贏利池匯聚著企業內、外部的各類資本，它表示企業可以支配的資本總和。

在新競爭策略和 T 型商業模式的語境下，資本約等於「關鍵能力和資源」。在 T 型商業模式之前，「關鍵能力和資源」是中外研究者給出的一些商業模式模型中的構成要素之一。因此，資本是對「關鍵能力和資源」的繼承和擴張，包括貨幣資本、物質資本及智慧資本。它們共同對創造模式、行銷模式賦能，三者聯合形成第二飛輪效應，打造熱門產品。

關於如何增加贏利池的資本存量、容量和如何形成防護壁壘，可供參考的相關理論有資源基礎理論、競爭優勢理論、學習曲線理論、贏利機制理論、動態能力理論、團隊學習理論、股權激勵理論、資本運作理論、頂層設計理論、護城河理論等。

➤ T 型商業模式三部分共同對熱門產品的塑造：根據公式「T 型商業模式＝行銷模式＋創造模式＋資本模式」，三者共同形成 1+1+1>3 的加乘作用，驅動第二飛輪效應，促使價值主張、產品組合、贏利機制三者合一及目標客群、合作夥伴、企業所有者三方利益一致，達成對熱門產品的塑造。

產品思維≈創造模式＋行銷模式，借鑑產品思維，有助於塑造熱門產品。平衡計分卡發揮的功能與 T 型商業模式類似，該理論闡述的財務、客戶、內部流程、學習與成長四大模組類似於行銷模式、創造模式、資本模式，這些都有助於策略理論在企業中實踐，對於企業熱門產品的塑造有幫助。

➤ 企業贏利系統對熱門產品的塑造：企業產品是 T 型商業模式的核心內容，T 型商業模式又是企業贏利系統的重要子系統。因此，企業贏利系統各要素從總體上參與對熱門產品的塑造。

➤ 贏利成長過程對熱門產品的塑造：贏利成長過程是企業生命體透過策略路徑為企業創造盈利的過程；策略規劃與場景為這個過程提供指導方案及糾正、控制、改良的方法和建議。它們都有助於熱門產品的塑造。

從廣義上來說，以上對熱門產品塑造的六個方面都屬於贏利成長過程。更具體來說，贏利成長過程主要是指：面向產業市場，透過塑造優異的熱門產品克服市場競爭，持續創造和留住目標客群，實現銷售成長的過程。在市場開拓、產業競爭及策略規劃方面，促進贏利成長過程對熱門產品的塑造，相關策略理論有安索夫成長矩陣與經營策略、成長思維、波特競爭策略、動態競爭策略、時基競爭策略、合作競爭策略、目標管理體系、策略規劃相關理論等。

如果本節高談闊論直播銷售、裂變行銷、社群傳播等銷售成長方法──它們隨處可見、信手拈來──似乎也更容易一些，但那些不是新競爭策略的重點。為避免陷入曇花一現的「純行銷」或煙火式成長，就要堅持走永續贏利成長之路。這個過程是致力於對企業的熱門產品進行塑造的過程，也是持續累積競爭優勢的過程。以終為始來看，具有相對競爭優勢的企業，才有可能實現持續贏利成長，才有可能打造出超級產品。

綜上，筆者聚焦於持續贏利成長、累積競爭優勢這兩個策略主軸，著重將潛優產品打造為熱門產品，同時也將近一百年來與之相關的諸多策略理論與工具等策略「原材料」或策略「零件」，歸置於以上七個方向中，為它們在新競爭策略中安置一個「家」，以結束它們原本的孤島或碎片化狀態。

在麥可‧波特眼裡，「經營效益不等於策略，日本企業缺乏策略」；明茲伯格說，「策略是一門工藝，不是規劃出來的」……在企業成長期，如何判斷諸多策略理論中關於企業策略的論斷或爭議？筆者給出如下「三合一」判斷標準：①與熱門產品塑造的相關程度；②與持續贏利成長的相關程度；③與累積競爭優勢的相關程度。

3.6
銷售額、利潤等績效目標，從哪裡推導出來？

重點提示

▶ 為什麼說「以客戶為中心」這句話並不嚴謹？

▶ 在企業經營中，如何理解「利他就能利己」？

▶ 一個企業有沒有成長的極限？

郭雲深出生於清朝末年，身材矮小，相貌平平，但學功夫十分用功，形意拳技藝超群。為了打抱不平，為民除害，郭雲深誤殺一個地方惡霸，被判入獄三年半。獄中環境不佳，無法練習形意拳，腳上被戴了鐐銬，只能走半步，他就自己發明了「半步崩拳」，每日練拳不止。

出獄後，郭雲深曾向恩師表演在獄中自創的半步崩拳，只見他一拳發出，半截土牆轟然倒塌。爾後幾年，透過不斷切磋，半步崩拳的名氣越來越響亮，各路武林高手張樹德、洪四把、焦洛夫等人紛紛找郭雲深較量，卻都招架不住半步崩拳的威力。郭雲深從此贏得「半步崩拳

打天下」的美稱，名揚四海。

　　盛名之下，郭雲深進入京城，要與八卦掌開創者董海川一較高下。兩人交戰三天三夜，難分勝負，乾脆握手言和，最終成為合作夥伴，這便是「形意八卦是一家」的由來。

　　看一家企業如何，關鍵在於其是否有「半步崩拳」那樣的熱門產品。產品夠好，人就夠好。「某處出身」的標籤、「純行銷」手段、操弄交易結構等，都是裝模作樣。今天的解決方案可能會成為明天的生存問題。

　　聯想是知名企業，「聯想做大，華為做強」，從宣傳口號上，聯想排在前面。聯想花 200 億人民幣收購了摩托羅拉，手機產業也沒有經營成功，也許是因為三星、蘋果等國際巨頭太強大了！雷軍帶領六個合夥人，每人喝一碗小米粥，成立了小米。後來小米手機銷售量排名世界第三。從 0 到 1，「小蝦米」創業最後成了「大鯨魚」，小米產業鏈上有 300 多家企業，很多企業已經在科創板上市。小米的成功，不能「怪罪」對手不夠強大，也許是因為雷軍太重視產品。在一次節目採訪中，雷軍坦言，由於工作需要，他每週換一隻手機（一年要換約 50 隻手機），而且一直都隨身帶著幾十隻手機，隨時拿出來試用。很多知名產品經理積極宣導產品思維，而產品思維並不是「以產品為中心」。如果「以產品為中心」，極為容易導致片面思維，企業自以為是，看不到目標客群的真實需求及消費變化。彼得‧杜拉克說「企業的唯一目的是創造顧客」，這句話可以推導出「以客戶為中心」。這屬於實踐經驗類的語句，通俗易懂，比較容易傳播。但是，如果「以客戶為中心」走偏了，極易導致策略圍繞客戶關係原地打轉，投機搞關係及欺騙客戶的也為數不少。

　　到底是以產品為中心，還是以客戶為中心？兩者都不嚴謹。筆者提出，企業經營者應該致力於打造商業模式中心型的組織，堅持以商業模式

為中心。商業模式是企業贏利系統的其中一個子系統，它有三大基本功能：透過價值主張，創造目標客群；與合作夥伴共同塑造產品組合；透過贏利機制，為企業所有者盈利。商業模式的主要內容是企業產品，處於 T型商業模式最核心的位置，它包括價值主張、產品組合、贏利機制三者合一，致力於使目標客群、合作夥伴、企業所有者三方利益一致，這也是透過商業模式打造熱門產品的核心內容。當然，提倡「客戶利益至上」無可厚非，它與走偏的「以客戶為中心」是兩回事。

　　但是，若解析以上嚴謹的說法就會產生過多內容，如果不夠通俗易懂、簡單好記，在企業經營實務中就不容易傳播與應用。所以，在不至於引起誤解的特定語境下，本書也會使用「以客戶為中心」等實踐經驗類語句，這也是向第一線企業家、經營者致敬！不過，從價值觀及企業文化層面，企業應該做到價值主張、產品組合、贏利機制三者合一；目標客群、合作夥伴、企業所有者三方利益一致。華為、谷歌、阿里巴巴、好市多等優秀企業，都是這方面的卓越實踐者。

　　在企業成長期，企業生命體（企業產品、T 型商業模式、企業贏利系統）致力於實現持續贏利成長、累積競爭優勢這兩個策略主軸，為企業塑造熱門產品，同時它自身也在進化與發展，見圖 3-6-1。**持續贏利成長是指企業能夠堅持長期主義，包含持續為客戶創造價值、促進社會進步、增加社會總福利等內容；累積競爭優勢是對企業付出的回報，回饋給付出者「好上加好」。**這符合馬太效應，也驗證了「利他就能利己」這個人類社會的自然法則。

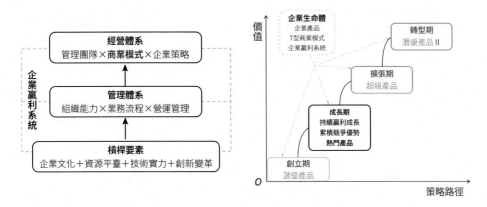

圖 3-6-1　企業贏利系統（左）及企業生命體成長與發展（右）示意圖

　　企業產品是 T 型商業模式的核心內容，而 T 型商業模式又是企業贏利系統的中心。前文著重討論了如何塑造熱門產品及發揮 T 型商業模式的相關功能，致力於實現持續贏利成長、累積競爭優勢這兩個策略主軸。對於成長期企業，贏利系統的其他構成要素如管理團隊、組織能力、業務流程、營運管理、企業文化等，屬於相對次要的內容，見圖 3-6-1。下面僅簡要述之：

➤ 管理團隊。有可靠的團隊才有可靠的熱門產品。從創立期進入成長期，企業要快速成長，團隊必然也要快速成長，尤其是領導人物更要盡快成長為一個優秀的經營管理者。現實中，技術專家團隊創業比較多，他們中一些人會認為管理理論比較空洞，不如技術來得實在；還有一些人認為自己學習能力強，所以事必躬親，不懂授權之道。如何轉變這些觀念呢？跌倒幾次，再爬起來，其中一些人就完成了轉型。還有一些人，選擇去商學院進修，也是一個不錯的選擇。透過實務「做中學」，向標竿企業學習，往往會事半功倍。

➤ 組織能力。塑造熱門產品及實現成長期的主要策略主軸，組織能力要

與企業生命體的進化與發展相配。成長期企業的組織能力建設包括三個方面：①高層、中層、基層經營管理職位，都要有若干關鍵人才，尤其高層不能虛有其表、中層要有專才、基層要肯做事。②重視組織結構把人才職位與商業模式的增值流程（或價值鏈）互相連結起來的基本功能。通常來說，調整商業模式就要調整組織結構，兩者是互相連結的。打造流程型組織是什麼意思？就是依照商業模式建立組織結構，通常以矩陣制組織結構為主。進一步來說，企業應該以熱門產品的願景為重心設計組織結構。③逐步完善與規範管理文書資料，包括管理制度、職位說明書、員工手冊等。

➤ 業務流程。業務流程是商業模式的執行步驟總和，所以應該以企業產品為重心依序展開。在管理學原理中，流程屬於計畫範疇，筆者稱它為相對固定、可以重複使用的「計畫」。業務流程是組成企業營運管理所能依託的「基礎設施」重要部分之一。一個企業的「基礎設施」好，營運管理才會通暢，管理體系才能真的好！德國、日本企業之所以能把產品做得出類拔萃，源於職員有工匠精神，而工匠精神源於不斷改進流程，並一絲不苟執行流程。

➤ 營運管理。在日常營運管理上，企業可以透過引進、消化、吸收標竿企業的卓越營運體系，如豐田精實生產體系、漢威聯合營運體系（HOS）、啟盈的卓越營運體系（EOS）、江森的業務運作系統（BOS）、稻盛和夫的阿米巴經營體系等，最終建設一個適合自身的營運管理體系。

➤ 企業文化。在成長期，企業文化將逐步成型。企業文化的重要內容是建構和維護企業的核心價值觀。來自五湖四海的一群人，應該要有一個共同的核心價值觀。否則，企業這艘「輪船」就可能被欲望牽引，

在大海中漂蕩，能夠持續生存的機率太小了！根據水晶球企業文化模型，可以透過結構洞人物、企業環境、文化網路、文化儀式、文化考核與獎懲這五項要素，建構和維護企業的核心價值觀。企業文化是位於經營體系、管理體系之後的要素，所以很容易被一些人「帶偏」，見圖 3-6-1。如果經營管理者熱衷於把太多「花裡胡哨」的活動或內容當作是建構企業文化，那麼這樣做要不是騙員工，就是騙客戶，再不然就是騙「上級」，但最終一定是騙自己。**企業文化應該以商業模式為中心，要直接或間接使力，最終把企業產品做好，即打造有競爭力的熱門產品。**

關於以上企業贏利系統要素更詳實的闡述和本文未提及的資源平臺、技術實力、創新變革等要素的相關內容，可以進一步參考書籍《企業贏利系統》中的相關內容。

每隔三五年或一年一度，透過策略研討會、私人董事會等場合，企業要制訂未來的策略規劃。策略規劃要寫什麼？相關的經營會議要討論什麼？這些問題好像永遠是模模糊糊的，成了一個難題，理論界也長期沒有對其進行清楚的表述。對於這些問題，本章給出了一個可供參考的大致脈絡：在企業成長期，主要的策略主軸是持續贏利成長、累積競爭優勢。依此策略主軸，首先討論或闡述如何塑造優秀的熱門產品、建構 T 型商業模式和打造企業贏利系統。然後，根據企業具體經營情況討論或闡述：如何聚焦於跨越鴻溝實現成長、驅動第二飛輪效應實現成長、發揮企業家精神實現成長、勇於面對「硬球競爭」實現成長、綜合利用各種策略創新理論或工具實現成長等。永續贏利成長與搖擺成長或煙火式成長的主要區別是什麼？永續贏利成長致力於為企業塑造熱門產品和累積競爭優勢。就像 3D 列印，每一次永續贏利成長，就相當於為企業增厚了一層競爭優勢。

這樣日積月累，企業的資本、尤其是智慧資本不斷增厚，企業也就能夠擁有稱雄於市場的熱門產品。

　　另外，在策略規劃與場景中，銷售額、利潤等績效目標及分階段、責任落實等步驟並不優先討論。它們只是以上內容的結果，而不是原因。它們是依據持續贏利成長、累積競爭優勢的可實現程度推導出來的，而不能是預先憑空想像出來的。

第 4 章
堅持歸核聚焦：培育核心競爭力，促進內外發展

本章導讀

　　雀巢公司以即溶咖啡為根基產品，透過新創或收購，不斷拓展衍生產品，最終將其打造為超級產品。2019 年雀巢營業收入為 925.68 億瑞士法郎（約合 3 兆 183 億元新臺幣），在全球擁有 500 多家工廠，生產 300 多種產品，為世界上最大的食品製造商。

　　隨著市場不斷發展，各領域都存在激烈競爭，繼續堅持無關多角化策略的企業將更難成功，例如：美的造車失敗，格力投資新能源車折戟，恆大進軍「食品、飲料」半途而廢，樂視集團、海航集團等已經走向破產重組⋯⋯

　　企業進入擴張期，如何沿著核心業務擴張與發展？本章給出了 T 型同構進化模型、SPO 核心競爭力模型、慶豐大樹模型等最新的方法論。

擴張期的煩惱：是拿起「奧坎剃刀」，還是參考「三境界理論」？

重點提示

▶ 為什麼聯想在資訊技術（IT）領域的多角化拓展頻頻失敗，而在農業領域卻取得了一些成果？

▶ 奧坎剃刀定律對企業經營策略制定有什麼啟示？

▶ 如何提高企業多角化經營的成功率？

2015 年 9 月，包括莊吉集團、莊吉船業在內的莊吉系 6 家企業被曝破產。

莊吉集團曾經是中國服裝界的巨頭，當時透過品牌質押就能獲得銀行提供的巨額貸款。然而自 2003 年開始，莊吉集團開始實施多角化策略，連續投入鉅資到自身不熟悉的房地產、有色金屬及造船領域。

莊吉集團進入造船業的初衷是看中它豐厚的利潤，集團領導人認為賣掉一艘大船就相當於服裝公司好幾年的利潤。經過三年籌備，2007 年莊吉船業正式開工，先後投入十幾億人民幣的資金。但是，隨後而來的一場金融危機使得航運業提前進入衰退週期。屋漏偏逢連夜雨，一個莊吉船業的大客戶在所訂購的貨船即將竣工之際，因自身困境而放棄訂單。而之前莊吉集團已經將這個大額訂單向銀行抵押以申請貸款，這最終引發了莊吉船業的財務危機。受此牽連，莊吉集團的服裝產業也被拖垮，多角化投資導致骨牌效應爆發，最終使這家曾橫跨多個產業、創造過輝煌產業傳奇的公司走上了末路。

專一化與多角化策略哪個更好，一直是學界及企業界爭論的話題。打

個比方，專一化類似把雞蛋放在一個籃子裡，可以使企業集中優勢力量，把產品做到最好，但同時也可能產生業務單一、企業發展後勁不足的經營問題。多角化類似把雞蛋放在很多個籃子裡，可以為企業帶來更多的發展機會，但同時又面臨著資源分散及能力不足的經營風險。

2005 年，聯想收購 IBM[13] 個人電腦事業部，成為全球最大的個人電腦生產廠商。2014 年，聯想完成對摩托羅拉的收購，並全新設立了個人電腦業務、行動業務、企業級業務、雲端服務業務四個相對獨立的產業集團。

聯想曾經是一家以個人電腦為主打產品的專一化公司。早在 2000 年，聯想就有多角化發展的打算。當時，麥肯錫為聯想做了一個「九宮格」策略規劃圖，橫向怎樣發展，縱向如何擴張，從個人電腦製造、伺服器業務、手機 OEM[14] 到服務外包、軟體服務、資訊產業諮詢等，九個方格幾乎全部填滿了。若干年後，除了最初創立時的個人電腦業務外，聯想公司其餘的相關多角化業務並沒有大獲成功的。

2010 年，聯想開始進軍農業，著重發展的產品有藍莓、奇異果、櫻桃等水果，有白酒、葡萄酒，有龍井茶、主食類，還有鮭魚等各類海鮮。為了縮短成長週期，聯想的策略以併購為主。幾年後，聯想控股的農業食品產業已經橫跨多個領域，包括水果領域的佳沃鑫榮懋集團，飲品酒水領域的豐聯集團、佳沃葡萄酒、龍冠茶葉、酒便利，智慧農業領域的雲農場、海鮮領域的 KB 食品集團，並在主食領域與黑龍江北大荒集團成立合資公司。

縱觀聯想的進化發展之路，在 IT 產業領域的相關多角化投資，如收購摩托羅拉等，大部分都失敗了，而在完全無關的農業領域的布局，除了白酒類由於大虧損而被剝離出售外，其他類別的業務正在逐漸向好的方向發展。

---

13 IBM 是國際商業機器公司（International Business Machines Corporation）的簡稱。

14 OEM（Original Equipment Manufacturer），指專業委託代工。

這事就奇怪了！究其原因，可能是 IT 產業領域高手如林，聯想大而不強，沒有建立起應有的核心競爭力，而農業領域各類別的競爭態勢相對而言不太激烈，具有諸多產業發展方面的薄弱之處，聯想進入農業有壓倒性優勢。

根據業界專家的總結，聯想進軍農業長期堅持「三全」策略：一是全產業鏈營運，從上游種植到加工生產，再到下游品牌行銷，進行全產業鏈控制。把工業、IT 產業的先進技術和理念引進到農業，以將農業全面改造和進化。二是全球化布局，整合全球農業資源，達成單一產品全年供應。三是透過全球化把國外好經驗、先進技術和一流人才吸收進來，提升所投資農業領域的產業化技術水準。聯想農業領域的投資是相對獨立營運的，經過近 10 年的積累競爭優勢、探索與發展，逐漸具備了一些核心競爭力。

中國學者康榮平研究認為，企業多角化程度與市場發展水準呈反比。中國改革開放初期，諸多先發展起來的企業蜂擁而上，開始盲目發展多角化，如巨人集團、太陽神集團、輕騎集團、春蘭集團、三九集團、南德集團、德隆集團等。這些集團後來紛紛遭遇失敗，類似案例數不勝數。隨著市場發展水準的提高，各領域都有激烈競爭，繼續堅持無關多角化策略的企業就更難成功了，例如：美的造車失敗，格力投資新能源車受挫，恆大進軍「食品、飲料」半途而廢，樂視集團、海航集團等已經走向破產或重組……

第二次世界大戰後，隨著第三次技術革命的興起，美國將大量軍用技術轉為民用，為企業多角化經營提供了豐富的技術來源。西元 1967 年 -1969 年出現一個小高峰，美國企業的多角化併購多達 10,858 起。到 1970 年，美國 500 強企業中從事多角化經營的比例達到 94%。進入 1980 年代以後，在以專一化策略見長的歐洲和日本大企業兩面夾擊下，美國企

業在許多領域節節敗退，不少透過多角化經營而形成的大企業開始遇到嚴重的虧損問題。隨著「反混合兼併」、「反多角化」的呼聲增強，多角化經營熱潮開始降溫，越來越多的美國企業開始重視核心業務，逐步進行歸核化經營。

　　假如某企業集團進行多角化經營，即多商業模式經營，從 II 環境中可看到該企業有 A 產品、B 產品、C 產品、D 產品及 X 產品等多個客群，要與多個產業領域的五種競爭力量爭奪盈利，並要應對多個產業領域的環境風險與機會，見圖 4-1-1。相對的，該企業就有多個企業生命體，它們有各自的生命週期階段、策略規劃與場景及目標願景。如果我們把一個產品組合聚焦在一個產業領域發展看作是求解「一元一次方程式」，那麼推出多個產品組合，發散到多個產業領域，就是求解「多元多次方程式」。大部分企業的領軍人物及其管理團隊，豪情萬丈，熱情澎湃，試圖開闢一番大事業，但是可能沒有能力求解這個「多元多次方程式」。所以，絕大部分盲目多角化經營成了失敗案例。

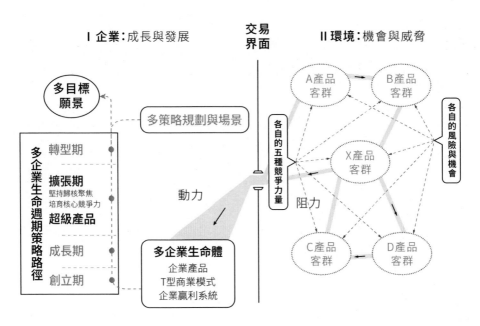

圖 4-1-1　擴張期企業的主要策略主軸及多角化經營風險示意圖

　　就像賣雨傘的人希望天天都下雨，賣冰淇淋的人希望每天都是晴天，麥肯錫這樣知名的管理顧問公司，總是願意為一些大公司提出多角化經營的建議。麥肯錫的管理顧問曾提出一個業務發展三境界理論：第一境界是拓展和保衛核心業務；第二境界是建立新興業務；第三境界是創造有生命力的候選業務。中國企業家教父柳傳志將它通俗表達為：吃著碗裡的，看著鍋裡的，想著田裡的。聯想的多個收購項目中，也都有麥肯錫提供的諮詢服務。

　　奧坎剃刀定律是由 14 世紀英國的邏輯學家奧坎（William of Ockham）提出，它的核心思想可表述為「如果沒有必要，就不增加」，即「簡單有效原理」。人有貪欲且經常迷途而不知返。太多的附加物常會給人們一個控制不住的結果。遵循這個定律，我們要經常拿起「奧坎剃刀」，剃掉

多餘的選項及無效的活動。現實中，少部分企業的選項很少，根本用不到「奧坎剃刀」；而大多數企業被選項太多所困擾，擁有太多且繼續追求更多。

德國納粹分子、日本軍國主義者，在第二次世界大戰期間，曾近乎瘋狂的對外擴張，其霸權主義侵略行為與全世界大多數國家為敵。這樣濫增實體，最終導致國家瀕臨滅亡。也許是痛定思痛，而後德國企業、日本匠人的專注精神受到全世界稱道！

在德國近 400 萬家企業中，隱藏著一批極具核心競爭力的中小型企業。它們的產品品質精良，具有說一不二的定價權，在全球市場的某些市場區隔擁有最高的市場占有率，是該市場區隔的王者，最重要的是不用擔心客源，穩定經營幾十年甚至上百年。可是，它們並不像大企業那樣耳熟能詳，在大眾和媒體面前相當低調。德國管理學教授赫曼‧西蒙（Hermann Simon）給它們取了一個獨特的名字 ——「隱形冠軍」。西蒙對「隱形冠軍」的定義是：全球市場占有率第一或第二，年產值在 20 億歐元左右，鮮為大眾所知。按此標準，德國共有 1,400 多家這樣的企業，是世界「隱形冠軍」數量最多的國家，接近全球的一半。

日本匠人（在日本稱為「職人」）一生只做一件事！據估計，在「日本奇蹟」的主要創造者 —— 420 多萬家中小企業中，有超過 10 萬家歷史超過百年的企業，而它們的核心是幾十萬名職人。例如：日本國寶級職人、《壽司之神》的主角小野二郎出生於西元 1925 年，他一生中有超過 60 年的時間都在做壽司。2018 年，小野二郎接受採訪時說：「今年我 93 歲了，我想用這雙手捏壽司到 100 歲。」

基業長青是指企業能夠跨越生命週期，實現「長生不老」。根據「世界最古老公司名單」，全球經營超過 200 年的公司有 5,586 家，其中日本

有 3,146 家，德國有 837 家。日本企業之所以更長壽，一是大部分長壽公司是中小企業，二是源於日本企業員工的職人精神。「追求自己手藝的進步，並對此充滿自信，不因金錢和時間的制約扭曲自己的意志或做出妥協……」這句話表達了職人精神的人格氣質，更是企業長壽的基因。

根據 1994 年出版的書籍《基業長青》，在當時選為樣本的 36 家公司中，今天幾乎有一半處於虧損狀態或已經破產倒閉。基業長青是不是一個假議題？像人一樣，企業有生命週期，生老病死乃是常態，所以並沒有真正的基業長青。

由於產業更替、競爭加劇或市場需求碰到了「產業天花板」，成長期的企業總會遇到「成長的極限」。為了追求基業長青，企業可以走德國企業那樣的「隱形冠軍」之路，也可以學習職人精神讓企業具備長壽的基因。在現實中，絕大部分大型企業或集團公司都不是純粹的專一化經營，適度或相關多角化的經營道路更是一個主流選擇，像愛馬仕、小米、格力、阿里巴巴、騰訊、百度、微軟、英特爾等，或多或少都有多角化經營的成分。多角化策略（也稱為多角化經營）是公司策略的重要內容，它的內容繁雜龐多。多角化經營是很多企業的最佳之選，但也充滿荊棘坎坷，讓諸多企業折戟沉沙。進入擴張期的企業，如何有效進行適度或相關多角化經營？企業由成長期進入擴張期，將熱門產品打造為超級產品，主要策略主軸為：堅持歸核聚焦、培育核心競爭力，見圖 4-1-1。後文將對此進行具體說明。

核心競爭力：令無數英雄追求不已

重點提示

▶ 叮咚買菜能否成功培育出屬於自己的核心競爭力？

▶ 哪一種文化更有利於培育企業的核心競爭力？

▶ 在企業資源與能力方面，為什麼相關研究「內捲化」非常嚴重？

中國有個成語叫邯鄲學步，講了這樣一個故事：兩千多年前的戰國時期，燕國壽陵有個青年，聽說趙國邯鄲人走路的姿勢特別優美，於是不顧路途遙遠來到邯鄲，準備在現場模仿學習。一進邯鄲城，這位青年就跟在行人後面一扭一擺學起來。他抬腿、跨步、擺手、扭腰，都是機械性模仿邯鄲人的走路姿勢。結果，他不僅沒有學會邯鄲人走路的姿勢，還把自己原本走路的姿勢也忘記了，最後只好爬著回去。

李子柒在家鄉老宅拍攝美食短影片走紅了，後來一堆人換個名字就直接模仿；海底撈透過「微笑服務」取得了經營成功，來海底撈學習「如何微笑」的企業摩肩接踵；賈伯斯成功打造蘋果手機後，羅永浩說「這不算什麼」，立刻創辦了錘子手機，還計劃要成為蘋果的母公司……沒有核心競爭力，邯鄲學步的故事重複了一遍又一遍。

什麼是核心競爭力？前前後後、成千上百的相關理論也許只是給出了片面的或修修補補的闡述。西元 1990 年，普哈拉（C.K. Prahalad）和哈默爾（Gary Hamel）在《哈佛商業評論》上發表了〈公司的核心競爭力〉一文，提出了關於核心競爭力的三個檢驗標準（簡稱「普哈核心競爭力」）：

首先，**核心競爭力是企業擴大經營的能力基礎，有助於企業進入不同的市場**。例如：由於在發動機技術方面具備核心競爭力，所以本田能在割

草機、機車、汽車、輕型飛機等多個相關市場領域取得經營佳績。

其次，**核心競爭力透過企業產品能夠為目標客群創造巨大價值**。它的貢獻在於實現目標客群最為重視的、核心的、根本的利益，而不僅僅是一些普通的、短期的好處。顯然，本田的發動機技術有這個作用。

最後，**核心競爭力應該是競爭對手很難模仿的**。核心競爭力通常是多項技術與能力的複雜結合，其被複製的可能性微乎其微。競爭對手可能會獲取核心競爭力中的一些技術，卻難以複製其內部複雜的組合與學習的整體模式。

該創新理論的提出者主要採用了像 NEC（日本電氣）、本田、佳能、索尼、松下、卡西歐等日本企業的成功案例，來說明和證實以上三個檢驗標準。與此對比，麥可·波特認為：營運效益不等於策略，日本企業普遍缺乏策略。看來，這些成功的日本企業缺乏波特所說的「策略」，但是已經具有普哈核心競爭力。

借助於 2020 年新冠疫情帶來的發展機會，叮咚買菜迅速爆紅，並且獲得了高榕資本、今日資本、紅杉資本等著名創業投資機構的投資。自創立以來，叮咚買菜迅速完成了十多輪融資，估值超過百億元人民幣。據報導，叮咚買菜最快將於 2021 年赴美公開募股，至少募資 3 億美元。叮咚買菜是否具有核心競爭力？參考〈叮咚買菜，背水一戰？〉等網上文章，大家可以先用五力競爭模型分析一下，然後再用核心競爭力三個標準進行檢驗及預測。

依照普哈核心競爭力理論，企業之間的競爭可分為三個層次：核心能力（核心競爭力的簡稱）的競爭、核心產品的競爭、最終產品的競爭。企業好比是一棵樹，核心能力是樹根，核心產品是樹幹，最終產品是果實，見圖 4-2-1，稱之為普哈大樹模型。例如：本田的核心能力是研發卓越的發動機及

傳動技術，核心產品是發動機及傳動零件，最終產品是割草機、發電機、機車、汽車、輕型飛機等。核心產品是決定最終產品價值的零組件，是核心能力與最終產品之間連結的紐帶，也是多種核心能力的實物展現。

　　從核心能力→核心產品→最終產品，是一個依序衍生的過程。如果一家公司具有卓越的核心能力，那麼它將在核心產品開發上超越對手，進而在最終產品市場上贏得目標客群，取得經營佳績。

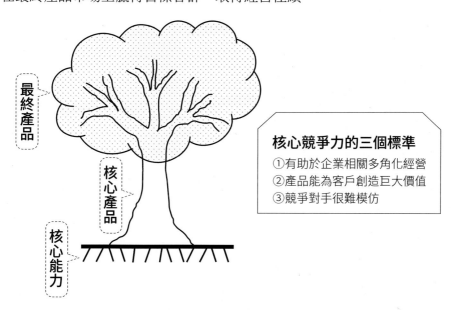

核心競爭力的三個標準
①有助於企業相關多角化經營
②產品能為客戶創造巨大價值
③競爭對手很難模仿

圖 4-2-1　普哈大樹模型（左）及核心競爭力三個檢驗標準（右）示意圖

　　核心競爭力的顯著特徵之一是具有延展性，而這種延展性恰好是多角化經營的根基。在根基不扎實的情況下，盲目進行多角化，必然導致策略失敗。企業好比是一棵樹，樹幹之上有很多分枝，都可以有自己的果實。這裡的分枝就像是多角化經營的各類相關業務，果實就像是各類相關業務的最終產品。唯有努力培育自己的核心競爭能力，才能孕育具有特色的核心產品和最終產品，才能以相對競爭優勢成功進入數個不同市場，進而實

現真正有效益、永續的多角化經營。所以，企業多角化策略的實質內涵就是核心競爭力的運用。核心競爭力是企業多角化的前提，只有建立在核心競爭力之上的多角化策略才能取得最終成功。

從西元 1990 年代開始，普哈核心競爭力逐漸被學界、企業界所認可，一舉扭轉了當時策略研究與實踐的重點和方向。而在這之前的十年，麥可‧波特的競爭策略大行其道。當時，競爭策略似乎成了企業策略的代名詞。五力競爭模型、SWOT 分析等工具與方法非常流行，彰顯出外部環境對企業策略成敗發揮著決定性作用。

根據競爭策略理論，企業應該更注意產業環境中的競爭力量，透過選擇有吸引力的產業、在三大通用策略中選擇其一進行定位、打造配套策略的價值鏈，「多管齊下」來獲取競爭優勢。競爭策略有其合理、正確的一面，但是盲目運用則過猶不及。很多企業不顧自身能力和資源的限制，熱衷於捕捉外部環境機會，貿然進入不相關的市場領域，透過收購兼併盲目擴大規模、實施多角化經營。

實踐證明，盲目或錯誤應用競爭策略，導致競爭加劇；打價格戰不僅不能帶來競爭優勢，而且往往是兩敗俱傷；收購兼併及大力拓展無關的業務領域，導致企業管控能力不足、支撐資源短缺、嚴重文化分歧等問題。盲目實施多角化經營策略為企業帶來的負擔遠遠超出了其帶來的效益。

另外，波特提出競爭策略理論後，起初各界一片叫好。接著就有些不同的聲音，因為波特的理論太強大了，後來的研究者很難對它進行修補或更新，只能分成兩派：一派是追捧波特的，不斷重複波特的理論；一派是批評波特的，設法對波特的理論吹毛求疵。至今，波特的競爭策略仍舊獨樹一幟，僅此一家，別無分店；40 多年過去了，也沒有什麼重大的改良、更新。

在學界及商界都處於迷茫之際，1990 年普哈核心競爭力應運而生，

猶如春天到來，引發了能力學派和資源學派的誕生和興盛。雖然這兩種學派都不在一般所說的策略十大學派之中，但是參與研究的學者數量及發表的論文、出版的書籍量都遠遠超過策略十大學派的總和。

　　能力學派源於突破波特競爭策略理論的局限性，以普哈核心競爭力的出現為代表。該學派有兩種代表性的觀點：一是以普哈拉和哈默爾為代表的核心能力觀；二是以史托克（George Stalk）、埃文斯（Philip Evans）、舒曼（Lawrence E. Shulman）為代表的整體能力觀。能力學派的策略管理思想可以總結為：組織內部環境分析→了解能力結構→制定競爭策略→實施策略→建立和保持核心能力→贏得競爭優勢→獲得經營績效。能力學派與以前的策略學派相比，最大的不同是注重從企業的內部出發研究企業的競爭優勢。

　　資源學派的理論觀點最早出現於 1980 年代中期，該學派打破了經濟利潤來自壟斷的傳統經濟學思想，認為企業資源與能力的價值性和稀少性是其經濟利潤的來源。資源學派認為，核心能力的形成需要企業不斷累積所需的各種策略資源，需要企業不斷學習、超越和創新。唯有核心能力達到一定水準，並透過一連串組合及整合後，企業才能形成稀有的、不易被模仿的、難以替代的、有價值的策略資源（即傑恩·巴尼的 VRIN 模型[15]或 VRIO 模型[16]），才能獲得和具備持續的競爭優勢。同時資源學派也承認產業分析的重要性，認為企業能力只有在產業競爭環境中才能表現出重要性。資源學派的策略管理思想可以概括為：產業環境分析＋企業內部資源分析→制定競爭策略→實施策略→累積策略資源並建立與產業環境相應

15　VRIN 模型是從提供競爭優勢基礎的角度，提出了企業策略能力評估的四項標準：價值（Value）、稀少性（Rarity）、難以模仿性（Inimitability）和不可替代性（Non-substitutability）。

16　VRIO 模型是針對企業內部資源與能力，分析企業競爭優勢和弱點，四項指標是價值（Value）、稀少性（Rarity）、難以模仿性（Inimitability）和組織（Organization）。

的核心能力→贏得競爭優勢→獲得經營績效。

（參考資料：許可，徐二明，企業資源學派與能力學派的回顧與比較，經濟管理，2002 年第 2 期）

資源學派與能力學派的觀點非常類似，實際上的差距不大。就像太極與八卦是一家，資源學派與能力學派也是一家，合稱為資源能力學派。資源能力學派打破了「企業黑箱論」，從企業擁有的獨特資源、知識和能力等角度揭示企業競爭優勢的源泉。但是，許多策略學者也承認，資源能力學派尚不成體系，敘述過於空泛，對於什麼是獨特資源、核心能力或核心競爭力等，尚未形成統一的概念。

資源能力學派與 T 型商業模式有什麼關係呢？資源與能力都屬於 T 型商業模式的資本，核心競爭力屬於其中的關鍵資本。關鍵資本有什麼用途？企業如何培育核心競爭力？請看章節 4.3 的內容。

4.3

第三飛輪效應：培育核心競爭力，永遠是進行式

重點提示

▶ 第一、第二及第三飛輪效應之間有什麼關聯？

▶ 阿里巴巴生態圈的各個商業模式共享了哪些智慧資本？

▶ 為什麼說企業培育核心競爭力「永遠是進行式」？

人類從哪裡來？在全世界至少有 11 種廣為流傳的關於人類起源的神話傳說。例如：在《聖經》神話中，上帝用塵土創造出亞當與夏娃；在希臘神話中，普羅米修斯仿照自己的身體，用泥土捏造出人形；在中國神話

中，女媧將黃土和水混合成泥，然後捏出很多小泥人……

　　很久很久以前，人類祖先尚在遊獵採集、茹毛飲血的原始階段，彼此天各一方，很難有什麼通訊聯絡，但是這些神話傳說之間的相似度非常高，大致都是這樣的腳本：某位尊神先抓一把泥土造出人，然後對著泥人吹了幾口氣，一瞬間就誕生了一個個男人、女人。

　　達爾文（Charles Darwin）在西元1859年出版的《物種起源》一書中，闡明了生物從低等到高等、從簡單到複雜的發展規律。12 年後，他又出版《人類的起源與性的選擇》一書，書中列舉許多證據說明人類是由已經滅絕的古猿演化而來的。人類從哪裡來？從達爾文生物進化的觀點來說，可分為三個階段：古猿階段、猿人階段、智人階段。根據已發現的古猿和古人類化石材料，最早的人類可能出現在距今 300 萬或 400 萬年前。

　　企業像人一樣是一個生命體，有生老病死，也可以繁衍生息，具有自己的生命週期。以此推論，達爾文生物進化論同樣適用於分析企業的進化與發展。

　　企業的核心競爭力從哪裡來？有學者說，透過組織學習而來；有學者說，從資源到能力逐漸轉化而來；有學者說，透過不斷創新而來；有學者說，透過有目的、有計畫的內部協作逐漸形成；還有學者說，透過數位化、生態圈、賦能、原則、共創、跨界等「新概念」揉合而成……

　　綜上所言，更需要補充的是，核心競爭力不是「天上掉下來的餡餅」，也不是「透過怎麼做」忽然就能夠擁有的！核心競爭力透過進化發展而來，需要不斷培養才能形成。

　　從永續經營的角度，企業通常會經歷創立期、成長期、擴張期、轉型期四個生命週期階段。根據新競爭策略理論，創立期的策略主軸是：企業產品定位、建立生存根基；成長期的策略主軸是：持續贏利成長、累積競

爭優勢；擴張期的策略主軸是：堅持歸核聚焦、培育核心競爭力；轉型期的策略主軸是：革新再生、突破困境及第二曲線商業創新。**由此看來，培育核心競爭力是企業在擴張期的策略主軸，並且有一個從創立期到成長期，再到擴張期，從潛優產品→熱門產品→超級產品，逐漸儲備、培育及形成的過程。**

　　在創業期，企業要有一個成功的企業產品定位，發現獨特的潛優產品。這是企業未來生存與發展的正確起點，也是建立生存根基的關鍵。並且，如果潛優產品中含有第一飛輪效應並能激發它，那麼它對於未來將企業產品塑造為熱門產品及打造為超級產品，有著如虎添翼的作用。例如：淘寶與支付寶就是一組優秀的互補潛優產品組合。買家與賣家在淘寶平臺上購物交易，支付寶則消除了雙方對款項或貨物能否如實給付的擔憂和顧慮，既是雙方建立信任的紐帶，也是促進交易的工具。由此，更多的買家與賣家使用或進駐淘寶平臺、支付寶上資金存量增加，更有利於「淘寶＋支付寶」潛優產品組合的平臺進一步建設，越來越多的買家與賣家使用或進駐淘寶平臺……

　　在成長期，企業需要透過複利成長快速進化與發展，即透過激發和驅動第二飛輪效應，企業獲得永續贏利成長，累積競爭優勢，塑造熱門產品。第二飛輪效應就是 T 型商業模式中的資本模式、創造模式及行銷模式之間發生複利成長效應的形象化描述，實際上是資本以企業產品為核心，透過增強迴路循環持續創造價值的過程，它也是永續成長背後的第一原理。

　　阿里巴巴在香港聯交所主板首次公開募股（2007 年 11 月）之前的時期，可以看作是它的成長期。透過第二飛輪效應帶動的複利成長，阿里巴巴從一個「小蝦米」創業，已經初步成長為一個「大鯨魚」。

　　進入擴張期，由於企業產品的銷售量大幅增加，形成了較強的市場影響力，熱門產品逐漸轉變為根基產品。根基產品可以視為企業未來擴展企業產品的「根源」，進入擴張期後以此來繁衍其他產品。例如：「淘寶＋支付寶」產品組合就是阿里巴巴的根基產品組合。以此出發，在擴張期阿里巴巴執行履帶策略，接續繁衍了天貓、菜鳥物流、阿里雲、天貓國際、全球速賣通、飛豬、銀泰百貨、閒魚等幾十個企業產品及產品組合。

　　擴張期企業的產品願景是將熱門產品轉變為具有繁衍能力的根基產品，並最終打造為超級產品。超級產品是指在市場上具有巨大影響力、有一定的壟斷地位，且能夠透過衍生產品長期引領企業擴張的產品。上例中阿里巴巴透過執行履帶策略，在擴張期將「淘寶＋支付寶」根基產品組合，最終打造為企業的超級產品。熱門產品能否成為根基產品，要看它衍生相關產品及引領企業擴張的能力；根基產品能否最終成為超級產品，要看它在市場上的影響力、壟斷性強弱及引領企業長期擴張與發展的能力。例如：福特的 T 型車就是一款超級產品，累計銷售量超過 1,500 萬輛，在美國市場的市場占有率一度超過 50%；蘋果的 iPhone、可口可樂、雀巢咖啡、騰訊微信、谷歌搜尋等都屬於超級產品。

　　結合上述阿里巴巴的案例及 T 型商業模式概要圖，表示擴張期企業產品組合的繁衍路徑，同時這也是核心競爭力的累積過程，見圖 4-3-1。以根基 T 型商業模式（簡稱「根基 T 型」）表示出根基產品，其上疊加一個又一個同構 T 型商業模式表示出衍生產品組合（簡稱「衍生產品」），它們分屬不同但緊密關聯的商業模式，以此獲得表現企業業務擴張的整體視覺化模型，被稱為 T 型同構進化模型。這裡的同構是指衍生產品與根基產品各自的商業模式具有相似關係或密切關聯的共享關係。

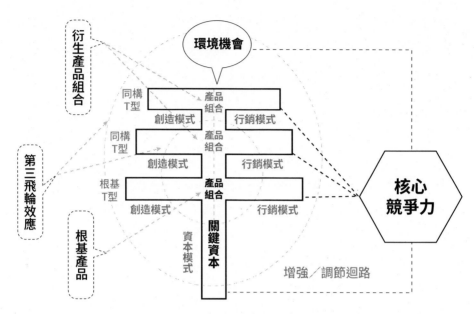

圖 4-3-1　Ｔ型同構進化模型示意圖

　　在 Ｔ 型同構進化模型中，有著如下表述的第三飛輪效應：在相互關聯的根基 Ｔ 型與同構 Ｔ 型商業模式中，它們主要共享資本模式，共享部分創造模式和行銷模式，而歸根究柢是共享智慧資本、物質資本及貨幣資本。這種資本共享作用，尤其是智慧資本具有的邊際報酬遞增趨勢，有利於企業整體各商業模式之間發揮彼此促進、共同進化發展的功能，有利於根基產品與衍生產品之間互相組合、增強，打造超級產品，最終使得企業擴張的總收益遞增，提升企業的進化發展水準，並有助於培育核心競爭力。一個企業從優秀到卓越，起碼要讓第一、第二飛輪效應發揮作用；要實現基業長青，那麼就需要第一、第二、第三飛輪效應相互配合。

　　Ｔ 型同構進化模型及其第三飛輪效應，可以是擴張期企業選擇經營策略、規劃擴張路徑的重要參考，也可以是一些企業進行適度或相關多角化經營的主要依據。

　　上述阿里巴巴的案例中，菜鳥物流、阿里雲、天貓國際、全球速賣通、飛豬、銀泰百貨、閒魚等衍生的產品，它們的商業模式與淘寶及支付寶業務組合可以共享資本模式中的流量資本（屬於智慧資本中的關係資本）、人力資本、組織資本等智慧資本，也可共享貨幣資本、物質資本，並且在行銷模式及創造模式方面，也有相互共享及借鑑的內容。由此「驅動」的第三飛輪效應，能夠提升阿里巴巴的進化發展水準，也有助於培育企業的核心競爭力。

　　為了更簡要明確的闡述核心競爭力的培育過程，從圖 4-3-1 中提取關鍵資本（Strengths）、產品組合（Products）、環境機會（Opportunities）三個要素，建構如圖 4-3-2 所示的 SPO 核心競爭力模型（SPO 是以上三個英文單字的開頭縮寫簡稱）。此處的產品組合分為根基產品和衍生產品。關鍵資本屬於資本模式的內容，可以簡單理解為企業的關鍵資源與能力。

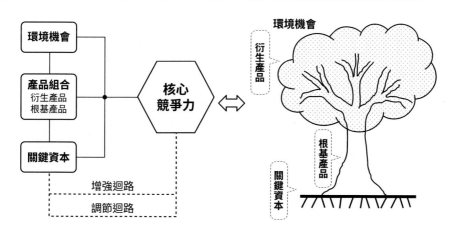

圖 4-3-2　SPO 核心競爭力模型（左）慶豐大樹模型（右）及示意圖

　　不同產業的企業或商業模式差異較大的企業，培育核心競爭力所需的關鍵資本通常有較大差異。例如：台積電培育核心競爭力所需的關鍵資本是製造設備與工藝技術能力；聯想農業所需的關鍵資本可能是全產業鏈營

運及整合全球資源的能力；娃哈哈所需的關鍵資本應該是「合資公司」銷售通路建構的關係資本。

SPO 核心競爭力模型的三個組成要素 —— 關鍵資本、產品組合、環境機會，它們共同發揮系統性作用，為企業培育核心競爭力。其基本原理為：以根基產品為基礎，產品組合的擴張與進化需要評估外部的環境機會及內部的關鍵資本。當三者能夠整合起來，產品組合就能獲得沿著策略路徑擴張的能力，增加擁有的衍生產品。如果產品組合的擴張與進化成功一次，核心競爭力就累積一次。在多次嘗試中，如果產品組合的擴張與進化所取得的成功遠大於失敗，核心競爭力獲得了更多次的累積，那麼就可以說這個企業具有核心競爭力。也就是說，核心競爭力是在商業模式進化實踐中形成的，依靠擴張與進化的成功次數和成功率來衡量的，累積過程較長。

每一次累積的核心競爭力，又作為輸入量進入關鍵資本，不僅提升關鍵資本的實力，也相應增加商業模式的競爭壁壘。由於累積的核心競爭力不斷提升關鍵資本的實力，相應的，也不斷增強判斷和利用外部環境機會的能力，提升產品組合沿著策略路徑擴張與進化的能力。因此，核心競爭力作為企業的重要智慧資本，通常也表現出較強的邊際報酬遞增趨勢。

另外，在 SPO 核心競爭力模型中，關鍵資本、產品組合、環境機會三者缺一不可，並且三者必須相互搭配、有效連結，形成「三點一線」，才能激發出系統性加乘作用，才能以最大效能參與培育企業核心競爭力。

以上核心競爭力的培育原理，揭示了一個組織或個人，透過實踐及深度學習，讓自身能力螺旋式上升、突破臨界點而躍升的過程。在 SPO 核心競爭力模型中，如何確認、評估或預測產品組合的擴張與進化是否成功？一來實踐結果會告訴我們答案，二來可以用普哈核心競爭力三個檢驗標準進行判斷。

　　參照普哈核心競爭力的大樹模型，以大樹來比喻 SPO 核心競爭力模型也很具體：以大樹的樹根代表關鍵資本，以大樹的樹幹代表根基產品，以大樹的果實代表衍生產品，見圖 4-3-2，稱之為慶豐大樹模型 —— 以筆者的名字進行命名，便於與普哈大樹模型進行區分。

　　相較於普哈核心競爭力理論及其後續研究，T 型同構進化模型及 SPO 核心競爭力模型有如下顯著改善或進化：

> 將資源能力學派（關鍵資本）、定位學派（產品組合）、環境學派（外部機會）乃至動態能力理論等策略學派或理論整合起來，形成了一個整體理論，系統性表述核心競爭力的生成與培育。

> 從生命進化及能力培育的角度，強調有一個從創立期到成長期，再到擴張期，從潛優產品→熱門產品→超級產品，逐漸儲備、培育及形成核心競爭力的過程。

> 借鑑分形及同構思想，從要素、連結關係、功能系統三要素出發，以系統原理闡述核心競爭力的培育原理。

> 以慶豐大樹模型「關鍵資本→根基產品→衍生產品」的新型表達樣式，突破了普哈大樹模型「核心能力→核心產品→最終產品」的傳統產品時代的表達樣式。慶豐大樹模型應用範圍非常廣泛，尤其適用於以網路、服務、數位、智慧等為特點的新經濟時代企業，能夠指引這些企業發展適度或相關多角化經營，以及沿著擴張期路徑進行業務拓展及培育核心競爭力。

> **透過闡述關鍵資本及核心競爭力具有的邊際報酬遞增或第三飛輪效應等核心內容，為企業實施縱橫一體化、生態圈建設、國際化、連鎖加盟、對外合資合作、兼併收購等經營策略提供有效理論及方法論指導。**

4.4

慶豐大樹模型：重新定義公司層級策略

重點提示

▶ 雀巢公司採用了哪些擴張經營策略？

▶ 普哈大樹模型有哪些應用上的局限性？

▶ 相關多角化擴張經營策略有哪些主要內容？

西元 1988 年，椰樹集團推出椰樹牌椰子汁後，很快就從虧損企業轉變為中國 500 強企業。但是 2014 年之後，椰樹集團年營收一直在 40 億元人民幣左右徘徊，企業發展似乎撞到了「天花板」。

有點像窮則思變，2019 年春節，椰樹牌「不按牌理出牌」了。一貫以大字鋪滿的椰子汁飲料包裝上，居然出現了一個豐滿美女的圖片，旁邊配有一句廣告語：我從小喝到大。其他像「曲線動人，白白嫩嫩」、「又白又嫩」等椰樹集團的廣告語，與中外模特兒手持椰子汁的畫面一起出鏡，頻頻在多種媒體上播出。

依靠出格的廣告能夠將企業銷售業績拉上去嗎？走邪門歪道，不僅會受到工商部門處罰，也使產品形象變得低級，最終結果適得其反。

雀巢公司的創始業務是麥片和奶粉，為了突破成長的「天花板」，後來發明了即溶咖啡，從潛優產品→熱門產品→超級產品，促進雀巢逐漸成長為一家大型企業集團。以即溶咖啡為根基產品，雀巢公司透過新創或收購，不斷拓展衍生產品。2019 年雀巢營業收入折合 6,614.4 億元人民幣，在全球擁有 500 多家工廠，生產 300 多種產品，為世界上最大的食品製造商。雀巢公司發明了即溶咖啡，曾是企業的潛優產品、熱門產品，也曾是企業的根基產品，推動雀巢公司的進化與發展，並透過擴張期的主要策略

主題——堅持歸核聚焦，培育核心競爭力，最終將其打造為企業的超級產品。

如果以圖 4-4-1 所示的普哈大樹模型來解釋雀巢公司的進化與發展，那麼雀巢的核心產品是什麼？最終產品是什麼？很顯然，較難說得通。普哈大樹模型誕生於 1990 年代，主要是用來闡述汽車、電子電氣設備等產業中部分企業（通常具有「核心零件＋整體機器」的產品構成特色）的核心競爭力形成規律及功能。

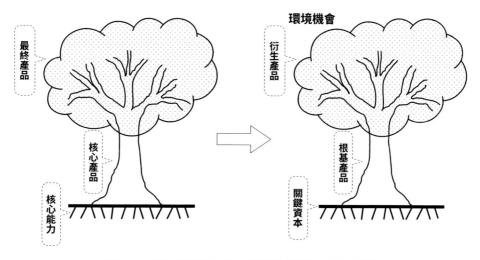

圖 4-4-1　普哈大樹模型（左）與慶豐大樹模型（右）示意圖

時代在快速變遷，科技在迅速發展，管理學理論也要隨之更新和進步。在實務應用方面，相較於普哈大樹模型，見圖 4-4-1，慶豐大樹模型有如下改進或適用之處：

➤ 以根基產品、衍生產品分別取代核心產品、最終產品，大幅拓展了核心競爭力理論的應用範圍。

按照本書章節 4.3 中的 T 型同構進化模型，根基產品與衍生產品之

間，只是各自的商業模式有所關聯，它們之間並不是像「核心產品與最終產品」那樣的部分與整體的關係。因此，慶豐大樹模型可以用在幾乎所有產業的企業上，沿著策略發展路徑進行業務拓展。

➤ 以關鍵資本取代核心能力，解決了核心競爭力的源頭或來源問題，更加適合指導大多數企業實施擴張與發展策略。

在普哈大樹模型中，核心能力就是指核心競爭力。如圖 4-4-1 所示，這樣一個從核心能力→核心產品→最終產品的依序衍生過程，試圖說明如果企業具備核心競爭力，就可以具備有競爭力的核心產品，然後就可以向市場推出具有競爭力的一系列最終產品。但是，按照這樣的邏輯，在企業具有核心產品及推出最終產品之前，核心競爭力是如何形成或從哪裡來的？總不能說核心競爭力是來自上天的恩賜吧！因此，普哈大樹模型，更適用於對 NEC、本田、佳能、卡西歐等當時已經成功的企業進行回溯分析。

另外，章節 4.3 講到的 SPO 核心競爭力模型已經說明，核心競爭力永遠是「過去式」，以往實務中形成的所謂核心競爭力，只能作為未來的資本之一。也就是說，由於未來總是不確定的，所以面對未來時企業始終應該戰戰兢兢、如履薄冰。企業培育核心競爭力「永遠是進行式」，沒有所謂絕對的核心競爭力。

在慶豐大樹模型中，關鍵資本並不是核心競爭力，它是企業某個階段或時間點具有的關鍵資源與能力，來自企業從創立期→成長期→擴張期的資本累積，包括智慧資本、物質資本及貨幣資本的累積。關鍵資本更是指根據外部環境機會，以根基產品為基礎推出衍生產品時，應該優先選擇的一些資本。因此，它更加適用於指導企業實施擴張與發展策略。

➤ 增加環境機會要素，讓核心競爭力理論與外部環境相連結。

企業沿著擴張路徑進行業務拓展時，關鍵資本、產品組合（從根基產品拓展衍生產品）、環境機會三者缺一不可，並且三者必須互相搭配、有效連結，形成「三點一線」。這樣一來，才能有效提高擴張經營策略的成功率，才能以最大效能參與、培育企業核心競爭力。

擴張期企業進行業務拓展時，有哪些適合的擴張經營策略？為了拓寬核心競爭力理論的應用範圍，從 T 型同構進化模型出發，本書對擴張經營策略的涵蓋內容比較寬泛。凡是衍生產品的商業模式與根基產品的商業模式之間，具有一定程度的關鍵資本共享，都可以歸屬為擴張經營策略，例如：

- 橫向一體化。橫向一體化策略也叫水平一體化策略，是指企業與同行其他企業互動的一種策略。這種互動可以採用兼併、收購、控股、合資等多種多樣的形式。企業實施橫向一體化的目的是擴大生產規模、降低成本、鞏固企業的市場地位、提高企業競爭優勢、增強企業實力等。例如：透過橫向一體化策略，華潤雪花啤酒在中國經營 98 家啤酒廠，旗下有雪花及 30 多個區域品牌，已經是中國內外市場占有率第一的啤酒企業。

  兩個企業之間原本是各自獨立的商業模式，合作後將共享更多的關鍵資本。

- 縱向一體化。縱向一體化是指企業在現有業務的基礎上，向上游或下游業務拓展，形成供產、產銷或供產銷一體化，以擴大現有業務範圍的企業經營行動。縱向一體化可以分為前向一體化、後向一體化、全產業鏈營運等多種形式。例如：美國蘋果公司自建蘋果商店，掌控銷售端，屬於前向一體化策略。蒙牛、伊利等乳製品企業收購上游的奶牛養殖場等，屬於後向一體化策略。

縱向一體化讓企業具有多個不同的業務，在多數情況下被認定為多種不同的商業模式。由於同一個產業鏈業務的合作性，它們在關鍵資本上具有一定的共享性。

- 直營或加盟連鎖經營。連鎖經營是指經營同類商品或服務的若干個企業（或企業分支機構），以一定的形式組成一個聯合體，在整體規劃下進行屬地化和部分集中化管理，把獨立的經營活動組合成一個類似整體的經營，從而產生規模經濟效益。連鎖經營分為直營和加盟兩種主要形式。

從廣義上來說，商業服務方面的連鎖店、工業製造領域的外地設廠、企業在外地設立獨立經營的分支機構，都屬於連鎖經營。連鎖經營與橫向一體化有一些重合之處，都屬於同一產品業務的多地布局和整體經營。

連鎖經營可以看作是多商業模式的聯合體，它們在關鍵資本方面共享程度很高。但是，為了在成長期與擴張期建立明顯的區別，通常將開拓較大規模及地理範圍的連鎖經營歸屬為擴張經營策略。例如：某連鎖企業前三年在本區域開了 20 家分店，這屬於成長期的成長策略。如果該企業打算未來三年進行全國擴張，開 800 家新分店，這就屬於擴張經營策略了。

- 同心多角化。同心多角化策略也稱同心多元化、集中多角化策略，是指企業以一種主要產品為圓心，充分利用該產品在技術、品牌、市場上的優勢和特長，不斷向外擴散，生產多種產品，充實產品系列結構的策略。例如：本田以機車起家，後來也製造汽車、輕型飛機、發電機等，它們在發動機、傳動技術及品牌、通路上可以共享資源。

同心多角化實際上也是讓企業具有多個商業模式，達成技術、資源、品牌、通路等關鍵資本方面的共享。

- 水平多角化。水平多角化是指企業利用原有的市場流量，採用不同的技術來跨產業增加產品種類，發展新產品，並將新產品銷售給原市場的顧客，以滿足他們新的需求。例如：小米的根基產品是小米手機。進入擴張期後，小米與小米產業鏈企業合作，充分利用小米手機帶來的私域流量，產品組合擴展到家電、傢俱、日用化學品甚至新能源汽車等產品領域。

  水平多角化的多個商業模式之間主要是共享品牌、通路、流量等關鍵資本。透過水平多角化，不同產業領域的產品能以近似的目標客群為核心，從諸多角度滿足他們的需求。

- 國際化發展。企業國際化發展策略是企業產品與服務在本土之外的發展策略，可以分為本國中心策略、多國中心策略和全球中心策略三種。

  國際化發展可以採用上述橫向一體化、縱向一體化、直營或加盟連鎖、同心多角化、水平多角化等多種形式。由於國與國之間、本土與海外的巨大差異，通常國際化發展將導致企業具有多個商業模式。但是，它們之間是否有共享一定程度的關鍵資本，要視具體情況而定。

  上述橫向一體化、縱向一體化、直營或連鎖加盟、同心多角化、水平多角化、國際化發展等經營策略，都可以採用兼併收購的方式實現。

  兼併收購的內涵非常廣泛，例如：股權融資、資本運作及合資經營等都與之相關。兼併又稱為吸收合併，通常由一家擁有優勢的企業吸收另外一家或者多家企業，最終組成一家更大的企業。收購是指一家企業購買另一家企業的股權或者資產，以獲得對該企業的全部或部分所有權。

　　綜上列舉的諸多經營策略，在適當的條件下都可以是擴張期企業的經營策略。它們大多屬於公司策略，也是策略教科書著重講述的內容，這方面的網路資料比比皆是。本節簡要介紹上述內容，是為了補充說明擴張期企業有哪些經營策略可以選擇，同時也可以增加新競爭策略內容的完整性。

　　從法律意義或產品分類層面上來說，透過實施擴張經營策略，企業將擁有多個商業模式。但是，我們通常還是將根基產品所在的商業模式稱為企業的商業模式，或者說它代表了企業的商業模式。例如：透過實施擴張經營策略，阿里巴巴如今是一個大型集團，從法律意義或產品分類層面上，它可能擁有幾百個商業模式。但是，我們仍然將「淘寶＋支付寶」根基產品組合所在的商業模式，看作是代表阿里巴巴的商業模式。

　　有如此多的擴張經營策略可供選擇，並不代表著企業可以隨心所欲實施這些擴張經營策略。根據 T 型同構進化模型、SPO 核心競爭力模型或慶豐大樹模型，環境機會只是外因，企業的根基產品及關鍵資本狀況才是決定如何選擇及實施擴張經營策略的重要內因。

4.5 擴張路徑選擇：激進投機，還是保守主義？

重點提示

▸ 激進投機經營通常有哪些表現或特點？

▸ 保守主義經營通常有哪些表現或特點？

▸ 想要「歸核聚焦，有機擴張」，可以參照哪些理論？

　　春蘭股份最早的產品是家用空調。在西元 1980 年代，春蘭股份起步時是一家有策略的公司。例如：1986 年，春蘭採取鎖定特定市場的產品

組合策略，主攻大功率櫃式空調和小功率家用空調，不到 3 年時間，銷售量、利潤均躍居全中國空調業之首，逐漸成為家喻戶曉的「中國空調大王」。1994 年，春蘭股份在 A 股成功上市，當年營業收入 53 億元人民幣，淨利潤 6 億元人民幣。而同一年，格力公司的銷售額才 6 億元人民幣，只配做春蘭股份的「小弟」。

上市融資後，春蘭股份開始涉獵機車、汽車、酒店、新能源等幾十個不相關的領域。爾後，春蘭虎、春蘭豹機車「閃耀」登場，春蘭卡車曇花一現……激進投機經營，盲目多角化發展，世上沒有後悔藥，自釀的苦酒自己嚐。2005 年之後春蘭股份連續虧損 3 年被「ST」（特別處理），於 2008 年 5 月被暫停上市。

1987 年，任正非借款 2 萬元人民幣創辦華為，華為當時的經營狀況比春蘭股份艱難多了。但後來的保守主義經營，最終讓華為走上了康莊大道。華為顧問田濤認為：機會主義是創新的敵人。自創立以來，華為拒絕資本化與多角化，即使在主營業務通訊相關領域，也始終防止力量與資源的分散，避免短期利益的誘惑與干擾。「PAS（無線市話）」是一種日本早就淘汰了的落後技術，曾經在中國市場風生水起。華為在當年只需要為 PAS 業務投入幾十個員工、2,000 萬元人民幣，就可以為公司帶來上百億人民幣的年銷售收入。任正非堅決放棄這「難得的機會」，堅持將「寶」押在面向未來的無線新制式 WCDMA。

以上兩個案例，一個是典型的激進投機經營，另一個是典型的保守主義經營，見圖 4-5-1。它們各自有什麼具體表現或特點？

進入擴張期的企業沿著策略路徑，進行適度多角化或相關多角化經營，就是逐漸擁有多個商業模式，要面對多個客群……猶如求解「多元多次方程式」。企業選擇激進投機式的多角化經營，就是在增加這個「多元多次方程式」的難度，最終結果大多是「無解」。

　　結合筆者的觀察和研究，一些擴張期企業的激進投機經營通常有如下表現或特點：

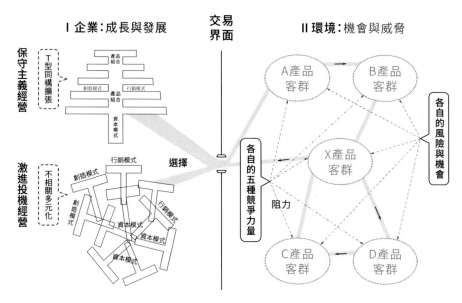

圖 4-5-1　保守主義經營與激進投機經營示意圖

➤ 企業根基產品並不扎實，還沒有深入、透澈，就將主要經營資源轉移到其他多角化業務上。如春蘭股份的案例，西元 1990 年代只是中國空調產業的起步階段，當時春蘭股份並沒有將家用空調這個根基產品經營深入。後來者像格力、美的、海爾、海信、志高、奧克斯等中國空調品牌及多個外資空調品牌都賺得盆滿缽滿。尤其是格力電器公司，以家用空調專一化經營著稱，目前有 1 萬多名研究人員，2019 年全年營收 2,005 億元人民幣，淨利潤 247 億元人民幣，市場占有率連續 15 年蟬聯全球第一。

➤ 企業不是圍繞根基產品進行「同構 T 型」擴張，而是盲目追逐當紅產業，以逐利為目的進行不相關多角化擴張。例如：海航集團的主營

業務是航空服務，但在 2008 年全球金融危機爆發時，海航集團領導人卻在此時看準國外併購的機會，迅速拉開了海航大規模國際化、產業多角化的帷幕。經過一連串超大規模的收購，海航已從單一的地方航空公司逐步擴張成為涵蓋航空、酒店、旅遊、科技、地產、零售、金融、物流等多產業的「大鯨魚」，2016 年海航集團總資產迅速飆升至 1 兆 155 億元人民幣，產業遍布世界各地。好夢通常不長久，急速下坡的「雲霄飛車」行情很快就來了。2017 年下半年，海航集團總負債規模已高達 7,500 億元人民幣，資產負債率高達 70%，資金鏈岌岌可危。本書章節 1.2 及 4.1 列舉的新光集團從珠寶擴張到房地產、莊吉服裝進軍造船業等，也都屬於類似的情況。

➤ 企業沒有投入更多資源在根基產品的更新改良上「補課」，而是過分依賴行銷和廣告進行擴張。例如：香飄飄奶茶透過開創一個新產品類別、推出一條創意廣告，就成為了一個 A 股上市公司，一度傳為佳話。但是進入擴張期，香飄飄不在產品研發上繼續發展，以彌補根基產品缺乏創新的劣勢，而是繼續依賴廣告或定位策略。在廣告投入方面，香飄飄以勇於下血本著稱。據統計，2014 年至 2018 年上半年，香飄飄的廣告費用共計投入 12.89 億元人民幣，超過其歷年的淨利潤之和。2019 年之後，在喜茶、奈雪的茶等同業競爭影響下，香飄飄也開始逐步投入研發資本，希望能在奶茶市場重振雄風。

➤ 企業沒有根基產品，而是透過「新概念、純行銷」進行多角化擴張。樂視集團就是典型案例之一，請參考本書章節 1.5 的相關內容。

➤ 企業的根基產品不具有市場競爭力，而試圖透過政府招商提供的優惠政策或銀行借貸資金到處擴張，「強行」擴大規模。例如：2010 年，華東地區最大紡織企業寶利嘉集團曾號稱要打造一個「百億」紡織生

產基地，利用政府招商提供的優惠政策和銀行貸款，幾年內預算總投資近 30 億元人民幣，在江蘇及安徽的多個城市擴張建廠。其實，紡織業不好做，需求波動性高，產品供過於求，企業之間經常惡性競爭。寶利嘉本身並沒有四處擴張、大規模建廠所需的能力及資源，企業的所謂根基產品也不具有市場競爭力。2015 年企業經營狀況嚴重惡化，欠供應商及員工工資等 3.5 億元人民幣，老闆私人借貸 7,300 萬元人民幣全力挽救也無力回天，寶利嘉集團最終於同年 8 月宣告破產。

激進投機經營，猶如迅速將企業催肥。「長得太胖會被殺掉」、「自由只存在於束縛之中：沒有堤岸，哪來江河？」，這些警世名言似乎同樣適用於那些豪情萬丈、喜歡盲目擴張的企業經營者。

狄更斯說：「這是最好的時代，也是最壞的時代。」比較保守主義經營與激進投機經營，為什麼說保守主義經營更值得推薦呢？

講到保守主義，人們常常將它看作是「進步」的對立面，聯想為守舊、迂腐、頑固、落後的代名詞。實際上，這是對保守主義的誤解。什麼是保守主義？學者朱小黃研究認為：「保守主義並不反對進步，並不排斥創新，而是強調傳承，強調對事物內在規則的認知和遵守，反對『幻想式』的激進變革。」根據學者劉軍甯的相關研究，保守主義者看待人類理性的基本觀點是：理性的力量很大程度上在於它與人自身的歷史、經驗和傳統的連繫。脫離了後者，抽象的理性幾乎是空洞無物或荒誕不經的，至少在人類社會中是如此。人們必須尊重先人的智慧，尊重傳統、習俗和經驗，只有這樣才能彌補人類理性能力的不足，才能把理性的作用發揮到恰如其分的地步。

結合社會哲學層面對保守主義的解釋，筆者認為：保守主義經營就是保住、守住一些經營管理的基本規律；不要在期望值太低或偏離航向的投

機經營上冒大風險、孤注一擲，而是努力透過新競爭策略打造熱門產品及超級產品以贏得高期望值的經營成功；善於學習並吸收中外先進企業的成功經驗，而對那些「因激進投機經營而導致失敗」的企業案例要常常引以為戒。

因為激進投機者太多了，所以我們宣導保守主義，這不會矯枉過正；或者必須矯枉過正，才能扭轉企業經營的不利局面。保守主義也絕不是阻礙進步，畏縮不前。與之相反，在堅持保守主義的同時，我們更提倡與時俱進、開拓創新；或者合二為一，我們應該提倡與時俱進、開拓創新的保守主義。

如前文所述，進入擴張期的企業沿著策略路徑，進行適度多角化或相關多角化經營，就是逐漸擁有多個商業模式，要面對多個客群……猶如求解「多元多次方程式」。而企業選擇保守主義經營，就是在逐步降低解這個「多元多次方程式」的難度，將它轉變成許多個相互連繫的「一元一次方程式」。以新競爭策略理論為基礎，結合筆者的觀察與研究，選擇保守主義經營的企業通常有如下四種表現或特點：

➤ 像雀巢、華為、阿里巴巴、騰訊、微軟、寶潔等諸多成功企業，從「小蝦米」創業成長為「大鯨魚」，都會先經歷一個從創立期→成長期→擴張期的成長過程；從潛優產品→熱門產品，然後才有根基產品及繁衍的同一根系的產品大家族，並且透過持續培育核心競爭力，才有卓爾不群的超級產品。換句話說，沒有前期生命週期階段形成的優秀企業產品定位及持續累積的競爭優勢，很難說哪個企業能夠忽然擁有一個「滋潤萬物」的根基產品組合。

➤ 進入擴張期的企業，更要參照 T 型同構進化模型、SPO 核心競爭力模型、慶豐大樹模型，規劃企業的擴張進化路徑，並進一步充實根基產

品，增加關鍵資本的存量和品質。所謂成也蕭何、敗也蕭何，雖然前面提到的橫向一體化、縱向一體化、直營或加盟連鎖經營、同心多角化、水平多角化、國際化發展、兼併收購等公司發展經營策略，它們都可以被視作擴張期企業的經營策略選項，但是成敗關鍵在於能否將它們置於新競爭策略理論框架下，依照 T 型同構進化模型、SPO 核心競爭力模型或慶豐大樹模型，對它們進行合理適當的選擇。

➤ 要從萬物進化的觀點看待企業的根基產品和關鍵資本。成功的企業之間具有相似性，不成功的企業往往各有各的不同。大部分企業並不像字節跳動、臉書、谷歌、羅輯思維等那樣幸運或一帆風順。只有少數企業在創立期就具有潛優產品，在成長期就能夠成功塑造熱門產品，在擴張期就能夠透過根基產品形成一個衍生產品大家族，最終打造出企業的超級產品。即使一些當下知名的企業，它們在創立期也並沒有可行的潛優產品，而是在成長期逐步探索而成的。例如：華為公司創立後的很長一段時間，主營業務是通訊設備代理，這是大部分貿易公司都可以做的事。雀巢公司在西元 1867 年創立時，創始業務是生產嬰兒麥片，根基產品即溶咖啡是雀巢創立 80 年後才第一次推向市場。至於關鍵資本，不同的企業或不同的擴張路徑，其構成內容往往大相徑庭，例如：輕資產公司擴張時，關鍵資本的構成中，大多是智慧資本；重資產公司擴張時，貨幣資本往往是「重頭戲」；對於煤炭、有色金屬、石油開採等礦產公司來說，資源類的物質資本才是首要考慮因素。

➤ 在擴張期，超級產品產生於根基產品／衍生產品、核心競爭力及相關構成要素（關鍵資本、產品組合、外部機會）之間的相互搭配及正向循環。打造超級產品通常以內部培育為主，也可以透過外部購買獲

得，但是要付出巨大代價。例如：2005 年寶潔以 570 億美元收購吉列時，吉列公司的利潤約 20 億美元，全球市場占有率接近 70%，美國市場占有率高達 90%。當時吉列是一個無庸置疑的超級產品，但是寶潔收購它也付出了巨額資金。2014 年聯想以 29 億美元收購摩托羅拉後，智慧型手機業務至今發展也不理想，當初還不如將這筆錢投資給小米、vivo 或 OPPO。在智慧型手機領域，摩托羅拉及聯想集團都沒有超級產品，兩者聯姻就可以繁殖出一個嗎？因此，此併購屬於有小機率可以成功但更大機率會失敗的激進投機經營策略。

無獨有偶或者說不謀而合，克里斯・祖克（Chris Zook）在《回歸核心》和《從核心擴張》中指出：什麼是企業的最佳成長路徑？專注於一個強大的核心業務，從各個方向和各個層面創新開發其最大潛力；以核心業務為基礎，創造一套可重複運用的擴張模式，向周邊的相關領域進行一步一步的擴張，達成企業的有機成長，並選擇適當的時機透過創新來重新界定自己的核心業務。

4.6

歸核聚焦：產業領導者是怎麼培育出來的？

重點提示

▶ 策略教科書偏離實踐應用的主要原因是什麼？為什麼有些企業會丟失經營核心或將原有的核心消融？

▶ 職業生涯如同企業經營，如何才能持續保持聚焦？

中國各類商學院開設的「公司策略」或「策略管理」課程，最早是從哪裡來的？西元 1990 年代從西方商學院引進的。筆者讀工商管理碩士時，一本英文版《策略管理》教材有 600 多頁，16 開本，像萬里長城的城牆磚！

西方商學院開設的「公司策略」或「策略管理」課程，主要理論源頭來自哪裡？來自一個叫作安索夫（Harry Igor Ansoff , 1918-2002）的人。

安索夫出生在蘇聯時代的海參崴，父親是美國駐蘇聯的外交官，母親是俄羅斯人。他 16 歲回到美國，先進入大學讀工程學，後來獲得應用數學博士學位，再後來到美國海軍服役。1956 年，38 歲的安索夫進入洛克希德航太公司，起先是一名商務企劃，後來成為該公司的副總裁。在對公司的業務分析中，安索夫認為公司應該實行多角化擴張經營策略，並開始積極推廣。

安索夫對多角化的推崇，正好迎合了當時美國很多大公司的經營實務需求。第二次世界大戰後，美國將大量軍用技術轉為民用，為企業多角化經營提供了豐富的技術來源。1960 年代至 70 年代，美國企業紛紛積極進行多角化經營，而後達到一個小高峰。到 1970 年，超過 94% 的美國 500 強企業都在積極投入多角化經營。

　　自 1965 年開始，安索夫先後出版的三本書《公司策略》、《策略管理論》、《從策略計畫到策略管理》，被公認為是策略管理的開山之作。由於安索夫的開創性研究，後人把安索夫尊稱為策略管理的鼻祖或一代宗師。

　　追本溯源，我們就能明白，為什麼現在的教科書中絕大部分篇幅都是一體化、多角化、兼併收購、國際化、合資合作等公司層級策略內容。因為包括安索夫在內的策略管理開創者都具有國際大公司工作或顧問背景，那個年代的大公司也正好具有讓這些公司層級策略大行其道的實務土壤。

　　從此之後，策略管理出現了設計、定位、規劃、企業家、學習、環境、認知、權力、文化、結構十大流派。有人說，如果用「亂烘烘，你方唱罷我登場」來形容策略管理流派眾多、各種觀點此起彼落的狀況，恐怕一點也不過分。知名策略學者明茲伯格把這種狀況辛辣的比喻為「盲人摸象」。

　　企業多角化程度與市場發展程度呈反比關係。隨著市場不斷發展，各領域都競爭激烈，盲目性的多角化策略很難再讓企業取得成功。無論中外，越來越多的企業開始重視核心業務，逐步進行歸核化經營。

　　什麼叫作歸核化經營策略？歸核化策略的基本概念是剝離非核心業務、分化虧損資產、回歸主業，企業將業務集中到資源和能力具有競爭優勢的領域。這聽起來有點像「浪子回頭金不換」！為什麼企業當初會亂執行多角化，以至於丟失核心或將原有的核心消融？這其中，有企業經營者的問題，有策略教科書的問題，還有國際知名管理顧問公司的問題。

　　企業一直堅守核心、建設核心，圍繞核心擴張不就行了！筆者寫這本《新競爭策略》正是這個目的。這也算拋磚引玉，為了撥亂反正，促進策略理論自身的歸核化，指引更多企業培育出自身的核心競爭力及打造屬於自己的超級產品。

如果企業經營沒有核心，就連歸核化都談不上。諸多的企業經營者是盲目逐利，恨不得一夜暴富；以眼前利益為重，到最後獲得的是「煙火式成長」。

有人打趣說：坐上中國經濟快速發展的「電梯」，很多企業都成功了。

其實，有的人在電梯裡作揖鞠躬，有的人在電梯裡拳打腳踢，還有的人在裡面手舞足蹈。最後，大家都登上了那個堆滿財富的「高樓」，都成了企業家。認為自己是企業家，追求連續成功，就四處捕捉機會、整合資源，大量借貸融資，拚命盲目擴張。產業發展週期進入下行階段或總體經濟稍有風吹草動，一連串「骨牌」倒下，很多企業就撐不住了，屢次出現關門潮、倒閉潮、跑路潮……企業家豪情曲線經常大幅偏離保守主義經營邊界，見圖 4-6-1。有人說，企業家的腎上腺素分泌比較旺盛，經常有豪情萬丈的決策。如果這些決策比較可靠，企業家豪情曲線落在保守主義經營邊界之內，就會為企業帶來盈利累積；如果這些決策非常不可靠，企業家豪情曲線跑出保守主義經營邊界之外，那麼就會為企業帶來風險。

西元 1995 年，秦池酒公司的經營者冒著風險、孤注一擲，以 6,666 萬元人民幣競標央視廣告，但是賭對了！當年秦池公司就達到銷售額 9.5 億元人民幣。嘗到了甜頭，秦池公開感謝央視廣告帶來的效益：「我們每天開進央視一輛福斯桑塔納，開出一輛豪華奧迪！」第二年，秦池公司競標央視廣告的膽子更大了，直接喊出 3.2 億元人民幣，又一舉奪魁。秦池公司的瘋狂舉動，一是使秦池酒更加暢銷，二是引起了記者的調查興趣。結果，秦池公司被查出從四川的小釀酒廠收購散酒、勾兌成秦池酒。這些酒被相關部門認定為劣質產品。這個消息曝光後，秦池酒銷售量一落千丈，公司財務直接崩潰。

產業領導者不是依賴競拍廣告、忙於逐利、大膽擴張、兼併收購而

取得成功的，也不是依靠「母合優勢（parenting advantage）」、打造生態圈、共生共創、數位智慧等獨門或片面的策略就能培育的。產業領導者之路是企業家帶領企業生命體（企業產品、T 型商業模式、企業贏利系統）沿著創立期、成長期、擴張期、轉型期組成的企業生命週期策略路徑，將一個又一個主要策略主軸轉變成自身成長及現實經營成果的過程。

並且，產業領導者之路是一條需要聚焦專注的道路。一年 365 天，一天 24 小時，時間是均勻的，對每個企業、每個人都是平等的。當企業能夠保持專注、聚焦時，時間就像鐳射一樣，擁有強大的切割力。

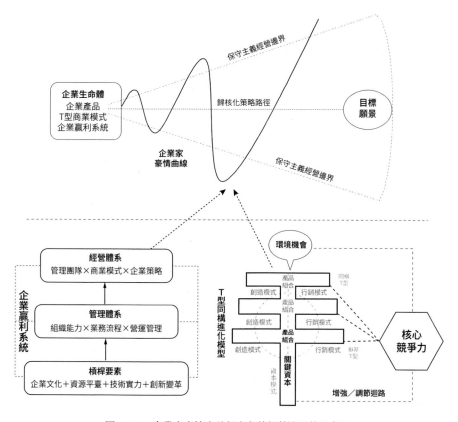

圖 4-6-1　企業家豪情突破保守主義經營邊界等示意圖

有一次，主持人要比爾蓋茲與巴菲特各自在紙上寫一個單字，說明是什麼對他們的成功影響最大。這兩位各自帶領自己的企業，從「小蝦米」創業逐漸成長為全球產業翹楚；這兩位輪流「坐莊」，多次登頂世界首富排行榜。這兩位各自寫完，翻開一看，上面居然都寫著同一個單字——Focus（聚焦，專注）。

在企業擴張期，加速實施一體化、連鎖經營、相關多角化、收購兼併、國際化等經營策略，必然會導致企業產品擴張、商業模式擴張、企業贏利系統擴張，由此引發管理團隊的擴張、組織規模的擴張、業務流程的擴張、營運管理的擴張、企業文化的擴張等（見圖 4-6-1）。隨著企業規模迅速擴張變大，觸角不斷向外延伸，外部環境帶來的誘惑增加，企業生命體時常有「肥胖臃腫」甚至「重病休克」的風險。

策略有千萬條，聚焦是第一條。制定或檢討擴張期策略規劃時，都要對照 T 型同構進化模型、SPO 核心競爭力模型或慶豐大樹模型，認真回答以下三個問題：**關鍵資本、產品組合、環境機會三者是否能相互搭配、有效連結？根基產品與衍生產品之間是否有相互搭配、互相增強的第三飛輪效應及有利於企業打造超級產品？是否有利於發揮關鍵資本（或智慧資本）的邊際報酬遞增趨勢？**自古知易行難，所以真正有持續競爭力的產業領導者企業常常是鳳毛麟角。

從圖 4-6-1 還可以看到增強／調節迴路的示意圖。什麼是增強迴路、調節迴路？增強迴路有時候像脫韁的野馬，越跑越快，而調節迴路猶如牽馬的韁繩，將它拉回到正常狀態。前面講到的第一、第二、第三飛輪效應，遵循的第一原理就是增強迴路。對於企業擴張經營，增強迴路並不完全是正面的意義，典型表現為盲目放大策略目標，而忽視競爭優勢及核心競爭力。例如：2020 年，愛瑪公司努力實現銷售 800 萬輛電動車，計劃

2021 年實現銷售 1,600 萬輛的奮鬥目標，要再次奪回產業老大的位置。如果愛瑪公司真要這樣做，強力驅動增強迴路，就可能欲速則不達，甚至會出現一部分的失敗。增強迴路也常常形成對舊有路線的依賴。例如：2005年聯想公司以 12.5 億美元收購 IBM 個人電腦事業部，而後成為全球最大的個人電腦生產廠商。如法炮製，2014 年聯想公司花費 29 億美元完成對摩托羅拉的收購，最後兩個手機品牌皆一蹶不振。增強迴路也會導致企業馬失前蹄，跌下懸崖。許許多多由於現金流枯竭而關門、倒閉或老闆「跑路」的公司，大部分是因為快速、盲目擴張，最後導致增強迴路失控了！

增強迴路有時候像脫韁的野馬，而調節迴路猶如牽馬的韁繩。企業經營者都是人，而人只能具備有限的理性。面對未來的不確定性，誰也不能料事如神。所以，有時候企業偏離主業，或投入到脫離核心的經營項目上，也不可避免。關鍵是要及時啟動「牽馬的韁繩」，實施歸核化經營，重回「T 型同構進化」的軌道。

戴森的吸塵器和吹風機等產品廣為人知，且被人們視為踏入高品質生活的門檻。戴森曾經一度偏離主業，鉅資投入新能源汽車專案。在這個專案上，戴森投資了數百位優秀工程師、科學家和設計師，歷經三年研發，耗資 5 億英鎊（約合 184 億新臺幣）。最終，戴森的造車專案於 2019 年10 月正式被放棄。戴森創始人給出的理由是，一輛戴森汽車的成本大約為15 萬英鎊（約合 554 萬元新臺幣），目前無法找到這款車款在商業上的可行性，所以最終只能忍痛放棄。

創立於 1932 年的樂高積木是全球著名的玩具品牌。2000 年左右，樂高公司整套積木系統的專利到期，許多仿製品出現，樂高遇到了生存危機。隨後，樂高開始一系列多元商業創新 —— 大幅擴充產品類別，做了很多新玩具，比如嬰兒玩具系列、模仿芭比娃娃系列、玩偶玩具系列等。

除此之外，樂高公司開辦了樂高培訓教育中心；模仿迪士尼，建設起了樂高主題樂園等。幾年之後，樂高公司的這些創新業務不但沒有任何進步，而且為公司帶來了嚴重的現金流問題。新任 CEO 上任後，下決心砍掉那些偏離核心的所謂創新業務，堅持回歸核心 —— 從核心業務出發，沿著核心路線創新。路對了就不怕遠，很快，樂高公司就起死回生了。

　　見圖 4-6-1 的企業贏利系統示意圖，擴張期企業的管理團隊應該具備什麼特質？柯林斯（James C. Collins）在《從優秀到卓越》給出了「第五級經理人」的三個主要特徵：①公司利益至上；②堅定的意志；③謙遜的個性。

第 5 章
第二曲線商業創新：突破困境、革新再生讓基業長青

本章導讀

　　李書福原本是一個放牛的牧童，沒有念完高中，19 歲就去創業，此後歷經多次轉型創立吉利汽車，12 年後收購富豪汽車……新冠疫情期間生意火爆的叮咚買菜，是從叮咚社區轉型而來，叮咚社區創業不成，叮咚買菜能成功嗎？拼多多的前身是一家遊戲公司，賺錢的速度猶如印鈔機，為什麼後來轉型做電商？

　　因為電視劇《紙牌屋》爆紅而路人皆知的 Netflix 公司，歷經三次艱難轉型，股票價格在八年漲了 50 倍。藍色巨人 IBM 歷經四次轉型，續寫百年輝煌，「誰說大象不能跳舞」！柯達早在 1975 年就發明了世界上第一臺數位相機，為什麼轉型失敗、最終破產呢？在智慧型手機時代即將來臨之際，為什麼諾基亞「起了個大早趕了個晚集」，最後被迫出售手機業務？

　　關於企業轉型，都有哪些行之有效的方法論呢？

5.1

後浪推前浪，清風拂山崗

重點提示

▶ 從李書福的多次轉型，我們能獲得什麼啟發？

▶ 從企業生命週期曲線看，企業轉型大多發生在哪個階段？

▶ 拼多多有哪些與遊戲有關的創新？

　　吉利集團 2020 年汽車總銷售量超過 210 萬輛，已連續四年奪得中國品牌小客車銷售量第一；吉利集團 2012 年以營業收入 234 億美元進入《財富》世界 500 強，2020 年的排名是第 243 名；吉利集團 2009 年收購全球第二大自動變速器公司 —— DSI（Drivetrain Systems International），2010 年全資收購富豪汽車公司，2018 年收購梅賽德斯 - 賓士集團 9.69% 具有表決權的股份。

　　吉利集團創始人李書福原本是一個放牛的牧童 —— 上小學時利用暑假放牛，每天能賺 0.15 元人民幣。他沒有念完高中，19 歲就去創業了。

　　李書福的第一個創業專案是「流動照相館」。西元 1982 年，李書福騎一輛破舊的自行車，脖子上掛著一個底片相機，穿越大街小巷，逢人就問要不要照相。

　　李書福的第二個創業專案是從廢電器零件中分離貴金屬。後來，他獨創的技術被其他人學會了，出現了激烈的市場競爭，企業盈利越來越微薄，李書福不得不開啟新一輪的艱難轉型。

　　李書福的第三段創業經歷是生產電冰箱配件及為電冰箱品牌代工生產。這次創業異常艱辛，歷經坎坷，但最後獲得了巨大成功，他的工廠成為當時台州最大的民營企業。1989 年，由於股東糾紛等原因，李書福把電冰箱廠及配件廠的全部資產送給鄉政府，一夜回歸「無產階級」，去外地上大學了。

　　1992 年，李書福開啟了第四次創業。這次，他研發新一代裝潢材料，替代進口。這次創業李書福賺了大錢，產品供不應求，出口幾十個國家和地區。後來，模仿的廠商太多，裝潢材料產業由藍海轉變為紅海，李書福遂將裝潢材料廠留給家人管理，自己改行去製造機車了。

　　生產機車是李書福的第五次創業，據說吉利公司是中國第一個製造機車的民營企業。投產一年後，吉利機車的銷售量不僅是中國第一，還出口美國、義大利等 32 個國家或地區。

　　機車生意正好時，李書福已經在謀劃第六次創業，轉型製造汽車。1997 年面對記者採訪時，李書福的一句「名言」迅速傳遍大江南北：「汽車有什麼了不起，不就是兩個沙發加四個輪子嗎？」從此李書福被大家冠以「汽車瘋子」這個專屬外號。當時，李書福製造汽車確實有三個明顯的「先天不足」：只有 1 億元人民幣的自有資金；沒有任何汽車製造的經驗；沒有政府的支持。

　　1998 年 8 月 8 日，吉利第一款汽車 —— 豪情兩廂車，在浙江臨海發售，它開創了民營企業製造轎車的先河。從此，中國汽車市場開始出現更激烈的競爭。

　　（參考資料：〈李書福自述：放牛的我能有今天，已經感激不盡〉，《台州日報》）

企業為什麼要轉型？結合 T 型商業模式定點陣圖，可以總結出以下三大原因：

➤ 從市場競爭要素來看，產業企業之間相互模仿、競爭異常激烈，企業盈利微薄或開始虧損，所以不得不轉型。上例中李書福放棄第二個創業專案去生產電冰箱配件，就屬於這個原因。

➤ 從目標客群要素來看，由於替代技術及產品出現，企業的目標客群開始流失，逐漸都轉移到了新產品廠商那裡，所以企業不得不轉型。例如：MP3 播放機出現後，磁帶錄音機廠商不得不尋求轉型。

➤ 從企業所有者要素看，產業成長遇到了天花板，企業難再有太大作為，而企業經營者希望謀求更進一步的發展；或者所在產業還可以，企業發展也不錯，但是企業經營者興趣轉移或具有更大的事業理想。這兩種情況，都算企業主動轉型。李書福不再經營「流動照相館」，就屬於產業成長遇到了天花板。每天風裡來、雨裡去，走遍大街小巷攔下路人推銷「照相」，這個生意確實很難再有成長。而當機車生意正紅時，李書福開始轉型製造汽車就屬於未雨綢繆，追求更宏大的事業理想。

　　轉型期企業的主要策略主軸是：第二曲線商業創新及革新再生、突破困境，見圖 5-1-1。透過實現這兩個策略主軸，企業能夠再次發現潛優產品，可以稱之為潛優產品 II，以便與創立期的潛優產品進行區分。從創立期→成長期→擴張期→轉型期／衰退期，可以把企業生命週期各階段連結成的策略路徑，看作是一條類似拋物線的曲線。因此，第二曲線商業創新的意思是，在擴張期將要進入衰退期時，企業透過創新業務、積極轉型，再開啟一條新的生命週期曲線。革新再生及突破困境的意思是，企業要未雨綢繆、及早規劃，要勇於從第一曲線業務跨越到第二曲線業務，迸發出充滿希望的新生機；即使這個過程面臨重重困境，遭遇萬千困難，企業也要揚帆起航、砥礪前行，開創出一條充滿希望、嶄新的成長路徑。

　　在圖 5-1-1 中，左邊 I 企業側的企業生命體遭遇到 II 環境側五種競爭力量的極大阻力或外部較大的環境風險，企業產品漸漸失去了競爭力，目標客群不斷流失，企業盈利越來越少甚至出現嚴重虧損。當然，也可能因為企業創始人（企業所有者）經營興趣轉移或去追求更大的事業理想，投身到第二曲線業務而無暇顧及第一曲線業務。為了更生動的說明，圖中用帶箭頭的環形虛線表示企業的產品漸漸失去了競爭力或目標客群不斷流失，用有箭頭的環形實線表示五種競爭力量的極大阻力。

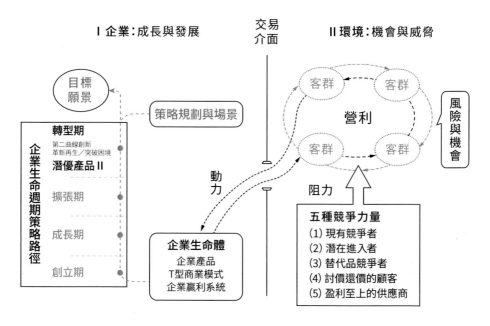

圖 5-1-1　轉型期企業的主要策略主軸示意圖

　　例如：2020 年疫情期間爆紅的叮咚買菜 APP，來自創始人梁昌霖對前一個「死專案」叮咚社區 APP 的轉型。叮咚社區 APP 的主營業務是透過營造一個虛擬的網路社群，為街坊鄰里提供社交平臺，業務包括二手物品交易、汽車合租、家政推薦、代繳水電瓦斯費及物流費、代收快遞、提供鄰里對話、社群論壇等。這個專案燒了不少錢，已經在北京、上海投入了很多人力、物力，但還沒有進入成長期，就被創始人認定是一種「假需求」，所以最終將叮咚社區轉型為叮咚買菜。**叮咚買菜是一個潛優產品 II 嗎？各路投資商用「錢」投票，試圖給出肯定的回答。**

　　拼多多成立於 2015 年 9 月，很快就在競爭者阿里巴巴、京東等電商巨頭的壓力之下，迅速發展起來。創立僅有 5 年多的拼多多市值如今是 2,152 億美元（2021 年 3 月 2 日），遠遠超過做了 23 年、市值 1,498 億美

元（2021 年 3 月 2 日）的京東商城。拼多多做了什麼？可能與創始人黃崢對上一個創業專案的成功轉型有關。

　　拼多多的前身是一家遊戲公司。黃崢 2007 年從谷歌離職後，曾嘗試不同的創業專案，最後在遊戲業務上賺到了創辦拼多多的第一桶金。據說，那個遊戲公司比較賺錢，開發的「女神之劍」、「夜夜三國」、「風流三國」等遊戲在國外很受歡迎，其中有色情、暴力元素，也有「山寨」的成分。這類遊戲公司要是做得太成功，就無法在國內發行，只能去海外「飄香」，所以營運風險越來越大。2015 年，黃崢當機立斷，將正處於成長期的遊戲公司迅速轉型為現在的拼多多。目前看來，拼多多是一個潛優產品Ⅱ，並正在從熱門產品升級為超級產品。

　　早期的英特爾從記憶體轉型到微處理器晶片，堪稱企業轉型的全球經典案例。1985 年由於記憶體的市場機會被日本廠商的成本導向策略摧毀了，英特爾的市場占有率從 90% 暴跌至 20% 以下，陷入前所未有的經營困境。尋找突圍方案，要先從提出問題開始。英特爾 CEO 摩爾（Gordon Moore）問了總裁葛洛夫（Andrew S. Grove）一個問題：「如果我們倆被掃地出門，董事會選新的 CEO 來，你覺得他會做什麼決定？」葛洛夫沉思良久，最後回答說，新來的這個 CEO 肯定會讓英特爾遠離記憶體市場。沉默一陣後，葛洛夫再問摩爾：「既然如此，我們為什麼不自己來做這件事呢？」

　　當時，在所有人心目當中，英特爾就等於記憶體。要大家立即放棄已經贏得的江湖地位，一切從零開始，這何其難。所以這可能是商業史上最經典的第二曲線業務轉型決策。「欲練此功，必先自宮」，這句話出自《笑傲江湖》，但是「就算自宮，也未必成功」。果敢的葛洛夫和摩爾立即關閉英特爾記憶體生產線，開始孤注一擲投入微處理器研發製造；幸運的是，兩年後英特爾全面重生。到了 1992 年，英特爾已經是全世界最大

的半導體公司。

　　有人說，「長江後浪推前浪，前浪被拍在沙灘上」；還有人說，「不轉型等死，貿然轉型找死！」其實，企業轉型沒那麼可怕，參見上文幾個案例，已經成功轉型的企業有很多！

　　本節的主題是「後浪推前浪，清風拂山崗」。「清風拂山崗」這句來自金庸《倚天屠龍記》裡九陽真經的口訣，筆者將它引申解釋為：**面對轉型困境，管理團隊要修練浩然之氣，具有永不服輸的精神，並將這些「精氣神」貫徹到全體組織成員上，形成心智模式，應用到具體轉型行動中。**

　　至於企業如何轉型，本章後面幾節將給出具體的方法論。

5.2
再創高峰：從雙 S 曲線模型到雙 T 連結模型

重點提示

▶ Netflix 的股票為什麼能觸底反彈？

▶ 企業面臨轉型時，應該在什麼時機開啟第二曲線商業創新？

▶ 為什麼說新競爭策略理論是對傳統策略教科書理論的一次突破性創新？

　　在 2020 年美國第 72 屆艾美獎（美國電視界的最高獎項）的提名名單上，串流媒體巨頭 Netflix 憑藉諸多優秀影視作品，一共獲得 160 項提名獎項而奪冠。早在 2018 年，Netflix 就已經超過老對手 HBO 的提名獎項數量，終結了後者連續 17 年稱霸艾美獎的歷史。

　　有人說，像 Netflix 這樣的公司正在殺死電影和電影院！還有人說，Netflix 殺死的不只是電視，還有影評和電影業！因電視劇《紙牌屋》爆紅而路人皆知的 Netflix 公司，1997 年創立時的主營業務是透過網路租賃 DVD。

當時租錄影帶及光碟是美國非常傳統的一個生意，其模式通常是大小城市四處設立錄影帶租賃連鎖店，使用者按天計費，還必須到店辦理租還業務。如果使用者租了錄影帶，沒有及時還，就要付逾期費用。那個時候美國最大的錄影帶租賃公司百視達，其 20% 的收入居然是來自這種使用者逾期罰款。

Netflix 創始人哈斯廷斯（Reed Hastings）察覺到這個產業的痛點後，把它變成了一個創業機會。Netflix 的新模式，做了以下四點變革：

①不開設實體店，只在網路上營運；

②直接郵寄 DVD 給客戶，並且隔夜送達；

③推出了沒有到期日、沒有罰金、免郵資的「三無」會員制；

④任何人每個月繳 19.95 美元，每次可以租四片光碟，想看多久就看多久。

5 年之後，Netflix 成功上市。依靠優秀的倉儲物流能力及精準的大數據演算法，Netflix 已經逐漸擁有 2,000 多萬使用者。高成長之後，轉捩點來了！租 DVD 的人越來越少，呈現下降趨勢，Netflix 的成長將要遇到瓶頸。

2007 年，Netflix 啟動第二曲線商業創新轉型 —— 線上影音會員制。它類似中國的優酷、愛奇藝會員。所謂好事多磨，源於因果鏈的滯後效應。傳統業務的使用者慣性太強大，直到 3 年之後的 2010 年，Netflix 的碟片租賃仍然是「金雞母」業務，而線上影音業務持續虧損。幸好 Netflix 創始人沒有被「金雞母」帶來的中短期利益綁架，而是堅持長期主義，果斷將 Netflix 拆分 —— 上市公司保留了線上影音業務，而把 DVD 租賃這個「金雞母」業務拆分出去，成立了一家新公司。這個大膽舉動，直接導致 Netflix 股票大跌，半年跌幅超過 70%。Netflix 成了眾人嘲笑的對象，創始人哈斯廷斯被《富比士》雜誌評為 2011 年最糟糕 CEO。

2012 年 Netflix 再次開啟第二曲線商業創新轉型 —— 自製電視劇內容。自製內容投入成本大、風險高，而且 Netflix 從來沒做過。為什

麼冒這個「走鋼絲」的風險？因為 Netflix 被一家提供片源的影視公司 Starz「捉住要害」了。要續簽授權使用協定？可以，從 3,000 萬美元漲價到 3 億美元，對 Netflix 漲價 10 倍！

最大的合作夥伴 Starz 選在這個時刻放冷箭，這就是 Netflix 的至暗時刻，腹背受敵。核心資產命懸於他人之手，就是這種感覺。而 2013 年後，Netflix 的「線上影音會員制＋自製影視內容」新商業模式大顯奇效，股票一飛沖天！如果誰在 2012 年 Netflix 股價最低的時候買入 Netflix 股票，到了今天，收益會接近 50 倍。2021 年初，Netflix 擁有 1.5 億全球使用者，股票市值已達到 2,426 億美元（2021 年 3 月 2 日），它仍然在對自己的商業模式繼續轉型 —— 向影視內容生產商和發行商全面轉型。

（參考資料：梁寧，《成長思維 30 講》）

從以上案例可知，Netflix 創立時以突破性創新對傳統模式展開革命，而後透過三次第二曲線商業創新（簡稱「第二曲線創新」），達成持續轉型，一直在對自己進行革命！

為了說明第二曲線創新，我們先要找到它的「兄長」 —— 第一曲線業務（這裡的「業務」是商業模式的一種傳統說法）。這最早可以追溯到羅傑斯（Everett M. Rogers）於 1962 年出版的《創新的擴散》一書。羅傑斯把新商品的採用者分為創新者、早期採用者、早期大眾、晚期大眾、落伍者等幾個類型，它們可以表現為一個鐘形曲線或拋物線。

歐洲學者查理斯‧漢迪（Charles Handy）早在 1980 年代就提出第二曲線業務轉型理論，見圖 5-2-1。藉以說明企業要在第一項業務（第一曲線業務）還在高峰時，找到另外一條出路（第二曲線業務）。通常企業的生命週期為創立期、成長期、擴張期、轉型期／衰退期，如同一條橫向的 S 曲線。如果企業能在第一曲線業務達到巔峰前，找到讓企業再次向上躍升的第二曲線業務，並且必須在第一曲線業務達到頂點前達成成長，讓後一

個 S 曲線承接前一個 S 曲線，那麼企業永續經營的願望就能實現。

　　當第一曲線業務到達最高點即成長的極限點，其實也是失速點。從這裡開始，曲線開始往下反轉進入下降趨勢，反映在具體企業，就是促銷逐漸失靈，銷售收入持續下降。例如：京東、當當等網路書店開始成為新興購書場所後，線下實體書店的成長達到失速點 —— 促銷逐漸失靈，銷售收入持續下降。銷售成長這個「結果」，是由背後的「原因」驅動。由於因果鏈的滯後效應，當企業感受到失速點已經到來時，再投入人力、物力等資本資源開啟第二曲線創新，推動企業轉型恐怕為時已晚！第二曲線業務對應的產業五種競爭力量已經過強！

　　漢迪是在一次旅行途中悟出這個道理的。他向一個當地人問路，當地人告訴他，沿著這條街一直往前走，就會看到一家大衛酒吧。在離酒吧還有 500 公尺的地方往右轉，就能到他要去的地方。在指路人離開之後他才明白過來，對方說的話是有問題的。因為當他看到大衛酒吧知道該右轉的時候，他已經錯過該右轉的路口了。

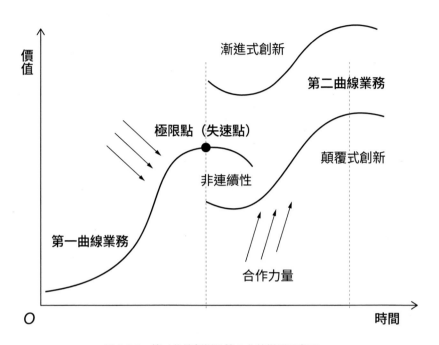

圖 5-2-1　第二曲線創新及雙 S 曲線模型示意圖

　　因此，如果一家公司忽視創新、錯失突破性技術，那麼不管現在它有多麼強大，但可以肯定的是，它一定會遭遇失速點，然後進入衰落階段。

　　三十年河東，三十年河西。企業盛衰興替，世事變化無常。隨著科技進步的速度越來越快，企業失速點到來的時間越來越提前了。例如：第一次工業革命的到來，即蒸汽機的廣泛採用，從 1760 年代開始，到 19 世紀中期被馬達逐步取代，持續時間約 80 年。而如今，從燃油動力→鋰電動力→氫能動力……新興技術差不多 5 ～ 10 年更新一次，技術更新的速度越來越快！

　　除此之外，努恩斯（Paul Nunes）所著的《跨越 S 曲線》、福斯特（Richard N. Foster）所著的《創新：進攻者的優勢》、克里斯坦森（Clayton Christensen）所著的《創新者的窘境》、李善友所著的《第二曲線創新》

等書籍及其理論，各自從不同角度闡釋了第二曲線創新。**這些理論學說主要強調了第一曲線業務與第二曲線業務之間的非連續性。**

如何理解非連續性？哲學家羅素（Bertrand Russell）講過類似的一個故事：農場裡面有一隻火雞，每天看到農夫準時來餵食，連續 48 天都吃得很好，覺得農夫簡直就像天使一樣。但是到了第 49 天，感恩節馬上就要來了，為了準備豐盛的節日菜餚，這次農夫帶來的可不是好吃的，而是一把屠刀。羅素講這個故事，是為了批判以歸納法為主的經驗主義心智模式。人類的經驗主義心智模式就是一種連續性思維。太陽每天從東方升起，金錢可以購買需要的東西，水總是從高處流向低處等，這些現象導致人類的思考模式中隱含著連續性的假設，形成一種形而上的封閉，常常將企業經營者困在第一曲線業務之中。

諾基亞從功能型手機向智慧型手機轉型時，折戟沉沙的原因是什麼？網路上流傳的一個笑話說，2007 年 1 月賈伯斯發表首款蘋果智慧型手機 iPhone 時，諾基亞等傳統廠商給出了嘲諷式的評價：一款沒有鍵盤的手機能做什麼？拍照這麼雞肋，還敢叫作智慧型手機？大西洋對面那些傳統個人電腦廠商怎麼會懂手機！

一般而言，產業週期是連續性的，產品創新也只是反覆改良。當技術出現跳躍式發展，即突破性技術出現時，產業將遭遇不連續性。長期來看，產業並不是沿著直線進步的，而是沿著雙 S 曲線跳躍式發展。如圖 5-2-1 兩個 S 曲線之間的斷層，就代表著顛覆式技術的出現。能否跨越這個斷層，關乎企業的生死存亡。

如圖 5-2-1 雙 S 曲線模型所示，企業實現第二曲線業務轉型有兩種方式，一種是在第一曲線業務上方出現的漸進式非連續性創新（簡稱為「漸進式創新」）。例如從 2G、3G 通訊技術升級到 4G、5G。這種創新表示比

原本更好的突破性技術出現了，產品性能或消費者感受有了較大的進展。

　　另一種是在第一曲線業務下方出現的突破性創新。相較原技術來說，這種新技術剛開始都比較「低階」，但是發展到後期會對原技術造成破壞性的衝擊，所以它也被稱為「破壞性創新」。例如：數位相機剛出現時，攝影效果比不上傳統的底片相機。但是，數位攝影技術發展到今天，只是附設配置的手機攝影功能都比傳統底片相機要強得多。筆者提出的新競爭策略，可以說是波特的競爭策略 40 年來最重要的一次更新，屬於漸進式創新；解決了傳統策略管理「空心化」問題，所以屬於一次突破性創新。不言可喻，新競爭策略相較於波特的競爭策略及傳統策略管理理論，都屬於跨越非連續性的第二曲線創新。

　　綜上所述，市面上的第二曲線業務理論都是在強調非連續性，一定程度上就會更側重於第一曲線業務與第二曲線業務之間的差異性。筆者認為，為了提高企業轉型的成功率，第二曲線業務與第一曲線業務之間最好有一定的相似性。從 T 型商業模式的角度來說，兩個商業模式在創造模式、行銷模式、資本模式方面要有一定的相似性，兩者的資本要能夠盡量共享。下一節介紹的雙 T 連結模型將具體闡述這方面的內容。

5.3
企業轉型：「不熟不做」是一條金規鐵律嗎？

重點提示

▶ 柯達公司轉型失敗的原因是什麼？

▶ 吉利收購富豪後，在智慧資本的哪些方面達成了合作共享？

▶ 企業的價值網與利益相關者交易結構有什麼關係？

　　雙 T 連結模型試圖表達的意思是：企業轉型前後，從第一曲線業務跳躍到第二曲線業務，就是變更了商業模式，見圖 5-3-1。儘管前後兩個不同的商業模式是非連續性的，但是它們之間的資本是可以共享的。第二曲線創新的商業模式，在各類資本，尤其是智慧資本方面，要盡量與第一曲線業務維持合作及共享。

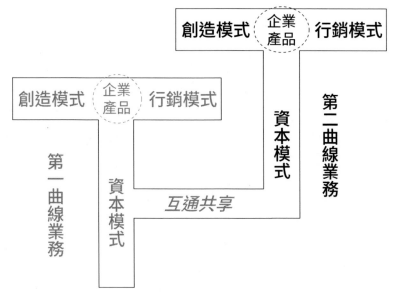

圖 5-3-1　雙 T 連結模型示意圖

在 T 型商業模式中，一個企業的資本包括物質資本、貨幣資本、智慧資本三大部分。其中，貨幣資本流動性最好，放在哪裡都可以用，但易逝難返，一不小心，企業轉型就變成了「完全燒錢」。機器設備及廠房、土地等物質資本流動性較差，第一曲線業務與第二曲線業務之間可以共享其中的一部分。但是，由於轉型前後商業模式的非連續性，通常來說，大部分物質資本需要重新購置。智慧資本具有邊際報酬遞增效應，有利於轉型前後的商業模式之間發揮互通共享的功能。

人力資本

本書章節 3.2 中講到，智慧資本主要包括人力資本、組織資本和關係資本三方面的內容。

人力資本由企業家資本、經理資本、職員資本、團隊資本構成。同一個企業還是同一批人，轉型前後判若雲泥，企業經營可能出現本質的轉變，所以人是最重要的資本，決定著轉型成敗。

《我的團長我的團》是蘭曉龍寫的一部長篇小說，主要講述這樣一個故事：抗日戰爭末期，潰敗後的中國士兵孟煩、迷龍、郝獸醫、阿譯等人聚集在西南小鎮禪達的收容所裡。他們被數年來國土的淪喪弄得毫無鬥志，只想苟且偷生的活著；他們對未來已經不抱有任何希望了，個個活得像「人渣」，活著跟死了差不多；他們不願面對自己內心存有的夢，那就是再跟日本人打一仗，澈底擊敗日本人。師長虞嘯卿要重整部隊，但真正燃起這群人鬥志的是嬉笑怒罵、不惜使用下三濫手段的龍文章。龍文章成了他們的團長後，讓這群「人渣」找回了自己的靈魂，重塑信仰，為了驅逐日寇寧可付出自己的生命。最後，他們個個變成勇於赴死之人。

就像《我的團長我的團》所描述的那樣，一群潰敗的士兵，原本是坐吃等死、苟且偷生；轉型後個個英勇無比，都是好漢。境隨心轉是聖賢，

心隨境轉是凡夫。茫茫人海中普通人、凡夫俗子畢竟占多數，所以，更需要卓越的經營者、企業家帶領大家，進行第二曲線創新，最終成功實現企業轉型。例如：西元 1985 年英特爾從記憶體轉型到微處理器晶片，發揮核心作用的是葛洛夫、摩爾等管理團隊的領導人。

2012 年柯達轉型失敗，正式宣布破產。曾經市值 310 億美元的底片「霸主」、世界 500 強企業，怎麼會走向窮途末路？柯達並不是因為技術落後遭淘汰的，早在 1975 年柯達公司就發明了世界上第一臺數位相機。柯達轉型失敗的原因是，經營管理團隊的能力結構出現了問題，以至於不能促進實現轉型前後兩個商業模式中智慧資本的合作及互通。柯達的管理層幾乎都是傳統產業出身，49 名高層管理人員中很多人有化學專業背景，而只有 3 位是電子工程師出身。團隊沒有及時更新，決策層迷戀既有優勢，對傳統膠卷技術和產品太過眷戀，忽視了對數位影像和數位設備等相關替代技術的產業化應用及持續開發。這是柯達從輝煌走向破產的最主要原因。

組織資本

組織資本是指員工離開公司以後仍留在公司裡的知識資產，它為企業的安全、秩序、高效運作和職員充分發揮才能提供了一個共享支持平臺。組織資本主要由組織結構、企業制度和文化、智慧財產權、基礎知識資產構成。

所有人都說摩爾定律失效了，行動網際網路搶走了「個人電腦時代」的地盤，那又怎樣？ 2019 年，英特爾新任 CEO 在致全體員工的一封信中表示：「我們已經開始轉型，並相信這將是公司歷史上最成功的轉型。我們正在從以個人電腦為中心轉型成為以資料為中心的公司。」2020 年英特爾全年營收超過 779 億美元，淨利潤則是 209 億美元，折合 6,510 億元新臺幣，再創歷史新高，在同領域持續保持全球第一的位置。英特爾這次成

功轉型，更受益於優秀的組織資本的傳承性，促進轉型前後的商業模式之間發揮合作共享、互通的作用。

關係資本

關係資本表現為兩大類：一是指企業與外部利益相關者之間建立的有價值的關係網路；二是在關係網路基礎上衍生出來的外部利益相關者對企業的形象、商譽和品牌的認知評價。組織間的關係網路通常由企業與股東（企業所有者）、目標客群、供應商（合作夥伴）、競爭對手、替代商、市場仲介、政府部門、大專院校和科研機構等組成。

布蘭登伯格（Adam Brandenburger）和納爾波夫（Barry J. Nalebuff）提出的價值網模型，有助於解釋企業與外部利益相關者之間建立的有價值的關係網。價值網模型與五力競爭模型有些類似，它主要包括企業、目標客群、供應商（合作夥伴）、互補者、競爭者五種主要角色。價值網強調競爭和合作兩個方面。企業要與目標客群、供應商及互補者等各方合作創造出價值，同時它又要與競爭者、目標客群、供應商等競爭以便獲得價值（即輸贏的較量）。這種競爭和合作的結合被稱為合作競爭。

從價值網概念延伸來說，新競爭策略的價值網包括競爭網與合作網兩大部分：其一，五力競爭模型所闡述的五種競爭力量，構成了價值網中的競爭網；其二，三端定位模型所闡述的目標客群、合作夥伴、企業所有者三方利益整合，構成了價值網中的合作網。

相關學者談到企業轉型或第二曲線創新時經常會提到新舊業務的價值網變更，舊業務的價值網已經不能為客戶創造獨特價值，需要進行價值網轉換。這主要是強調新舊價值網之間的差異性。結合圖 5-3-1 雙 T 連結模型，企業轉型或進行第二曲線創新時，我們更應該思考如何共享過去的合作網，讓第一曲線業務中的關係資本延伸到第二曲線業務中。同時，在第

二曲線業務中降低原有競爭網的阻力作用。合作網加強，競爭網減弱，必然有利於企業成功轉型，正如小米創始人雷軍所說：「把朋友『搞』得多多的，把敵人『搞』得少少的。」本書章節 6.7 還會講到五力合作模型，它是三端定位模型中合作網的進一步模型化及理論化。

2010 年，吉利汽車以 18 億美元從福特汽車手中拿下了富豪汽車（簡稱「富豪」）100% 股權。這次收購對於吉利汽車，與其說是一次「蛇吞象」式的海外擴張，不如說是一次「醜小鴨變天鵝」式的企業轉型。經由這次收購，吉利與富豪共享的大多是智慧資本。尤其在合作前期，吉利借助富豪，提升了利益相關者對吉利的企業形象、商譽和品牌的認知，提升了供應鏈等關係網路的層次，大幅增加了企業的關係資本。

吉利與富豪成為一家後，在關係資本等智慧資本共享方面的動作不斷，持續拓寬廣度及增加深度。有人生動的比喻說，富豪就像一條用之不竭的溪流，讓吉利無限暢飲。例如：

➤ 吉利與富豪合資創立了領克品牌。富豪不僅為領克帶來了足夠強大的技術支援，在生產設備和管理制度方面，也都有富豪的深度參與。吉利也在利用富豪的海外行銷通路，加速領克的海外布局，期望以優異的 C/P 值在全球市場上取得銷售佳績。

➤ 吉利與富豪逐漸擴大聯合採購的範圍和規模。聯合採購的核心是降低成本，同時也意味著它們之間將有更多的通用零件，這有利於提升吉利汽車的產品品質。

➤ 吉利充分吸收了富豪的品牌理念、營運管理方式，帶動自身產品快速改進。

➤ 吉利與富豪在電氣化、智慧化、網路化、共享化汽車「新四化」方面進行深度合作。有富豪品牌加持，有利於提升吉利汽車的企業形象，

增加旗下產品的銷售量。吉利集團 2020 年汽車總銷售量超過 210 萬輛，已連續四年位居中國品牌小客車銷售量第一。

與物質資本、貨幣資本相比，智慧資本具有邊際報酬遞增效應。蕭伯納（George Bernard Shaw）說：「如果你有一個蘋果，我有一個蘋果，彼此交換，我們每個人仍然只有一個蘋果；如果你有一種思想，我有一種思想，彼此交換，我們每個人就有了兩種思想，甚至多於兩種思想。」智慧資本應該屬於人類思想的一部分，是優秀經營管理思想的具體化結晶。富豪利用吉利的資源在中國繼續擴大知名度，與 10 年前被併購時相比，富豪在中國的銷售額成長了五倍。目前，富豪的估值已超過 300 億美元，與 2010 年時吉利的收購價格相比已經增加了將近 16 倍。

眾所周知，富士康作為全球最大的代工廠，一直為蘋果、小米、華為等企業做 OEM（專業代工），而富士康內部一直很排斥代工廠的形象，多次試圖從內部孵化新商業模式實現轉型。

例如：早在 2010 年，富士康就成立「萬馬奔騰」創業專案，希望用五年的時間，在中國中小城市開 1 萬多家萬馬奔騰電器專營店。第二年，專案團隊花了整整一年，僅開了 280 多家，且大部分專營店處於嚴重虧損狀態。這違背了「不熟不做」的原則，成功機率當然很低。接下來幾年，實體通路開始萎縮，眾多電器品牌開始轉戰線上的電商平臺。幸好郭台銘及時喊停，「萬馬奔騰」沒有再繼續經營下去。只有偏執狂才會成功，所以富士康不會服輸，轉型是必選策略。

巴菲特曾經說過：「不熟不做，不懂不買。」創業投資界也有一條金規鐵律，「不熟不做，不懂不投」。信奉「誤打誤撞」，盲目投機追求熱門商機，猶如買彩券中大獎，成功屬於小機率事件。如前文吉利汽車、英特爾、拼多多、Netflix 等案例說明，對於企業轉型，「不熟不做」也應該

是一個必須遵守的金規鐵律。

　　所謂「不熟不做」，並不是懼怕創新、排斥新事物，而是強調盡量選擇自己熟悉及擅長的領域；盡量選擇與第一曲線業務有關聯或相似的領域；盡量選擇那些在團隊學習、專一經營下，能夠累積長期競爭優勢的領域。

　　以「不熟不做」指導企業轉型，可以繼承以前的經驗，減少學習及探索的時間，降低盲目跨界帶來的風險；以雙 T 連結模型來闡述，「不熟不做」就是第二曲線創新的商業模式，在各類資本，尤其是智慧資本方面，要盡量與第一曲線業務互通共享。

5.4
轉型解困：如何找到革新再生的突破口？

重點提示

▶ 什麼是超級核心競爭力？

▶ 以 PEST 等宏觀環境分析模型指導企業轉型時，如何在具體的企業經營要素上落實？

▶ 為企業轉型制訂策略規劃時，應該著重依據什麼邏輯？

　　IBM 公司成立於 1911 年，至今已有超過 110 年的歷史。IBM 是全球數一數二的資訊技術產業公司，2020 年全球專利排行榜上，IBM 繼續穩居第一。自從 IBM 將 ThinkPad 個人電腦業務賣給聯想集團後，IBM 與消費者的距離漸行漸遠。IBM 現在的主營業務是什麼？熟悉華為的人都知道，為了提升經營管理水準及引進集成產品開發系統，華為曾支付 IBM 多達幾十億人民幣的諮詢服務費。

　　更令人感興趣的是，作為一家科技公司，IBM 如何能在一百多年的

時間裡，適時推動企業轉型，不斷適應變化，始終保持著領先地位。從創立到現在，IBM 共經歷了四次企業轉型。

第一次轉型：從打卡機到大型電腦

在老華生時代，打卡機是 IBM 公司業務的重要標籤。1952 年，小華生（Thomas Watson Jr.）任職 IBM 公司總裁。他帶領 IBM 投資 50 億美元，歷經數年研發出 IBM 第一代大型電腦，開始引領電子時代。要知道，這筆巨款是當年美國政府為啟動「曼哈頓計畫」研發原子彈所投入資金的 25 倍。正是因為這樣的資金投入，IBM 後來才培育出 6 個諾貝爾獎得主、6 個圖靈獎得主、19 位美國科學院院士、69 位美國工程院院士，拿到 10 個美國國家技術獎和 5 個美國國家科學獎。IBM 大型電腦價格昂貴，一臺售價上百萬美元，最顛峰時期占領了 70% 的市場占有率。它的主要客戶是政府機關、大銀行、大企業等。

第二次轉型：從大型電腦到個人電腦及企業資訊技術整體解決方案

1985 年，艾克斯（John Fellows Akers）接任 IBM 總裁。此時，被 IBM 扶植起來的相容電腦廠商已經占領了 55% 的全球市場，逐漸超過了 IBM 公司。從 1990 年代開始，個人電腦功能越來越強大，大型電腦需求量驟減。IBM 因此遭受重創，連續虧損額達到 168 億美元，創下美國企業史上第二高的虧損紀錄。當時，比爾蓋茲甚至說：「IBM 將在幾年內倒閉。」

1993 年郭士納（Louis V. Gerstner）臨危受命，被任命為 IBM 的 CEO。上任後，郭士納堅持大幅削減成本，帶領 IBM 從大型電腦業務轉向個人電腦及企業資訊技術整體解決方案。這次企業轉型大見成效，ThinkPad 個人電腦成為商務人士的第一選擇，企業資訊技術整體解決方案新業務也為 IBM 帶來了滾滾財源。兩年之後，IBM 重新煥發昔日風采，年營業收入首次突破 700 億美元。

第三次轉型：從硬體科技到企業一體化服務

2002 年，帕米薩諾（Samuel Palmisano）接替郭士納，成為 IBM 公司的 CEO。上任後，彭明盛提出 IBM 要全面進入知識、軟體和管理顧問等服務市場，向目標客群提供更全面的解決方案。2002 年，IBM 收購普華永道及 Rational 軟體公司。2004 年，IBM 將 ThinkPad 個人電腦業務賣給中國的聯想集團。此舉代表著 IBM 從硬體科技澈底轉型到從提供策略諮詢到解決方案的一體化服務領域。沃頓商學院茲巴拉基就此評論說：「IBM 的長處一直就是善於澈底改造自己。」

第四次轉型：剝離資訊技術基礎設施業務，進軍開放式混合雲及人工智慧

自從 2012 年羅梅蒂（Ginni Rometty）就任 CEO，她一直在推動 IBM 向雲端運算、大數據、人工智慧、區塊鏈、量子計算等新興技術的演進轉型。2020 年 4 月，克里希納（Arvind Krishna）接替羅梅蒂成為 IBM 的 CEO，積極推動 IBM 的第四次轉型。IBM 這次轉型的重點是拆分為兩家上市公司：其一，把資訊技術基礎設施業務剝離，成立一家獨立新公司。其二，原有上市公司專注於開放式混合雲和人工智慧。正在進行的第四次轉型，代表著 IBM 將未來押注在開放式混合雲和人工智慧這兩個有上萬億美元市場潛力的領域。

（參考資料：劉國華，〈百年 IBM：值得全球商界研究的轉型變革典範〉，礪石商業評論）

轉型與擴張有什麼區別？結合第 4 章列舉的阿里巴巴等案例，企業擴張是從根基產品出發，增加一系列衍生產品。參考上述 IBM 四次轉型實例，企業轉型是以新的潛優產品（或稱為潛優產品 II）替換原有的根基產品。像阿里巴巴、雀巢等案例，企業擴張的策略路徑是以核心競爭力為紐帶。像 IBM、英特爾等案例，企業轉型的策略路徑應該是以超級核心競爭力為紐帶。什麼是超級核心競爭力？這是一個值得研究的新課題。在普哈

核心競爭力理論所列舉的本田案例中，該公司製造的機車、汽車、輕型飛機等並不是同一個根基產品，而是多個根基產品同時並存，各自也都有自己的衍生產品。因此，本田公司是一個擴張與轉型同時並存的經典案例。它與 IBM、英特爾等連續轉型成功的公司一樣，都具有超級核心競爭力。

　　簡單表述，企業轉型就是根基產品變了，也意味著企業的商業模式完全變了，即從第一曲線業務轉變到第二曲線業務。因為企業贏利系統以商業模式為中心，企業產品是商業模式的核心內容，所以企業生命體從第一曲線業務轉變到第二曲線業務。企業產品要改變，商業模式要改變，企業贏利系統也要改變，見圖 5-4-1。

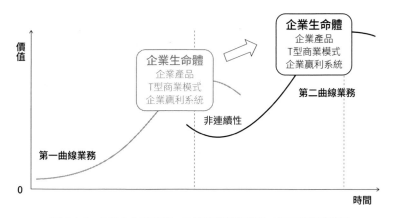

圖 5-4-1　企業生命體從第一曲線業務轉變到第二曲線業務示意圖

企業轉型，先要改變企業產品

　　企業產品是 T 型商業模式的核心內容，它是指價值主張、產品組合、贏利機制三者合一，以實現目標客群、合作夥伴、企業所有者三方利益統一。

　　如果目標客群的需求變了，以此需求重構企業產品中含有的價值主張，將會引發企業轉型。例如：1990 年代開始，個人電腦功能越來越強大，目標客群對大型電腦需求量劇減。這引發了 IBM 的第二次轉型 —— 從大

型電腦轉型到個人電腦及企業資訊技術整體解決方案。如果合作夥伴給予鼎力支援，促進企業產品的創新，必將加快企業轉型的進程。這裡的合作夥伴，主要是指供應商、股權關聯企業、策略合作者、卓越人才等。例如：吉利收購富豪，促進吉利汽車向高階產品及國際化方向轉型。由於鋰電池技術的突破，出現了合格供應商，促進傳統汽車廠商向新能源方向轉型。

　　源於企業領導人的遠見卓識，透過重構企業產品促進企業轉型。再如上述 IBM 案例中，儘管在老華生時代，IBM 的打卡機市場占有率高，盈利情況也還不錯，但是小華生帶領 IBM 投入 50 億美元，堅定的向大型計算機轉型。

　　從宏觀環境分析常用的 PEST 模型看，社會變革、政治和經濟體制改革、人口結構改變、重大技術創新出現等，都會引發大量企業轉型。但是，經營策略要實行，企業轉型要有效執行，PEST 模型宏觀環境因素的改變或創新，都應該落實到目標客群、合作夥伴、企業所有者等 T 型商業模式相關要素。

T 型商業模式的其他要素圍繞企業產品進行改變

　　企業產品是 T 型商業模式的核心內容，是驅動商業模式創新的第一要素。如果企業產品有重大改變，必然引起創造模式、行銷模式、資本模式等其他因素的相應改變。

　　例如：IBM 的第三次轉型，從硬體科技轉向企業一體化服務，必然引起創造模式、行銷模式、資本模式做出相應改變。從創造模式來說，硬體科技的增值流程和支援體系更偏向科技製造，資產較「重」，需要諸多自動化裝備線，而企業一體化服務資產較「輕」，增值流程和支援體系方面主要是到目標客群現場開展工作。從行銷模式來說，像個人電腦等硬體科技產品，常常將 4P/4R/4C 等行銷工具或方法組合在一起，透過通路經銷、廣告傳播

等，克服市場競爭；而企業一體化服務更多採用方案類行銷組合，透過優質的服務提升客戶滿意度、促進長期合作來克服市場競爭。從資本模式來說，硬體科技主要需要企業走自主研發的進化路徑及資本機制，以提高自身關鍵資源與能力的水準，而企業一體化服務主要需要透過兼併收購、合資合作等進化路徑或資本機制，以持續提高自身關鍵資源與能力的水準。

企業贏利系統的其他要素圍繞商業模式進行改變

商業模式是企業贏利系統的中心內容。在企業轉型時，管理團隊、企業策略、組織能力、業務流程、營運管理、企業文化、資源平臺、技術實力、創新變革等要素也隨著商業模式的改變而做出相應改變。

由於這些方面內容較多，請有興趣的讀者參考《企業贏利系統》一書，或者參考郭士納撰寫的關於 IBM 轉型的書籍《誰說大象不能跳舞》等相關資料。

企業轉型往往意味著突破經營困境，更是一次革新再生。以上從企業產品→ T 型商業模式→企業贏利系統逐步改變企業生命體的過程，就是企業轉型的參考過程，更可以作為企業轉型制訂策略規劃時的重要邏輯依據。企業生命體各構成部分及相關要素也是突破經營困境、實現革新再生的一個個突破口。

除此之外，我們還常常聽說數位化轉型、管理轉型、文化轉型、網路轉型等。如果這些轉型不涉及因企業產品的重大改變而引發第二曲線創新 —— 商業模式的重大變革或重塑，那麼這些所謂轉型本質上只是企業的一些局部化改革或變革。

由於企業產品重大改變，牽一髮而動全身，引發的 T 型商業模式、企業贏利系統的連貫性改變，即企業生命體從第一曲線業務轉變到第二曲線業務，才是企業轉型要重點研究和探討的內容。

5.5

先走下「愚昧之巔」，再登上「開悟之坡」

重點提示

▸ 為什麼說諾基亞轉型時目標客群、合作夥伴、企業所有者三方利益未能達成一致？

▸ 達克效應對企業轉型有什麼警示作用？

▸ 為什麼企業掌門人或 CEO 應該承擔企業轉型的重任？

諾基亞成立於西元 1865 年，初期以伐木、造紙為主業，後來發展成為一家手機製造商。在 2007 年最輝煌的時候，諾基亞市值達到了 1,500 億美元，手機出貨量達 4 億支，全球市場占有率超過 40%。那時候幾乎每個使用手機的人都曾經擁有過至少一隻諾基亞手機。

得益於智慧型手機的崛起，2012 年三星手機出貨量超越諾基亞，結束了諾基亞長達 14 年的市場霸主地位。2016 年，全球智慧型手機市場的總利潤為 537 億美元，而後起之秀蘋果公司的 iPhone 就占其中的 79%，蘋果公司市值達到 6,170 億美元（2016 年 12 月 30 日）。這一年，諾基亞手機業務以 72 億美元的價格賣給微軟，從此在市場上越來越少看到諾基亞手機的身影。

在智慧型手機時代到來之際，諾基亞一直在謀求企業轉型，為什麼最終失敗了呢？我們從 T 型商業模式的價值主張、產品組合、贏利機制及其所對應的目標客群、合作夥伴、企業所有者等利益相關者展開分析。

從價值主張方面，早在 1996 年，諾基亞就已經發表了開創性的溝通者（Communicator）智慧型手機，而且在諾基亞內部，從 2004 年開始，很多高層管理人員就坦言智慧型手機一定代表行動網際網路的未來，即目

標客群將從功能型手機轉向智慧型手機。那時諾基亞擁有最龐大的研發資源，內部已經開發出觸控技術，且投入的研發費用高達 50 多億歐元。

從產品組合方面，我們知道智慧型手機包括「硬體設備＋作業系統＋應用程式」三大部分。諾基亞的傳統強項在手機硬體上，而作業系統、應用程式部分一定程度上需要依賴可靠的合作夥伴。

2007 年，諾基亞率先在全球推出 Ovi Store（諾基亞軟體商店），這比蘋果的 APP Store 早了一年。但是諾基亞拋棄開放合作，拚命兼併收購、垂直整合，希望通吃整個產業鏈。在投入了 150 億美元的鉅資後，諾基亞的 Ovi Store 最終歸於失敗。

2008 年 6 月，諾基亞斥資 4.1 億美元收購當時全球最大的手機作業系統開發商 Symbian，並與三星、摩托羅拉等廠商聯合成立非營利性組織「Symbian 基金會」，計劃將塞班打造成一個開源平臺，開啟了諾基亞在智慧型手機時代的第一場革命。當時，蘋果 iPhone 剛面世不久，iOS 系統平臺尚無「勢力」；谷歌的安卓（Android）平臺雖然得到眾多廠商的支持，但手機成品尚未大量生產。諾基亞的 Symbian 平臺占據著智慧型手機的先機。不過，由於諾基亞在 Symbian 生態鏈中獨攬大權，Symbian 基金會並未得到其他手機廠商的全力支持，錯失發展良機。在不得已的情況下，2010 年諾基亞關閉了 Symbian 基金會，諾基亞在智慧型手機時代的第一場自我革命以失敗告終。同年，諾基亞又與英特爾攜手從零開始開發 MeeGo 作業系統，掀起第二場自我革命，但是這次合作很快不歡而散。

從贏利機制方面，諾基亞在功能型手機時代依靠大量生產的硬體製造盈利。第一代 iPhone 售價相當昂貴，使得它在一開始時只是小眾愛好者的奢侈設備。因此，諾基亞忽視了蘋果手機商業模式所帶來的革命性影響，忽視後續眾多智慧型手機廠商的崛起所帶來的成本降低效應及行動網際網

路時代的全面到來。諾基亞前 CEO 奧利拉（Jorma Ollila）說：「我們知道這個問題，但在一些深層的問題上，我們無法接受即將發生的一切，許多重大專案還在繼續。當我們認為應該專注於更長遠的方向時，又不得不評估下一個季度的銷售狀況。」

　　綜上討論並見圖 5-5-1，從 T 型商業模式的企業產品角度綜合分析，諾基亞轉型失敗的根本原因為：價值主張、產品組合、贏利機制三者不能合一；目標客群、合作夥伴、企業所有者三方利益不能整合。換句話說，諾基亞開啟第二曲線創新後，新的商業模式一直未能形成。企業轉型等同於二次創業，在企業產品判定上，五力競爭模型主外，而三端定位模型主內。對於當時的諾基亞來說，外部的五種競爭力量越來越強大，而新商業模式具有的企業產品一直未能成功建構。

　　創業難，守業更難，而企業轉型難上加難！筆者從事創業投資工作，經常與海內外的博士專家創業團隊有接觸。出身理工科的博士專家們的研究能力及理論水準比較高，學習能力也很強。但是創業需要另外一種學問，從企業產品到 T 型商業模式、再到企業贏利系統促進企業進化與成長，並且創業者要與各式各樣的人物打交道，隨機應變的部分太多。中國古語說，「秀才造反，十年不成」。因此，博士專家創業時，自己要先完成轉型——先從原本的技術研發山峰上下來，再攀上另一個經營管理山峰！

　　達克效應源自 1995 年發生的一個真實故事：惠勒（McArthur Wheeler）是一個高大的中年男人，在光天化日之下搶劫了匹茲堡的兩家銀行。他沒有戴面具，也沒有做任何偽裝，在走出銀行之前，甚至還對著監視攝影機微笑。警方透過監視攝影機提供的線索，很快就抓到了他。惠勒難以置信的問：「我臉上塗了檸檬汁，你們怎麼這麼快就找得到我？」

　　原來，惠勒認為把檸檬汁塗在皮膚上會使他隱形，這樣攝影機就拍不

到他。檸檬汁可以被用作隱形墨水，寫下的字跡只有在接觸熱源時才會顯形。所以，惠勒認為只要不靠近熱源，他就應該是完全隱形的。警方調查認為，惠勒既沒有瘋，也沒有吸毒，他只是很戲劇性的「搞錯了」檸檬汁的用法。

達克效應是指：能力欠缺的人沉浸在自我營造的虛幻優勢之中，常常高估自己的能力水準，無法正確了解到自身的不足，無法辨別相關錯誤行為，在缺乏考慮的基礎上得出錯誤結論，見圖 5-5-1（右）。如何化解達克效應？美團聯合創始人王慧文有句話：有擔當的管理者就是要把下屬從愚昧之巔推到絕望之谷，至於能否爬上開悟之坡，就看各人造化了。

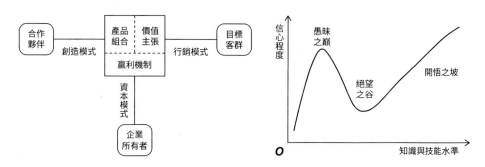

圖 5-5-1　三端定位模型（左）與達克效應化解方法（右）示意圖

達克效應是一種認知偏差現象。就像諾基亞的高階管理層，過去的輝煌為自己的認知塗上了一層「檸檬汁」，對智慧型手機帶來的突破性創新認知不足，做出了很多錯誤決策。所謂「知彼知己，百戰不殆」，企業轉型時，主要經營者要先認清企業現狀和所處的產業環境，盡快走下愚昧之巔，進入絕望之谷，然後激發出危機意識及二次創業精神，最終才能爬上開悟之坡。

企業轉型意味著以新的商業模式替換原本的商業模式，這將會是一個長期的過程。凡事預則立，不預則廢。企業轉型需要制訂一個策略規劃，

給出一個供大家參考的執行路徑。一方面，企業轉型是一項基於企業現有資本、在限定時間內完成的獨特任務，所以適合當成一個工程專案進行規範管理。另一方面，企業轉型的成敗與外部環境密切相關，在人力、財物耗費及時間節點上具有較大的不確定性，所以企業轉型過程具有反覆性和高風險的特徵。這樣綜合下來，企業轉型最終要形成一個可容忍不確定性，且具有強大風險管控能力的專案管理規劃方案。

以專案管理來看，企業轉型首先要有一個主流程，然後從工期、品質、成本、安全、士氣五個方面進行管控與推進。每個公司的具體情況千差萬別，所以對於企業轉型很難給出一套萬能通用的主流程。在《商業模式與戰略共舞》一書中，提出了企業轉型的五個步驟，見圖 5-5-2。這裡對它進一步改良後可供相關企業參考。

檢視第一曲線業務

首先，討論企業第一曲線業務面臨的主要經營困境，透過五力競爭模型及三端定位模型著重分析企業產品存在的問題、有哪些可以延長業務壽命的改進措施、出售或被併購的可能性及收益大小。

其次，從 T 型商業模式、企業贏利系統角度分析第一曲線業務，提出改進措施。

最後，檢視第一曲線業務的可用資本，包括物質資本、貨幣資本及智慧資本三個方面，並重視智慧資本的相關內容。

尋找第二曲線業務

尋找第二曲線業務時，注意那些與第一曲線業務相關的產業、代表未來的新興產業等，可參考創業投資機構尋找和評估優質創業專案的方法、流程及關注點等。

　　透過五力競爭模型及三端定位模型重點分析第二曲線業務的可行性及發展前途，也要關注新業務領域與第一曲線業務的商業模式相似性、資本共享程度等。

建構商業模式

　　如果企業確定了第二曲線業務的方向領域，接著就要為此建構商業模式，包括企業產品定位、創造模式、行銷模式及資本模式等。

創業孵化

　　這包括建立初始創業團隊，制訂策略發展規劃、各項業務計畫及實施等。在創業孵化階段，誰來承擔企業轉型重任？

　　在 IBM 歷次轉型中，都是像小華生、郭士納那樣的企業掌門人或 CEO 來承擔企業轉型重任。與之相反，當智慧型手機時代即將來臨時，諾基亞卻將第二曲線創新業務當成了一個新產品備選專案，隸屬於一個級別較低的管理部門負責；「The Five」（諾基亞管理階層五人決策小組）中沒有一人專門負責智慧型手機新事業，所以就談不上第一曲線業務全力為第二曲線業務賦能，或最大限度共享資本。

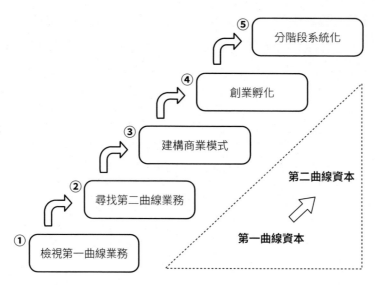

圖 5-5-2　企業轉型的五個參考步驟

　　Google X 是谷歌公司最神祕的一個部門，主要負責與第二曲線業務相關的創新業務，包括自動駕駛、谷歌眼鏡、未來實驗室等。谷歌創始人佩吉（Larry Page）之所以讓職業經理人皮查伊（Pichai Sundararajan）接棒谷歌 CEO，而自己去負責 Google X 的創新業務，是因為他深刻了解到如果不是由老闆從最高層打破原有利益格局，就根本不可能推動突破性創新！因此，佩奇選擇了那條最艱難的路，他要親自負責 Google X 創業小組，繼續帶領谷歌跨越非連續性，這是真正的企業家精神。

　　在創業專案的選址方面，不要為了便於溝通管理或減少費用而長期駐留在本公司，而是應該盡快在相關產業聚集區建立據點。「在美國西海岸，電腦產業的底蘊和作業系統專業技術非常豐富。」諾基亞前 CEO 奧利拉說。如果諾基亞的智慧型手機專案當初選在美國矽谷創立，也許今天手機產業的競爭格局就會有很大不同。

分階段系統化

遵循企業產品→ T 型商業模式→企業贏利系統的順序，將處於創業孵化期的專案逐漸完善，順利度過創立期。首先，分階段建構與完善企業贏利系統的三個基本要素：管理團隊、商業模式及企業策略；其次，分階段建構與完善組織能力、業務流程、營運管理、企業文化等若干轉型需要的要素。

分階段系統化也是第一曲線業務的可用資本逐步轉移到第二曲線業務的過程。第一曲線業務代表過去，而第二曲線業務代表未來。因此，從策略重要性來看，第二曲線業務應該比第一曲線業務更重要。一旦啟動第二曲線創新，第一曲線業務的主要任務就是為第二曲線業務賦能。

5.6
持續打造超級產品，追求基業長青

重點提示

▶《基業長青》中討論的「基業長青」是一個假議題嗎？

▶ 為什麼說大鯨魚企業的成功都離不開一個超級產品？

▶ 策略規劃與場景對於打造超級產品有哪些必要性或重大意義？

詹姆・柯林斯（James C. Collins）的四本書 ── 《選擇卓越》、《從優秀到卓越》、《基業長青》、《再造卓越》，分別對應於企業生命週期的起步階段、成長階段、成熟階段和衰落階段。因為這一系列的著作，柯林斯曾被《世界經理人》雜誌評為「影響中國管理15人」之一。

公司起步階段：《選擇卓越》

在柯林斯與韓森（Morten T. Hansen）合著的《選擇卓越》中，作者想表達的主要思想是，卓越不是運氣帶來的，而是選擇帶來的。卓越的企業面對選擇時往往會表現出三個特點：非常謹慎的進行選擇；異常自律的堅持選擇；時刻警惕伴隨選擇的風險。它們也是《選擇卓越》整本書所要闡述的三個重點內容。

為了說明什麼是謹慎進行選擇，作者用了一個比喻：先發射子彈，後發射炮彈。發射子彈的意思是先進行初步的嘗試，得到驗證結果後，再把更多的資源投入到專案中。子彈和炮彈的比喻與「精實創業」的核心思想非常類似。所謂異常自律的堅持選擇，就是「無論天氣如何，每天堅持走 20 公里」，類似「龜兔賽跑」中烏龜採取的策略。比爾蓋茲有句名言：「微軟離破產永遠只有 18 個月。」在面對機會的時候，有些企業往往經不起誘惑，忘記了風險的存在，而卓越企業能夠時刻警惕選擇伴隨的風險。

公司成長階段：《從優秀到卓越》

優秀是卓越的大敵，《從優秀到卓越》這本書說明了破敵之道。它主要包括三個方面：①企業要有卓越的領導人，這樣的領導人既要有遠大的理想，又要有謙遜的性格；②企業要秉持「刺蝟理念」，找到自己有熱情、有能力、有收益的發展方向；③打造從人才到理念、再到行動的飛輪機制。

刺蝟理念來自一個寓言故事：狐狸知道很多事情，但刺蝟知道一件大事。狐狸從早到晚在刺蝟的家附近晃蕩，伺機襲擊刺蝟。但每當狐狸來襲，刺蝟就立刻縮成一團，渾身的尖刺指向四面八方。在這個故事裡，刺蝟用簡單的防禦方式應對狐狸各式各樣的進攻。刺蝟每次都是「重複的事情認真做」，最終成了贏家。換句話說，企業想要成就卓越，須守住一件大事：為客戶創造價值。

「從優秀到卓越的轉變是一個累積的過程，一個循序漸進的過程，

一個行動接著一個行動，一個決策接著一個決策，飛輪一圈接著一圈轉動，它們的總和就產生了持續而壯觀的效果。」這就是飛輪機制。飛輪機制由人、思想和行動三部分組成。人指的是「第五級經理人」和企業的團隊，思想指的就是刺蝟理念，行動指的則是企業系統性的行動。有了飛輪機制，一個公司的各個業務模組之間就會自然相互推動，就像咬合的齒輪一樣相互帶動。一開始，從靜止到轉動需要花較大的力氣，但一旦轉動起來，齒輪就會轉得越來越快。

公司成熟階段：《基業長青》

柯林斯與波拉斯（Jerry I. Porras）合著的《基業長青》討論企業如何經營得好和經營得長久的問題，主要包括四個重點內容：①基業長青的企業都要持續追求客戶價值，甚至達到「崇拜客戶」的程度；②基業長青的企業都有扎實的組織基礎，靠的是有強大願景的領導人才和內部提拔的幹部團隊、淘汰弱者的競爭機制、「做時鐘而不是報時」的制度體系；③基業長青的企業都有扎實的業務基礎，包括「膽大包天」的目標願景、追求利潤之上價值的企業使命，以及「保存核心，刺激進步」的策略；④基業長青的企業都有永遠不夠好和以終為始的市場追求。

「做時鐘而不是報時」是指企業要有像牧羊犬一樣的制度型領導者。好的牧羊犬必須遵循三個原則：第一，可以拚命吼叫，但不能咬羊；第二，必須走在羊群的後面，而不能跑到羊群的前面；第三，必須知道前進的方向，並且不能讓任何一隻羊掉隊。

保存核心，就是堅守企業的核心價值觀。刺激進步，就是為實現企業願景及履行使命，與時俱進、抓住機會，不斷創新與變革。

公司衰落階段：《再造卓越》

《再造卓越》從企業生命週期的視角，把大企業的衰落過程分為狂妄自大、盲目擴張、漠視危機、亂抓救命稻草、被市場遺忘或瀕臨死亡五個階段；進而也把有些能夠成功擺脫衰落命運的企業歸入復甦和重生階段。

　　　　沒有成功的企業，只有適合時代的企業。卓越企業不斷透過自我再造，勇於創造潮流。能夠再造卓越的企業往往能從四個方面入手逆轉危機：①重新了解使用者，挖掘使用者的潛在需求；②推動組織變革，啟動組織活力；③加強主業，進行產品類別創新；④積極探索新的藍海市場等。偉大的企業難免遇到危機，但是總有一些卓越的企業能夠數次從危險中掌握機會，轉危為安，再造卓越。

　　（參考資料：路江湧，《圖解企業成長經典》）

　　在 1994 年《基業長青》出版後，柯林斯又接著寫了《從優秀到卓越》。然而，做到基業長青絕非易事。《基業長青》裡研究的 18 家「基業長青」企業中，大部分在這本書出版後不久就出了問題。到 2018 年，這 18 家企業只有 11 家還有利潤、6 家虧損、1 家（摩托羅拉）破產被收購。在世界 500 強企業排名中，只有 3 家是排名上升的，其餘都在下降或早已不在名單上。為了對這些出問題企業進行回應，柯林斯又寫了《再造卓越》、《選擇卓越》兩本書。

　　無獨有偶，筆者也打算寫四本書《三端定位》、《複利成長策略》、《核心競爭力之謎》、《扭轉策略》，分別與企業生命週期的創立期、成長期、擴張期、轉型期這四個階段一一對應。這四本書什麼時間能出版呢？筆者計劃在 2022 至 2024 年期間陸續完成寫作並出版。本書《新競爭策略》從策略及商業模式的角度切入，而較少涉及企業贏利系統其他方面，只能算是對以上四本書的一個內容綜述或僅是一個「開場白」。

　　《基業長青》中討論的「基業長青」是一個假議題嗎？世界變化得這麼快，神仙也難預料！由於產業更替、競爭加劇或市場需求碰到了「天花板」，成長期或擴張期的企業總會遇到「成長的極限」。現實也證明，只有少數企業能夠跨越非連續性，轉型成功、開啟第二曲線業務，進入下一個生命週期循環。那些不斷尋求擴張轉型、不斷取得成功的企業是偉大的

企業，真正偉大的企業透過持續打造超級產品，追求實現基業長青！

　　馬化騰帶領騰訊團隊創業早期，由於缺錢而經營困難，曾試圖以 60 萬元人民幣賣掉 QQ。如今騰訊是世界十大網際網路公司之一、即時通訊產業的霸主。從創立至今，騰訊持續打造而成的超級產品是 QQ 及微信。當初馬雲與 17 個合夥人湊了 50 萬元人民幣創辦阿里巴巴，如今成長為電商、行動支付領域的霸主。阿里巴巴旗下的超級產品是淘寶、天貓、菜鳥物流、支付寶等。任正非借款 2 萬元人民幣創辦華為，如今華為是世界排名第一的通訊設備商。華為的超級產品是通訊解決方案和智慧型手機。劉強東從電子用品賣場租櫃檯起步創辦京東，現在京東已經成長為自營電商巨頭，它的超級產品是京東商城。2010 年小米成立時，雷軍帶領 6 個合夥人，每人喝一碗小米粥創業，幾年後小米手機銷售量世界第三，它的超級產品是高 C/P 值的智慧型手機等。

　　比爾蓋茲帶領微軟，打造的超級產品是 Windows 作業系統；賈伯斯帶領蘋果，打造的超級產品是 iPhone。谷歌是從車庫創業開始的，臉書起步於大學校園，亞馬遜起步於一個賣書網站……它們從零創業起步，能夠成長為「大鯨魚」，是因為它們都有自己的超級產品。

　　一個企業如何才能擁有自己的超級產品？圖 5-6-1 來自第 1 章的圖 1-7-2，再次整體描述策略這頭「大象」。本書闡述的新競爭策略理論，試圖給出企業打造超級產品的一個基本解決方案，主要包括以下三部分內容：

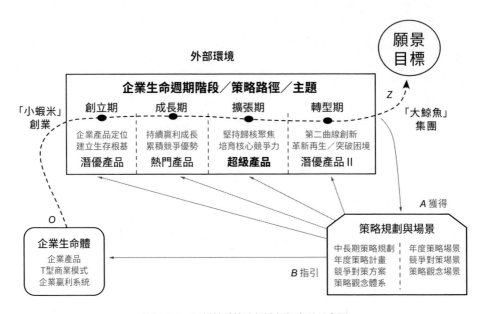

圖 5-6-1 以新競爭策略打造超級產品示意圖

透過企業生命體的成長與發展打造超級產品

為了有詳有略的闡述新競爭策略理論，並能夠「綱舉目張，執本末從」，有系統的展開，筆者創造了一個新概念 —— 企業生命體，它代表著企業打造超級產品所需要的一個三級鑲嵌結構：企業產品→T型商業模式→企業贏利系統。其中企業產品是 T 型商業模式的核心內容，而企業贏利系統又以 T 型商業模式為中心。

企業產品從潛優產品→熱門產品→超級產品逐步成長與發展的過程，如同一棵茁壯的小樹苗逐漸成長為參天大樹的過程。不同階段的企業產品在產業環境中的每一步成長，都需要 T 型商業模式及企業贏利系統的「精心撫育」。

透過企業生命週期階段的主要策略主軸打造超級產品

從潛優產品→熱門產品→超級產品，是在企業內外部環境中從小到大逐漸形成的，它以時間為「朋友」，歷經企業的創立期、成長期、擴張期及轉型期，還可以再進入以後的企業生命週期循環。

在企業生命週期的每個階段，都有促進企業產品向超級產品成長與發展的主要策略主軸。企業創立期的策略主軸是：企業產品定位、建立生存根基；成長期的策略主軸是：持續贏利成長、累積競爭優勢；擴張期的策略主軸是：堅持歸核聚焦、培育核心競爭力；轉型期的策略主軸是：革新再生、突破困境及第二曲線創新。

透過轉型期策略主軸，企業再次發掘潛優產品即潛優產品Ⅱ，從潛優產品Ⅱ→熱門產品→超級產品，企業由此進入下一個生命週期循環。

透過企業的策略規劃與場景打造超級產品

打造超級產品，是一個偉大而艱苦卓絕的策略工程。凡事預則立，不預則廢。任何偉大的策略工程，都需要先在規劃及場景中實行。策略規劃與場景是第 6 章將要著重闡述的內容。

打造超級產品需要超級資本，即需要一流的獨特資源和能力。有句話說，當你真心做一件事時，所有的資源都會向你湧來。透過策略規劃與場景，向世界表明你要真心做這件事 —— 將企業產品打造為超級產品，從「小蝦米」創業成長為「大鯨魚」。透過策略規劃與場景，吸收更多外部環境的優質資源，轉變為企業的核心競爭力。透過策略規劃與場景，將 T 型商業模式及企業贏利系統對企業產品的「精心撫育」發揮到極致，歷經企業生命週期策略路徑的「風風雨雨」後，最終必能讓企業的超級產品卓然呈現！

第 6 章
策略規劃與場景：讓好策略呈現，將壞策略遁退

本章導讀

為什麼「教科書策略」難以實行？策略規劃中要包含一個可行的策略指導方案。策略指導方案從哪裡來？可以透過 DPO 模型獲得，它只有三個步驟：調查分析、指導方案、執行優化。另外還要創造一個策略場景，例如：劉備三顧茅廬，與諸葛亮「隆中對話」⋯⋯

三顧茅廬之前，劉備顛沛流離 30 年，跑遍了大半個神州，遊走在各方勢力之間，到處受人排擠、被人懷疑，最終不得不寄人籬下，苟且偷生。三顧茅廬之後，劉備按照諸葛亮給出的策略指導方案，從此得以發展，很快形成蜀漢軍事集團，與曹操、孫權平起平坐。然後，蜀漢軍事集團僅花大約七年時間就初步建立蜀國，形成魏國、蜀國、吳國三足鼎立之勢。

諸葛亮為劉備提供一個「好策略」的同時，還帶來了一個「壞策略」⋯⋯

6.1

策略場景：辨明企業策略的一系列湧現活動

重點提示

▶ 中小企業缺乏策略的主要原因是什麼？

▶ 結合抖音海外版被美國政府禁用事件，談一下「競爭對策場景」的重要意義。

▶ 如何在管理團隊的頭腦中實行企業策略規劃？

2020 年 5 月 17 日，自稱為「渾元形意太極拳掌門人」的馬保國現身山東淄博，與善於散打格鬥的業餘拳手王慶民同臺比武。比賽開始 10 秒鐘後，馬保國被王慶民一拳擊倒，但他隨後迅速起身，緊接著又連續被擊倒兩次，最後一次直接被擊昏，倒地不起。不到 30 秒！這場備受矚目的功夫大戰就結束了。

這次比武之前，馬保國曾到處宣稱，自己以集大成的渾元形意太極拳，「曾打得歐洲綜合格鬥冠軍皮特毫無招架之力」，「自己一根手指就能撂倒體重 100 公斤的壯漢，『接化發』絕技可以打敗世界上任何功夫」。馬保國與王慶民的這次比武，引發大眾熱烈議論。為此，人民日報 APP 還刊登社論〈馬保國鬧劇，該立刻收場了〉。

透過宣傳包裝、相互吹捧，以大師自居、自吹自擂只能暫時蒙蔽大家，而到同臺比武的場合中，自己的功夫好或不好，很快就昭然若揭。圖 6-1-1 是常見的策略教科書所認為的「企業策略」，它們能夠直接應用到企業的經營場景中嗎？

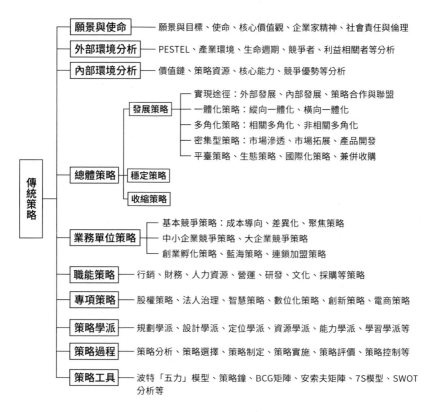

圖 6-1-1　傳統策略教科書中關於企業策略的相關內容示意圖

　　盲人摸象式的各種策略學派與工具、多不勝數的各種策略類型與案例、各式各樣的策略名詞細分與混搭、冗長又空洞的策略制定／評價／控制……即便是全球知名的策略大師們，提供給企業的也只是「策略零件」、「策略原材料」。這是要企業經營者自己組裝所需要的「企業策略」嗎？但是，與中小企業相關的「策略零件」、「策略原材料」少之又少，至今還沒有一條可用的「供應鏈」！

　　截至 2020 年底，中國有近 4,000 萬家中小企業，占全國企業總數的 95% 以上。常見的策略教科書傳承自西方編著者傳統的知識堆砌習慣，內

容越來越龐雜繁多，見圖 6-1-1。這有點像唐代的仕女，追求以肥為美！如此繁多的知識堆砌，哪些與企業的經營邏輯相吻合呢？企業經營者時間寶貴，這樣的大部頭策略書即使反覆讀幾遍，依然是「狐狸吃刺蝟──無從下口」，也很有可能讓自己原有的經營邏輯變得混亂不堪。

引進、吸收、模仿西方編著者的內容結構，這些策略教科書好像是專門為大型企業集團編寫的，其中少數有關於中小企業的策略內容，也還有東拼西湊之嫌。大型企業集團的策略管理情況怎麼樣呢？按照《好策略，壞策略》作者魯梅爾特的說法，「好策略」鳳毛麟角，「壞策略」比比皆是。

在實際的企業經營場景中，討論起策略主軸時，大家普遍不知道該討論什麼。有些企業將策略當成是訂定目標的誓師大會，簡略將策略目標等同於企業策略；有些企業將策略誤解為抓住外部機會，所以許多經濟學家、媒體人以宏觀機會為主題的演講備受歡迎；有些企業將策略看作是重賞罰、自上而下設計、股權激勵等；還有些企業將策略看作是進行資源整合、借力使力、權力競爭、交易設計等。

以上可以稱之為企業的「策略困境」。近一百年來，這個「策略困境」持續無解。筆者提出新競爭策略理論，算是「關公面前耍大刀」，希望為這個「策略困境」提供一些線索或初步的解決方案。新競爭策略含有一個與企業經營緊密連結的策略邏輯過程：考量 II 環境中的產業牽制力量、環境機會與威脅，I 企業中的企業生命體沿著企業生命週期策略路徑進化與成長，透過創立期、成長期、擴張期、轉型期等各階段的主要策略主軸，將企業產品從潛優產品→熱門產品→超級產品，讓「小蝦米」創業成長為「大鯨魚」，實現企業策略目標和願景，見圖 6-1-2。

一方面，基於這個策略邏輯過程制定、開展企業的策略規劃與場景活

動；另一方面，制定完成或進一步開展的策略規劃與場景活動，又用來指引未來的企業經營管理實務，將上述策略邏輯實際執行。這類似於在平地上蓋一座高樓，一方面，要基於建造這類高樓的邏輯程序，預先畫設計圖及進行研討；另一方面，設計完成的圖及進一步的研討，又用來指示未來的實際建造活動。

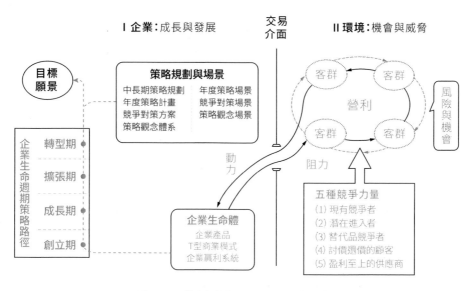

圖 6-1-2　策略規劃與場景的主要內容示意圖

　　打個比方，如果一個飛行器製造公司設計製造的飛機不能翱翔於藍天，只是發表很多論文或只有鋪天蓋地的媒體宣傳，那麼該公司將無法生存，也會被世人嘲笑。新競爭策略推廣「實踐見真章」，策略理論要透過策略規劃與場景在企業經營實務上落實，而不能只是在學術圈或宣傳圈「繞圈子」。

　　策略規劃與場景包括策略規劃、策略場景兩個部分。策略規劃比較容易理解，它包括中長期策略規劃、年度策略計畫、競爭對策方案、策略觀

念體系，相關內容將在章節 6.2 中進一步解釋。什麼是策略場景呢？是獲得企業策略的一連串湧現活動。這裡的企業策略具有廣泛含義，包括了前面所說的策略規劃所有相關內容。這裡的湧現是指系統湧現。在系統學中，一個非線性系統的整體與部分之和不相等，兩者之間的差異就是湧現。企業能夠以複利或指數成長，也可以加速走向衰落，所以企業是非線性系統。通俗的說，1+1>2 就是湧現。好策略是透過一連串活動湧現出來的。

如圖 6-1-2 所示，透過年度計畫場景、競爭對策場景、策略觀念場景，分別獲得企業所需要的中長期策略規劃及年度策略計畫、競爭對策方案、策略觀念體系。

年度計畫場景

通常在歲尾年初，企業領導者要帶領企業核心員工研討年度策略計畫或中長期策略規劃，這叫作年度計畫場景。年度策略計畫是連結中長期策略規劃和年度營運計畫的橋梁。年度策略計畫研討活動通常每年舉行一次，準備時間為 1 個月左右，實際研討會議活動的時間為 1 ～ 2 天，其成果是制訂或修訂公司的年度策略計畫。有的企業每五年還會辦一次中長期策略規劃研討活動，準備時間不超過 3 個月，實際研討會議活動的時間為 2 ～ 3 天，透過集思廣益，認真思考企業未來的策略，制訂或修訂企業的中長期策略規劃。不論怎麼做，它們都是有策略的企業。年度計畫場景實際上是一個例行研討活動，將年度策略計畫或中長期策略規劃放在這個場景進行實踐，表現了策略規劃貫穿過去、現在和未來並保持持續更新的特色。

年度計畫場景要研討什麼？切勿離題！依據的第一原理是「策略＝目標＋路徑」。對策略目標的分析，大部分公司可說是擅長的，但是要牢記「企業制訂策略規劃時，並不優先訂定策略目標」。因為目標是結果，而企業生命體及其在生命週期階段成長與發展的策略路徑（策略主軸）

才是原因。所以，在年度計畫場景研討的內容先是企業產品，其次是 T 型商業模式，最後是企業贏利系統，三者是新競爭策略的基礎內容，構成策略規劃的「線、面、體」。有人說「點、線、面、體」更全面一點，而「點」在哪裡？無論企業產品、T 型商業模式，還是企業贏利系統，要持續更新改良或進化發展，都離不開需要集中資源加強的那些「點」，例如：透過技術創新，提升產品的良率和性能，策略性降低成本；透過智慧財產權保護及品牌塑造，為商業模式建立護城河；透過股權激勵措施，穩定管理團隊，吸引優秀人才加盟，讓企業贏利系統具有更多的原動力等。這些「點」是「線、面、體」的基本構成，是策略規劃的細胞單位，也是將策略規劃轉變為一系列連貫行動的具體依據和措施。

透過策略計劃研討活動，如何發揮參與者 1+1>2 的加乘作用，最終湧現出一個好策略？筆者從事創業投資工作，為諸多被投資企業組織和主持策略研討會或私人董事會，累積了豐富的經驗感受和理論感悟，詳情可以參考《企業贏利系統》的第 8 章。

競爭對策場景

企業遇到突發性策略問題時，透過策略專案小組研討活動，試圖積極妥當的解決問題，稱之為競爭對策場景，這屬於非例行的策略規劃實踐場景。企業面對的突發策略問題，大部分是源於利益相關者的衝突對抗、自身經營錯誤，少部分是由於外部環境突變，例如：新冠疫情對餐飲、住宿、航空、旅遊等服務業的巨大衝擊。外部環境突變往往影響一大批產業和企業，有一定的普遍性。

企業的目標客群、供應商、股東、各類競爭者、關鍵人才等利益相關者，在交易中都試圖獲得更多利益，相互之間發生突發性激烈碰撞在所難免。例如：競爭者發起價格戰（特斯拉電動車降價）、潛在競爭者跨界進

入企業利潤區（美團與滴滴的網約車大戰）、替代品競爭者暴力入侵（奇虎360與騰訊QQ之間的「3Q大戰」）、供應商「斷供」（美國封殺華為、中興）、目標客群集體抵禦某類廠商（韓國部分民眾掀起「抵制日貨」浪潮）、核心人才出現問題（日產前CEO戈恩「跨國逃亡」）等。

　　企業自身犯錯而招致的突發重大策略問題也在增加。例如：由於領導人風險控制能力薄弱、投機意願強烈，導致企業資金鏈斷裂的現象，總是週期性大量出現。三鹿集團等公司在奶粉中摻入三聚氰胺，導致消費者「拋棄」整個產業；瑞幸咖啡營收資料造假，招來納斯達克的退市通知及中國證監會的強烈譴責等。

　　在經營過程中遇到突發重大策略衝突問題，企業必須立即面對，成立策略專案小組，啟動競爭對策場景。從衝突問題入手，由表面向內發掘深層原因，找到根本解決方案，盡快提出競爭對策方案。在衝突問題解決後，企業還應該策略檢討，依照企業產品→T型商業模式→企業贏利系統，從核心到周邊的邏輯順序，逐點、逐段加強薄弱的環節，以「一勞永逸」降低這些突發策略問題帶來的後續影響和風險。

策略觀念場景

　　策略觀念場景是指企業策略規劃要在管理團隊的頭腦中實行。所謂企業「有策略」不僅指形式上有一個文字版的策略規劃，更是指管理團隊的認知中具有策略觀念體系、頭腦中有一個可執行的策略規劃。

　　要讓企業策略規劃能夠在管理團隊的頭腦中實行，這是一個難度相當高的系統工程。筆者給出的建議有兩個：其一是反覆閱讀與學習研討《新競爭策略》這本書，建立企業生命體各要素構成的策略格局，以及企業生命週期各階段主要策略主軸構成的策略視野，深刻領悟企業生命體成長與發展過程中展現的「策略＝目標＋路徑」這個策略第一原理。其二是深刻

領會「企業策略實踐的六步思考框架」，見圖 6-1-3。具體內容可參考書籍《企業贏利系統》的圖 4-3-1 及上下文和第 4 章。

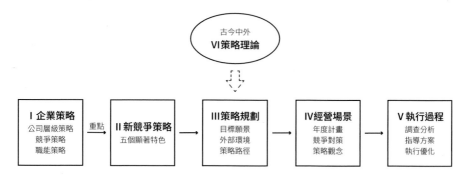

圖 6-1-3　企業策略實踐的六步思考框架示意圖

6.2

策略規劃：不能只是一堆「空話」

重點提示

▶ 為什麼「策略為何」仍然是一個千古難題？

▶ 你所在的企業是否有策略規劃，如何制訂策略規劃？

▶ 你對圖 6-2-1 所示的「綜合方案」有何改進建議？

　　南極點處於南緯 90 度，是地球的最南端。探險者從南緯 82 度開始，到了南極點還要順利返回，這是一段 2200 多公里的路程。一百多年前，有兩個競爭團隊做好了向南極點衝刺的準備，一個是來自挪威的阿蒙森團隊，另一個是來自英國的史考特團隊。他們都想率先到達，完成首次到達南極點的壯舉。

　　這是一個有趣的較量，阿蒙森團隊共有 5 個人；史考特團隊有 17 個人。憑感覺，你猜誰最後贏了？

　　這兩支團隊的出發時間差不多。西元 1911 年 10 月初，他們都在南極圈的周邊做好了準備，準備進行最後的衝刺。最終結果卻是這樣的：阿蒙森團隊在兩個多月後，也就是 1911 年 12 月 14 日，率先抵達了南極點，插上了挪威國旗；而史考特團隊雖然出發時間差不多，而且人數還更多一點，可是他們晚到了一個多月。這意味著什麼？沒有人會記住第二名，大家只記得第一名。

　　故事並沒有這麼簡單！他們不僅要到南極點，而且要活著回去。阿蒙森團隊率先到達南極點之後，他們又順利返回原本的基地。史考特團隊晚到了，不僅沒有獲得榮譽，而且更糟糕的是，他們錯過了折返的最佳時間段，途中遭遇到了惡劣的天氣。最後，他們沒有一個人生還，全軍覆沒。

　　事後有人專門研究了這兩支探險隊的日誌，從中發現了顯著的區別。雖然阿蒙森團隊人少，但是準備得非常充分：多達 3 噸的物資，50多隻愛斯基摩犬的雪橇隊，4 支體溫計，路途中設立大量標幟等。史考特團隊的人數是對方的三倍多，但是只準備了 1 噸的物資，還有一些馬匹及雪上摩托車等不僅用不到、還增加行軍負擔的東西。

　　1 噸物資夠嗎？如果他們在探險過程中不犯任何錯的話，可能剛好夠。而阿蒙森團隊準備了 3 噸的物資，冗餘量極大。他們充分預想到南極探險將面對環境惡劣、情況複雜、路徑有變等各種挑戰，所以做好了充足的準備。

　　此外，阿蒙森團隊努力做到不論天氣好壞，每天堅持前進 30 公里。在一個極限環境裡面，他們能做到更好，永續性更強。相反的，從史考特團隊的日誌來看，這是一個有點隨心所欲的團隊，天氣好就多走一點路，當天氣不好時，他們就在帳篷裡睡覺，多吃點東西，抱怨惡劣的天氣……

　　（參考資料：吉姆・柯林斯，《選擇卓越》）

比較普遍的說法是，策略就是一種計畫，計畫決定成敗。上文中的阿蒙森探險隊，無論是出發前做好充分準備，還是探險途中每天堅持前進 30 公里，都屬於制訂與執行計畫的優秀表現。

相較於探險等單項活動，經營企業涉及的變數很多，所以企業策略很難求出可行解。如果我們仔細研究阿蒙森探險隊的成功，也遠不只有「計劃做得好」這一個因素。策略不僅僅是一種計畫！明茲伯格在書籍《策略歷程：縱覽策略管理學派》中說，我們對企業策略的認知就如同盲人摸象，每個人只是抓住了策略形成的某一方面：設計學派認為，策略是設計；規劃學派認為，策略是規劃；定位學派認為，策略是定位；企業家學派認為，策略是看法；認知學派認為，策略是認知；學習學派認為，策略是學習；權力學派認為，策略是權力協商；文化學派認為，策略是集體意識；環境學派認為，策略是環境適應。這些認知對不對呢？從每個學派的局部來看，這些認知都是對的。正如大象的身體、牙齒、鼻子、膝蓋、耳朵、尾巴都是不可缺少的一樣，所有這些學派所考慮的問題對於企業策略都是不可缺少的。但是，所有這些學派都不是企業策略的整體。

策略是什麼？這仍然是一個千古難題！調查一下身邊的企業，我們就會發現，企業的高階管理人員中 95% 以上有 MBA/EMBA 文憑或曾經學習過策略，但 95% 以上的企業缺乏例行的策略規劃。如果我們進一步探究：那不到 5% 的企業有例行的策略規劃，它們是怎麼做的呢？

有人說：公司花費幾百萬，請國際知名策略管理顧問公司做的策略規劃，最終交付的就是一大堆「策略鬼話」，挑選其中一些做為口號而已，實際經營與此無關。其實，也沒有那麼誇張與不堪。有一些企業的策略規劃就是目標管理、預算分析、責任歸屬；另一些企業透過外部環境分析、內部環境分析，最後 SWOT 分析、內外搭配得出企業策略規劃；還有一

些企業的策略規劃裝在老闆的大腦中，根據環境隨機應變……

與以上簡略制訂策略規劃的方法有所不同，依照波特定位學派的理論（即波特競爭策略理論），我們可以這樣制訂企業的策略規劃：

➤ 透過五力競爭模型等理論分析產業結構帶來的牽制或機會；

➤ 結合企業內部狀況，從成本導向、差異化、聚焦三大通用策略中，選擇其中之一作為企業的策略定位；

➤ 建構獨特價值鏈，以加深選擇的策略定位；

➤ 透過持續專一化經營，獲得競爭優勢，取得經營成功。

1980 年代，波特提出競爭策略理論，迄今已經過了 40 多年。時過境遷，萬物劇變。我們應該博採眾長，不斷與時俱進。筆者提出的**新競爭策略理論**，也在試圖求解「策略是什麼」這個千古難題，並給出一套制定**策略規劃的綜合方案（簡稱「綜合方案」）。這只能算是拋磚引玉，僅供參考。**

在解釋圖 6-2-1 所示的綜合方案之前，我們先說明一下策略規劃有哪些功能作用：

➤ 策略規劃透過調查分析而來，可以協助管理團隊發現機會、避開陷阱。

➤ 策略規劃中闡述了共同的目標願景，為全體員工指明了奮鬥方向，增強企業的向心力和凝聚力。

➤ 策略規劃中的策略路徑及策略方案，可以減少管理人員工作時的盲目和徘徊，有利於改進效率和提升工作品質。

➤ 策略規劃有利於分配資源、改善組織及提高營運水準等。

➤ 策略規劃代表著管理團隊的永續經營觀念，將過去、現在及未來串聯在一起。

> 策略規劃將企業經營管理變成有目的、有計畫的統籌活動，有助於將
> 企業產品打造成超級產品，有助於「小蝦米」創業成長為「大鯨魚」。

圖 6-2-1 所示的綜合方案共分五個層次，下面我們將逐一進行解釋。

策略規劃

策略規劃是以下面四個層次的邏輯順序推導出來的，即企業歷史策略
規劃→企業現狀與外部環境→策略內容與過程→策略場景→策略規劃。這
個邏輯順序可以說明我們如何建立認知，知道策略規劃是從哪裡來的。而
實際制訂策略規劃時，可以根據具體企業的實際情況，有所改善調整。企
業策略規劃有四項主要內容：中長期策略規劃、年度策略計畫、競爭對策
方案和策略觀念體系。

> 中長期策略規劃。它通常是指 3 ～ 5 年的策略規劃，遵循「策略＝目
> 標＋路徑」，主要是企業生命體構成部分及其要素沿著所處發展階段
> 主要策略主軸展開，包括未來財務預測、產品規劃、市場開拓、團隊
> 建設、管理體系建構、文化塑造等相關策略目標及策略主軸。在私募
> 權益融資或公開募股上市時，企業在商業計劃書或公開說明書中通常
> 會有中長期策略規劃。大家可以打開上海證券交易所、深圳證券交易
> 所或相關研究機構的網站，參閱一些企業制定的中長期策略規劃。

> 年度策略計畫。它是與企業年度計畫相關的策略指導方案，並與中長
> 期策略規劃保持連貫性，但有所更新以應對變化、與時俱進。年度策
> 略計畫的內容可以參照如下順序實行或找到靈感：財務績效與經營目
> 標→企業產品的市場表現→ T 型商業模式相關要素的建構支援→企業
> 贏利系統各部分建設提升的內容。

➤ 競爭對策方案。當企業面對突發重大策略問題時，透過章節 6.1 中講到的競爭對策場景，就要盡快訂定一個競爭對策方案。這種場景類似戰爭對抗場景，可以參照一些商戰案例、《孫子兵法》等制訂方案。在競爭對策指導方案中，通常以自身商業模式的優勢來尋求解決方案，並聚集充足資源伺機突破或進行飽和攻擊，以擺脫困境或取得決定性勝利。

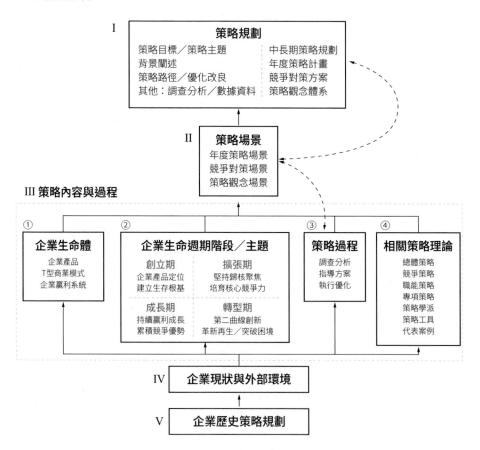

圖 6-2-1　制訂策略規劃的綜合方案示意圖

> 策略觀念體系。它是指管理團隊的頭腦中有一個可執行的策略規劃，在認知中具有策略觀念體系。自華為創立以來，其創始人任正非一直在兼職扮演文化傳播者的角色，發表了近百篇廣為流傳的文章或演講，像〈呼喚英雄〉、〈北國之春〉、〈華為的冬天〉、〈我們處在爆炸式創新的前夜〉等。這些文章及思想有助於華為全體員工形塑策略觀念體系。

以上中長期策略規劃、年度策略計畫、競爭對策方案、策略觀念體系等，當形成策略規劃觀念時，它們的共同之處是都由四部分構成，分別是策略目標、背景闡述、策略路徑和其他。

> 策略目標可以包括企業願景、目標體系、策略主軸、企業使命、核心價值觀等內容。

> 背景闡述主要包括歷史背景分析、內外部環境分析、問題背景分析等。

> 策略路徑主要包括策略路徑、更新補丁。策略路徑是策略規劃的核心內容，是為了實現策略目標或策略主軸所建構的路線圖；更新補丁是指策略規劃不是一勞永逸的，而是要不斷持續更新，像企業章程那樣，不斷產生修正案，即補丁內容，或像 APP 更新那樣，不斷修補漏洞、更新版本。

> 其他包括調查分析及數據資料等。與調查分析相關的內容，將在本章第 3 節具體闡述。

策略場景

策略場景對下層的策略內容與過程、企業現狀與外部環境、企業歷史策略規劃等方面進行研討，有助於湧現出上層的策略規劃。章節 6.1 中曾講到，策略場景包括年度計畫場景、競爭對策場景、策略觀念場景。

策略內容與過程

策略內容與過程是綜合方案的重點內容，包括四大部分：企業生命體、企業生命週期階段、執行過程、相關策略理論。

➤ 企業生命體。企業生命體包括企業產品、T 型商業模式、企業贏利系統，其中企業產品是 T 型商業模式的核心內容，而 T 型商業模式又是企業贏利系統的中心，它們三者構成一個三層鑲嵌模式結構。

在策略場景中研討及指導方案闡述的內容首先是企業產品，其次是 T 型商業模式，最後是企業贏利系統。例如：如何透過產品組合創造更多的目標客群？如何改進企業產品中的價值主張，與競爭對手形成差異化？如何改良贏利機制，提高防護壁壘？等等。這些都屬於與企業產品相關的策略內容。如何建構行銷組合對抗市場競爭，吸引更多目標客群？如何提升供應鏈水準，提高產品品質及降低成本？如何權益融資、引進人才，提高企業的資本水準？等等。這些都屬於與 T 型商業模式相關的策略內容。如何打造管理團隊、形塑共同願景？根據階段性目標，如何提升組織能力？如何進一步塑造企業文化？根據目前存在的困境問題，如何創新變革？等等。這些都屬於與企業贏利系統相關的策略內容。

綜上所述，在企業生命體範圍內，與策略相關的內容很多，但是一定要按照企業產品→T 型商業模式→企業贏利系統依照順序討論。

➤ 企業生命週期階段。企業生命週期包括創立期、成長期、擴張期、轉型期，每一階段都有自身的主要策略主軸。例如：企業在成長期的策略主軸是持續贏利成長、累積競爭優勢。企業處於什麼生命週期階段，相應的主要策略主軸就是策略場景中研討及指導方案闡述的重點內容。

➤ 執行過程。在新競爭策略中，執行過程可分為三大步驟：調查分析、指導方案、執行優化。為了方便表達，將其稱為 DPO 模型。DPO 分別是 Diagnosis（調查分析）、Plans（指導方案）、Optimizing（執行優化）的開頭縮寫。這三大步驟將分別在章節 6.3、6.4、6.5 中具體闡述。在《企業贏利系統》書中首次提出 DPO 模型，這裡對它進一步更新改良。在綜合方案中，執行過程縱向貫穿從企業歷史策略規劃→企業現狀與外部環境→策略內容與過程→策略場景→策略規劃的五個層次，橫向連結企業生命體、企業生命週期策略路徑、相關策略理論，並與策略規劃、策略場景反覆「切磋」（見圖 6-2-1），以使綜合方案最佳化。

➤ 相關策略理論。在執行過程與策略規劃、策略場景反覆循環的「切磋」活動中，應該參考或吸收圖 6-2-1 或圖 6-1-1 所示的相關策略理論。

企業現狀與外部環境

　　策略內容與過程、策略場景、策略規劃等內容與活動要基於企業現狀和外部環境狀況而定。對於新創企業或處於轉型期的企業來說，內外部環境分析更重要一點。而對於持續發展的企業來說，產業環境是比較穩定的，整體環境也不會經常發生劇變，企業內部狀況具有持續性，所以涉及企業現狀與外部環境分析的內容較少。

企業歷史策略規劃

　　策略內容與過程、策略場景、策略規劃還要參考企業歷史策略規劃，將過去、現在及未來串聯在一起。

　　綜上，從形式上看，策略規劃是一套指導企業成長與發展的計畫類準則；從實質上看，策略規劃是企業領導人帶領企業全體員工，為實現企業的目標願景而開闢一條獨特策略路徑的智慧湧現活動。

6.3

調查分析：從哪裡開始？內容是什麼？形成什麼成果？

> **重點提示**
>
> ▸ 透過 SWOT 分析為企業訂定策略，有哪些優缺點？
> ▸ 調查分析的作用是什麼？
> ▸ 為什麼採用計劃方法作為調查分析的成果引導？

企業現狀到未來的策略目標與願景之間，有一條「鴻溝」，策略路徑好比在它們之間架上一座橋梁，見圖 6-3-1。**策略路徑怎麼走，需要一個指導方案，而指導方案以調查分析為基礎。它們共同構成企業的策略規劃。**

策略不是每天要做的經營活動，通常為一年一次研究與討論，制訂或修訂一下企業的策略規劃。所以，可以將策略規劃看作是一個工程專案。作為一個工程專案，就要有開始、有過程、有成果。

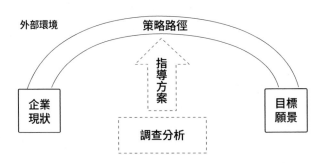

圖 6-3-1　調查分析與指導方案的作用示意圖

大部分策略教科書前三章的內容通常是「願景／使命／價值觀、外部環境分析、內部環境分析」，占用篇幅很多，並且它們與教科書後半部分的內容也沒有什麼關聯。這樣的安排也許是歷史傳承或約定俗成，從它們開始能

夠制定企業策略嗎？也許是為了教學，它們僅僅是一些應該懂的知識點。

後來看到一本書對此進行補充說明，外部環境分析就是為了發現外部的機會和威脅，簡單說就是「找契機」、「躲陷阱」；內部環境分析就是為了找到內部的優勢與劣勢，通俗的說，就是發現自己的「長處與短處」。兩者相結合就是 SWOT 分析，然後為企業制定策略，即從成長型策略、多角化策略、扭轉型策略、防禦型策略中選擇其中一種。但是，除了多角化策略之外，策略教科書後面的部分並沒有具體闡述這些「定策略」的內容。

環境不確定性在增加，競爭越來越激烈，企業經營越來越複雜。如果還在依靠西元 1980 年代初提出的 SWOT 分析工具為企業定策略，這也太簡略了！因此，現在「好策略」鳳毛麟角，「壞策略」比比皆是。

1960 年代，由於第二次世界大戰後經濟大繁榮，當時美國大公司的經濟效益普遍非常好，並且還沒有什麼國外企業競爭。像公司策略及策略管理的一代宗師安索夫所服務的洛克希德公司主要研發、生產航空軍工產品。這些企業的主營業務非常賺錢，公司企劃部門的主要工作就是發現外部環境機會與風險，結合企業內部優勢與不足，制定一體化擴張、多角化經營、兼併收購、跨國化發展策略，追求母公司與子公司之間的「母合優勢」。到 1970 年，超過 94% 的美國 500 強企業都在積極進行多角化經營。

可以說，後來的策略教科書就是依據那個年代那些美國大公司的策略實務編寫的，除了內容越來越龐雜以外，至今沒有什麼本質變化。這些教科書的前三章內容通常是「願景／使命／價值觀、外部環境分析、內部環境分析」，後續各章的主要內容通常為前後一體化策略、各類多角化策略、全球市場策略、兼併收購策略等，見圖 6-1-1。廣義上說，這些都是與多角化相關的策略。這樣的結構安排，就是透過 SWOT 分析為企業制

定多角化策略的非常典型的做法！

如今，多角化失敗案例比比皆是，大企業都在回歸核心、有機擴張。如果占企業總數 95% 以上的中小企業，還要參照那些策略教科書典範制定策略，那不是自取滅亡嗎？

正如本書各章所闡述的那樣，新競爭策略給出了企業制定策略的新典範。不論大小企業，都應該以專一化經營為主，謹慎實施多角化。概括來說，新競爭策略含有這樣一個緊密連結企業經營的策略邏輯過程：企業生命體（企業產品、T 型商業模式、企業贏利系統）沿著企業生命週期策略路徑進化與成長，透過實現創立期、成長期、擴張期、轉型期等各階段的主要策略主軸，將企業產品從潛優產品→熱門產品→超級產品，讓「小蝦米」創業成長為「大鯨魚」，實現企業策略目標和願景。

一方面，基於這個策略邏輯過程，制定或開展企業的策略規劃與場景活動；另一方面，制定完成或進一步開展的策略規劃與場景活動，又可以用來指引未來的企業經營管理實務，實行上述策略邏輯。

在新競爭策略中，透過 DPO 模型及策略場景等，形成企業的策略規劃。依據 DPO 模型，執行過程可分為三大步驟：調查分析、指導方案、執行優化。

這裡的調查分析，比策略教科書的外部環境分析、內部環境分析等更有針對性、內容更廣泛、邏輯更嚴謹，但本書並不對它的相關細節展開論述，而只在本節用一節的篇幅簡明扼要的加以說明。之所以這樣安排，是因為從內容定位上，調查分析只是本書的輔助性內容。如果筆者寫策略規劃方面的專門書籍，調查分析就應該是其主要內容。並且，在實務上，涉及調查分析的諸多內容都來自日常見聞或經驗累積，顯而易見，並不需要逐項分析。

有個笑話說，在新冠疫情爆發後，所有公司的警衛、保全都成了哲學家，見到來訪的客人就盤問：你是誰？你從哪裡來？你要到哪裡去？與此類似，調查分析也有一個自己的「哲學家三問」：從哪裡開始？內容是什麼？形成什麼成果？

調查分析從策略目標及策略主軸開始，見圖 6-3-2。調查分析的內容包括空間和時間兩個向量，兩者構成時空整體。企業生命體代表空間性，計劃方法及企業生命週期階段等要素代表時間性。調查分析最終形成的成果是初步指導方案。

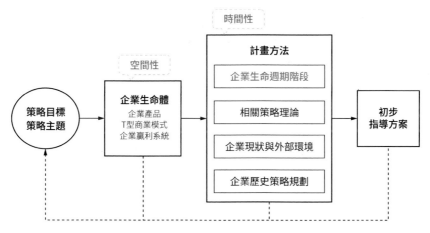

圖 6-3-2　調查分析的起始、內容與成果示意圖

策略目標及策略主軸

策略目標及策略主軸是策略規劃所追求的目的，因此它們屬於結果。從以終為始的角度，它們又是策略規劃得以實行的依據，所以調查分析從策略目標及策略主軸開始。

策略目標從哪裡來？傳統上，策略目標最多的表現形式是銷售收入、淨利潤等經營績效指標，或叫作財務指標；現在，使用者數、市場占有

率、開店數量等數值對特定階段的某些企業也是非常必要的策略目標。在調查分析之前，應該有初步的策略目標，它們可以基於上一年的指標推導得出，或預測未來得出，或與競爭的對手比較得出，或憑領導者的直覺得出。但是，經過調查分析後，對原本的初步策略目標要進行更新改良，才是更符合企業實際情況的策略目標。

　　圍繞策略目標或願景，策略主軸、產品願景等是指企業應該著重抓緊的一些關鍵，也可以看作是固定的策略目標。在本書第 2、3、4、5 章，分別闡述了企業生命週期各階段的主要策略主軸及產品願景。例如：成長期的策略主軸為持續贏利成長，累積競爭優勢，塑造熱門產品。有些企業成長期要持續幾十年，所以這些策略主軸還要進行分解細化，以適合當期的策略規劃需求。如何對策略主軸進行分解細化，可以參考平衡計分卡、策略地圖等相關理論的闡述。

企業生命體

　　企業生命體代表著調查分析所需要的「空間性」方面的內容。企業生命體的圍繞核心首先是企業產品，其次是 T 型商業模式，再來是企業贏利系統。

➤ **企業產品決定著企業的市場表現、產品創造及盈利情形。這些方面需要調查分析的內容很多**，例如：對市場區隔的目標客群、各類競爭者的調查分析；對相關合作夥伴（供應商）的調查分析；對企業所有者能夠引進或付出的貨幣資本、物質資本及智慧資本的調查分析等。

➤ 企業產品是 T 型商業模式的核心內容，創造模式、行銷模式、資本模式都圍繞企業產品而存在，所以還要對 T 型商業模式的相關要素進行調查分析。

> 企業贏利系統以商業模式為中心，管理團隊、組織能力、業務流程、企業文化等要素透過商業模式最終對企業產品形成支援和保障。同理，也需要對這些要素進行必要的調查分析。

　　平衡計分卡理論有助於理解企業生命體促進企業成長與發展的邏輯。平衡計分卡理論的核心內容是：財務、客戶與市場、內部流程、學習與成長之間構成促進企業成長與發展的基本因果邏輯，即財務指標的達成取決於客戶購買情況等市場表現；客戶購買情況取決於內部流程的優劣；內部流程的優劣取決於企業員工的學習與成長。所以，學習與成長→內部流程→客戶與市場→財務指標這個驅動過程，就是企業成長與發展的基本因果邏輯。

　　策略不能是知識堆砌，也不能讓人感到空洞。策略規劃應該以企業成長與發展的因果邏輯為內容基礎。企業生命體促進企業成長與發展的邏輯為：達成策略目標與策略主軸需要企業產品具有創造客戶的良好市場表現；企業產品的良好市場表現取決於 T 型商業模式中創造模式的建構、行銷模式的推廣及資本模式的賦能，而 T 型商業模式的優劣又取決於企業贏利系統的系統性鼎力支援。所以，企業贏利系統→ T 型商業模式→企業產品→策略目標與策略主軸的這個驅動過程，就是企業成長與發展的基本因果邏輯。

計劃方法

　　將企業生命體等「空間性」的內容放到計劃方法的「時間軸」才有具體價值意義。例如：在一定時間期限內，如何為企業創造更多的目標客群？它可能涉及新產品的上市時間，一定時間內產品的供應量，行銷組合、預算等行動在時間軸上的投放策略等。策略的本質是計畫，其重點內容之一是策略、能力及資源在時間軸上的分布。

不能為了調查分析而調查分析，而應該透過計劃方法將調查分析收斂成一個有時間順序的初步指導方案。計劃方法有很多，這裡推薦「5W2H 計劃法」。

What：策略目標及其策略主軸、產品願景。

Why：目標與主題的背景闡述或原因解釋。

When：策略、能力及資源在時間軸上的時間節點。

Where：涉及的場景地點。

Who：相關責任人、承擔人或監督者。

How：從企業生命體內容邏輯等理論展開的策略路徑及具體策略。

How much：預算及其他相關量化指標。

計劃方法橫向連結策略目標及策略主軸、企業生命體；縱向可依據或參考第 2 ～ 5 章闡述的企業生命週期各階段主要策略主軸、產品願景、相關策略理論、企業現狀與外部環境、企業歷史策略規劃等方面，見圖 6-3-2。

策略教科書的外部環境分析、內部環境分析方面涉及的內容、工具、方法等，都可以用在新競爭策略的調查分析中。例如：外部環境分析常見的內容或工具有 PEST 分析、產業環境分析、生命週期分析、競爭者分析、利益相關者分析等；內部環境分析常見的內容或工具有價值鏈分析、策略資源分析、核心能力分析、競爭優勢分析等。它們都可以用在 DPO 模型的調查分析中。

初步指導方案

調查分析是一個「中心→發散→收斂」的過程。中心是指策略目標及策略主軸；發散是指企業生命體、計劃方法、策略路徑等相關內容的展開；收斂是指最終要形成的初步指導方案。

　　新競爭策略的調查分析有如下三個特點：其一，調查分析以企業個體因素為主（大約 80% 權重）、中觀產業因素次之（大約 15% 權重）、總體經濟因素再次之（5% 權重）。其二，參與者的理論水準與實踐經驗要並重，具有較強的綜合能力。其三，調查分析的工作重點是趨勢預測。

6.4
指導方案：希望「問鼎中原」，企業應該怎麼做？

重點提示

▶《隆中對》對於企業制訂策略規劃有什麼借鑑意義？

▶ 指導方案與策略規劃有哪些異同之處？

▶ 如何為企業制訂一個策略指導方案？

　　諸葛亮（西元 181 年－ 234 年），字孔明，身高八尺，住在隆中（位於湖北襄陽城西 10 公里）鄉下一個依山傍水的地方。他親自在田地中耕種，喜愛吟唱古曲《梁父吟》，常常把自己和歷史有名的策略家管仲、樂毅相比。當時人們都認為諸葛亮是在自吹自擂，不像是有大本事的人。

　　西元 207 年，劉備的兵營駐紮在距離隆中不遠的新野（今河南省南陽市新野縣）。謀士徐庶對劉備說：「諸葛孔明這個人，是臥伏在人間的一條龍，將軍可願意見他？」劉備說：「你去叫他來吧。」徐庶說：「我們不可以委屈孔明，召他上門來。將軍應該屈尊親自去拜訪他。」因此劉備就去隆中拜訪諸葛亮，總共去了三次，才見到諸葛亮。劉備對諸葛亮說：「漢室的統治崩潰，奸邪的臣子盜用政令，皇上因此遭難出奔。我想為天下人伸張大義，然而我才智短淺、謀略不足，因此連連遭

遇失敗，落得今天這個艱難的局面。但是我志向猶存，不做出一番事業來絕不甘休！您認為我應該怎麼辦才好呢？」

　　諸葛亮回答道：「自董卓獨掌漢室的大權以來，各地豪傑同時起兵，形成了現在群雄割據的局面。曹操與袁紹相比，聲望少之又少，然而曹操最終能打敗袁紹，憑藉弱小的力量戰勝強大的對手，不僅僅是得天時，更得益於曹操謀劃得當。現在曹操已擁有百萬大軍，挾持皇帝來號令諸侯。在目前的情況下，確實不能與他爭強。孫權占據江東，已經歷經三世了，地勢險要，民眾歸附，又任用了有才能的人。由此，孫權這方，只能把他作為外援，但是不可謀取他。荊州北靠漢水、沔水，一直到南海的物資都能方便取得，東面和吳郡、會稽郡相連，西邊和巴郡、蜀郡相通。這是大家都要爭奪的地方，但是它的主人卻沒有能力守住它。這大概是上天拿它來幫助將軍的，將軍你可有占領它的意思呢？益州地勢險要，有廣闊肥沃的土地，自然條件優越，漢高祖憑藉它建立了帝業。益州的主人劉璋昏庸懦弱，張魯在益州之北占據漢中，那裡人民殷實富裕，物產豐富，劉璋卻不知愛惜。有才能的人都渴望得到賢明的君主，而將軍是皇室的後代，一直在如飢似渴的招納賢才，已名傳天下、聲望很高。如果將軍能占據荊、益兩州，守住險要的地方，與西邊的各個民族和好，又安撫南邊的少數民族，對外聯合孫權，對內革新政治，那麼一旦天下形勢發生變化，就派一員上將率領荊州的軍隊直指中原一帶，將軍您親自率領益州的軍隊從秦川出擊，老百姓誰敢不用竹籃盛著飯食、用玉壺裝著美酒來歡迎將軍呢？如果真能這樣做，那麼稱霸一方的事業就可以成功，漢室天下就可以復興了。」

　　劉備說：「好！」從此與諸葛亮的關係日漸親密起來。劉備的結拜兄弟關羽、張飛等人為此不高興，劉備勸解他們說：「我有了孔明，就像魚得到水一樣。希望你們不要再說什麼了。」

　　（資料來源：譯自西晉史學家陳壽的《隆中對》）

　　參見上文，劉備接連登門拜訪三次，最後才見到諸葛亮，稱為「三顧茅廬」。三顧茅廬之前，劉備顛沛流離 30 年，跑遍大半個神州，遊走在各方勢力之間，到處受排擠、被人懷疑，最終不得不寄人籬下，苟且偷生。三顧茅廬之後，劉備按照諸葛亮給出的策略指導方案，從此發展起來，很快形成軍事集團，與曹操、孫權平起平坐。然後，劉備軍事集團僅用大約 7 年時間就初步建立蜀國，形成魏國、蜀國、吳國三足鼎立之勢。

　　諸葛亮為劉備提供一個「好策略」的同時，還帶來了一個「壞策略」。蜀國先於魏國、吳國，沒過多少年就衰亡了。唐代杜甫詩云「出師未捷身先死，長使英雄淚滿襟」。為了推進自己制定的策略，諸葛亮率軍不斷四處征戰，最終心力交瘁，病逝軍營。

　　後人評價說，荊州為兵家必爭之地，連年戰火四起，類似現在的「巴爾幹火藥庫」；益州位置偏遠，地勢易進難出，不足以制天下。所以，諸葛亮給出的策略指導方案 —— 占據荊、益兩州，從地理方面來說是有嚴重問題的。還有人說，戰爭是國家綜合實力的較量，強調以兵力集中之勢，戰勝兵力分散之敵。本來蜀國就是三國中最弱的，而且荊州和益州隔了千里之遙，諸葛亮還要分散兵力。**還有人評價說：「不戰而屈人之兵」是孫子兵法提倡的思想境界，而諸葛亮的主要思想是「先戰而後求勝」，把蜀國引導到列強爭戰的旋渦之中，長期陷入無休止的「硬球」對抗，最終先於他國衰亡。是否可以這樣修正諸葛亮的指導方案？**劉備的最優策略是占據荊州的江南四郡或益州 —— 兩者只選其一，以逸待勞，練兵強國。這期間，擇機透過高超謀略，促使孫權與曹操兩大集團激烈對抗，以尋得「漁翁之利」的機會……

　　諸葛亮的文韜武略人人都知曉，一代名相千古留名，是非常厲害的。在隆中那次對話中，諸葛亮給劉備提供的只是一個初步的策略指導方案。

從調查分析得出的初步指導方案，還要經過兩個方向的修正、改良，見圖 6-4-1。一個是橫向流程上透過策略場景的研討流程，讓更多企業內外的人參與進來，集思廣益、群策群力，將初步的指導方案轉變為正式的指導方案，並最終形成企業策略規劃的一部分。另一個是縱向流程上隨著時間推移對問題或事物的了解進一步加深，不確定性轉化為確定性，還有一些因素會突變反轉等，所以在策略執行中要對初步指導方案不斷修正、改良（簡稱「執行優化」）。

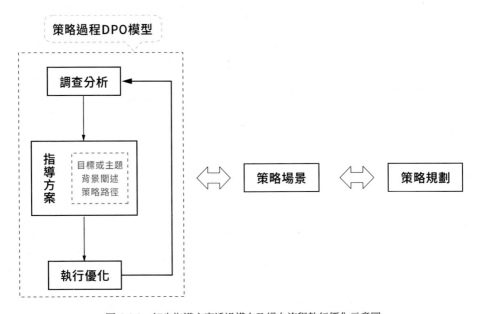

圖 6-4-1　初步指導方案透過橫向及縱向流程執行優化示意圖

　　如圖 6-4-1 所示，從調查分析→指導方案→執行優化，是一個不斷改進與更新的過程。透過橫向上策略場景的研討流程，將調查分析獲得的初步指導方案轉變為可應用的指導方案。在 DPO 模型中，這個可應用的指導方案還要在企業經營實踐中不斷被執行優化，甚至需要進一步補充調查分析，以獲得更加適用、可行的指導方案。另外，圖中的策略規劃也是一

個總稱，包括中長期策略規劃、年度策略計畫、競爭對策方案、策略觀念體系等。這些不同種類的策略規劃，在應用 DPO 模型時，在內容等方面也會分別具有一些自身的特色。

或許是劉備太信任諸葛亮了，也或許是「三顧茅廬」需求太迫切，不論是什麼原因，劉備最終沒有透過一套策略場景進行討論，對諸葛亮給出的初步指導方案進一步做出論證及修正，也沒有在後續的實踐中執行優化。貫徹始終執行一個初步的策略指導方案，最終結果往往不盡如人意。

在企業經營中經常有類似的問題發生。老闆是知名企業家，一言九鼎，對企業發展提出的策略建議沒有人敢懷疑，大家唯唯諾諾執行，最終出了問題還不能責備老闆，只能歸罪於外。在董事會上，外面聘請的知名策略顧問言之鑿鑿，為企業提出了初步的策略指導方案。大家對頭戴光環的專家像對諸葛亮一樣崇拜，根本就不會提出質疑。其實，一些所謂的策略專家，更多的是理論或經驗之談，僅供企業參考。企業要真正有好策略、持續有好策略，最終還是要依靠企業的管理團隊及策略人員，還是要參照本章提出的策略規劃理論。

如圖 6-4-1 所示，指導方案內容通常包括三個方面：目標或主題、背景闡述、策略路徑，可以寫成一個公式：指導方案＝目標或主題＋背景闡述＋策略路徑。就目標或主題來說，制訂長期策略規劃時，還可以包括願景。策略目標比較容易量化表達，例如：新年度銷售收入成長 75%、淨利潤達到 2.3 億元人民幣等；策略主軸更適合固定的目標，例如：新年度重點事項是培育核心競爭力，去多角化、回歸核心、聚焦主營業務、打造超級產品等。背景描述可以包括歷史背景分析、內外部環境分析、問題背景分析等。從總體方面來說，策略路徑就是為實現願景、目標或主題，企業生命體如何成長與發展的。從具體內容上看，就是從時間和空間兩方面，

企業採取的措施、策略、方法及步驟、集中資源加強的相關薄弱環節、涉及的預算及人才等資本保障等。

上述諸葛亮對三顧茅廬而來的劉備說的一番話，就比較符合以上指導方案的構成公式。它可以作為一個範本，供企業制訂策略指導方案時參考。一是從目標願景方面，透過這個指導方案，讓劉備從當時的寄人籬下境遇，先有一個立足之地，逐步實現三國鼎立、成為一國君主，然後進一步問鼎中原，最終完成國家統一大業。二是從背景闡述方面，諸葛亮一開始就說：自董卓獨掌漢室的大權以來，各地豪傑同時起兵……大部分內容都是在闡述背景。三是從策略路徑方面，諸葛亮建議劉備：先占據荊、益兩州，守住險要的地方，與西邊的各個民族和好，安撫南邊的少數民族，對外聯合孫權，對內革新政治，那麼一旦天下形勢發生變化……

進一步分析諸葛亮給出的初步指導方案，我們會發現對背景的闡述相對較多，而對策略路徑的建議相對有點少。這有點像「包子皮太厚，而餡太少」，企業的指導方案應該避免這樣的情況發生。當然，對於新創企業或處於轉型期的企業來說，背景闡述可以略多一些，但也不能喧賓奪主，畢竟策略路徑才是指導方案的核心內容。另外，諸葛亮的建議中缺少備選方案及對每個方案的利弊分析。這在制定策略時是極少見的，也是應該力求避免的。

公司策略只有不到 100 年的歷史，而諸葛亮與劉備的「隆中對話」發生在 1,800 多年前。由此，我們不得不由衷讚嘆先人的智慧，崇敬諸葛亮的雄才大略及為事業鞠躬盡瘁的精神。當然，我們也要感謝《隆中對》的作者陳壽為我們留下寶貴的策略思想遺產。

6.5

執行優化：事上磨練，才能站得穩

> **重點提示**
>
> ▸ 為什麼外部環境越是「VUCA」，越需要重視策略計畫？
> ▸ 依據策略調色盤理論，一個企業可以同時具有兩種策略類型嗎？
> ▸ 為什麼說「中小企業不需要策略」的說法是錯的？

萬維鋼有一句話說：「如果你的打法是什麼都事先計劃好，謀定而後動，沒有把握見到機會也不出手，你就永遠也打不過貝索斯、隆美爾和川普這樣的人。」還有人說，現在是「VUCA 時代」，即企業現在的經營環境具有不穩定性（Volatility）、不確定性（Uncertainty）、複雜性（Complexity）和模糊性（Ambiguity）等特點。大家也常說「計畫沒有變化快」。那麼，調查分析、指導方案等策略規劃的方法論還能起作用嗎？

在本書章節 6.2 的中間部分曾總結了策略規劃的六點作用，開頭部分還講述了阿蒙森、史考特兩個團隊到南極點探險的案例。**這個案例啟示我們，外部環境越是「VUCA」，越需要重視策略計畫、重視調查分析及給出指導方案，並據此做好充分的準備。「計劃趕不上變化」確實存在，關鍵是如何制定計畫及如何在執行中修正、改良原本的計畫。**

與企業經營相比，戰爭具有更多「VUCA」特點。在第一次世界大戰、第二次世界大戰中，德軍制訂作戰計畫時的詳細和刻板程度是我們很難想像的。就以第一次世界大戰時德國總參謀部制定的史里芬計畫（Schlieffen Plan）來說，它居然詳細規定到了每一支部隊每天的進展，例如：右翼部隊的主力，從軍事行動開始後第 12 天要炸開列日要塞，第 19 天占領布魯塞爾，第 22 天進入法國本土，第 39 天必須攻克巴黎，一天都

不能錯。戰爭開始後，從駐地到前線的進軍與防守計畫、物資運輸計畫、資訊溝通方式；每一支部隊有多少兵力，需要多少補給，配備多少武器裝備等，全都詳細規定好了。但是戰爭一開打，這些詳盡的計畫一定需要根據環境變化不斷調整。因為戰爭是雙方的競爭對抗，任何一方都不能完全預料對手的行動，也不能控制氣候的無常變化及諸多突發事件的發生，甚至己方出現狀況耽誤預定計畫也是在所難免的。

德軍這樣制訂作戰計畫對嗎？波士頓管理顧問公司資深合夥人馬丁‧里維斯（Martin Reeves）等專家在《策略的本質》一書中提出一個叫作「策略調色盤」的理論，其主要思想是根據環境的不可預測性、可塑造性、嚴苛性，將企業策略分為經典型策略、適應型策略、願景型策略、塑造型策略和重塑型策略五種類型。

採用經典型策略的前提條件是：環境是可以預測的，競爭版圖基本上已經穩定，不太會有巨大的突破性變化，企業發展是循序漸進的。經典型策略更像是一個滾動式計畫，第一年→第二年→第三年之間具有連貫性，計畫預算可以做得很詳細，執行調整中也很少有較大的變動。

採用適應型策略的前提條件是：環境變化快、不可預測且難以改變，競爭版圖像分散且凌亂的拼圖，企業向前發展猶如探索迷宮。適應型策略更像是「打一槍換一個地方」，從多個策略路徑中選擇，不斷試驗及勇於嘗試錯誤，「做對了」就堅持與推廣，「做錯了」就及早放棄，最後找到屬於自己的「領地」。美團從創業起步到前期成長的過程與適應型策略有點類似。在這種環境下，探索性、短期策略較多，計畫是粗略的，需要在執行中優化及透過試驗、嘗試錯誤發現更好的方案。

採用願景型策略的前提條件是：企業堅持追求某個宏偉目標，並且認為環境能夠預測也能夠改變；競爭版圖存在廣大的薄弱區域，企業試圖在

此建立一個新的「王國」。像拼多多、華為、小米等公司的創業成長階段那樣，只有當願景型企業能夠獨立建立起一個具有吸引力的全新市場格局時，這個策略才真正有效，否則就屬於偏執狂式的空想策略。在這種環境下，中長期策略規劃應該表明企業的策略願景和意圖，並具有明確的建構性和指導性；年度策略計畫要具有一定程度的激進性和靈活性，以便於執行中持續優化；企業管理團隊要具有合作及堅持精神。

採用塑造型策略的前提條件是：當環境不可預測但具備可塑性時，企業有機會在產業發展或轉型的早期階段對其進行塑造或重塑，並對產業規則進行定義。在此類環境下，企業可以開闢一片全新的藍海區域或利用競爭版圖中存在的突破性機會重構產業。像阿里巴巴、騰訊、羅輯思維等企業的早期成長階段那樣，塑造型策略需要企業所處的產業處於發展的早期，企業能夠與利益相關方聯合共擔風險、共同合作。在這種環境下，企業很難有明確的中長期策略規劃，但是年度策略計畫需要一定的確定性，在執行中也鼓勵積極探索與創新。

採用重塑型策略的前提條件是：當外部環境充滿挑戰，目前的經營方式已無法持續下去時，果斷進行變革不僅是企業唯一的生存之道，而且能幫助企業抓住復興的機會。在這種環境下，企業必須儘早認清不斷惡化的環境並採取應對措施。重塑型策略起初以防禦為主，然後從以上四種策略類型中選擇其一。

在上文中，德軍制訂作戰計畫的方法，比較適合經典型或願景型策略環境，而當環境突變為既不可預測也難改變的狀況時，這種類型的作戰計畫通常就會失去效力。像第一次世界大戰、第二次世界大戰等大規模戰爭，通常會有導致環境突變的事件發生，例如：第二次世界大戰中的諾曼第登陸、史達林格勒戰役等。

　　策略調色盤理論給出的這五種策略類型，可以被不同產業領域、不同地區、不同生命週期階段的企業所借鑑。在這五種策略類型中，除了經典型策略環境可以預測及願景型策略環境主觀認為可以預測外，其他策略環境都是不可預測或較難預測的。並且，未來環境可以預測或人為可以預測並不代表企業就能準確預測。在「VUCA 時代」背景下，環境「可預測」只是相對的、特定的、短暫的，而「不可以預測」卻是絕對的、普遍的、長期的。因此，企業的策略規劃或指導方案只是對未來的一些合理假設、推演或猜想，還需要在執行中根據內外部環境各種因素變化進行持續更新，最終才能成為一個「好策略」。

　　明茲伯格所著的《策略工藝化》一書中，提出這樣一個問題：企業策略究竟從何而來？是深思熟慮、事先設計出來的，還是靈活應變、事後總結出來的？明茲伯格認為策略的形成過程，與匠人製作陶器的過程類似，是一個構思、設計、摸索、嘗試、學習、調整的過程 —— 策略是精心設計與機緣巧合的複合體。企業制定策略，應該像掌握一門工藝那樣，將過去、現在和未來自然的融合在一起。

　　結合明茲伯格所言，新競爭策略的 DPO 模型也試圖說明企業策略的形成過程。基於企業經營環境，經過調查分析和策略場景研討給出策略指導方案，見圖 6-5-1。在指導方案實際執行時，總會有一些不恰當或不能執行的策略被放棄，稱之為「未實現的策略」；在指導方案執行過程中，還會透過學習、適應而湧現一些新的策略，並對指導方案進行修正、更新，稱之為「執行優化」。兩者結合構成為已實現的策略。在經營實踐中，指導方案與經營現狀完全吻合是罕有發生的；同樣的，完全依靠經營現場湧現一些新的策略，也將導致企業策略迷失或誤入歧途。真正的策略形成過程是調查分析、指導方案、執行優化三者的完美結合。

　　標準化管理是麥當勞的重要競爭力之一，所以由總部研發中心按照計畫研發及推出新產品屬於重要的產品策略。但是，像大麥克、麥香魚、蘋果派⋯⋯這些麥當勞的暢銷產品，都是由特許經營商所發明或者改良後推出的。它們在推出早期，由於與麥當勞總部的產品策略管理不符合，上市銷售還一度受到限制。產品策略好與壞，最終要看產品在市場上的表現，能夠為企業創造多少價值。這些都必須在執行中優化。

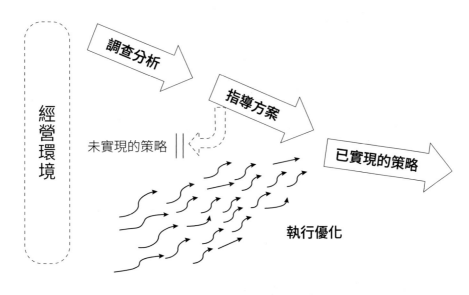

圖 6-5-1　DPO 模型中的執行優化示意圖

　　策略指導方案必須結合實務，並在實踐現場驗證與改良。安泰俄斯是大地女神蓋亞和海神波賽頓的兒子，力大無窮，無人能敵，但只要他離開大地，神力就會瞬間消失，變得不堪一擊。王陽明哲學提倡「事上磨練，才能站得穩」；稻盛和夫說「工作現場有神靈，答案永遠在現場」；任正非說「不到現場去，怎麼能出真思想」。

　　執行優化的前提是策略的有效實行（簡稱「策略執行」），這是管理

體系應該討論的內容，平衡計分卡理論或華為策略管理 DSTE 框架 [17] 也有對這方面的具體闡述。策略執行包括兩部分：首先要將指導方案逐級拆解、轉變為營運計畫，然後透過日常營運取得經營績效，這樣最終才能實現策略目標。就像為戰艦設計了行駛路徑，最終戰艦要按計畫行駛才能到達目的地或完成作戰任務。

　　一般來說，策略指導方案的執行優化可以透過以下管理活動實現：

➤ 策略檢討。對於常規業務，可以一年進行一次策略檢討，通常與年度計畫場景活動一起進行。對於創新性業務，通常為一個月或一個季度檢討一次，快速找到策略執行中存在的問題，並及時修正、更新原有策略。

➤ PDCA 管控。透過定期或不定期的 PDCA 管控活動，持續改善及提升企業的策略管理水準，並對策略指導方案進行執行優化。P：Plan（計劃），是指制定策略；D：Do（執行），是指執行策略；C：Check（檢查），是指對策略的控制與檢核活動；A：Act（行動），是指處理問題，總結規律，改良原有策略。

➤ 策略小組活動。由策略制定者、執行者及其他相關者組成策略執行優化小組，透過交流、學習及深入研究，對策略指導方案進行追蹤改良。

➤ 經營分析會議。公司每月或每季度開經營分析會議，透過偏差分析、主題研討、腦力激盪活動，定期對正在執行的策略指導方案進行修正和改良。

➤ 策略場景活動。研討策略指導方案、策略規劃的策略場景活動，同時也是對原有策略的檢討和改良活動。

17　DSTE 是英文 Develop Strategy To Execution 的縮寫形式，可譯為「策略制定與執行」。

策略過程 DPO 模型只有三大步驟：調查分析、指導方案、執行優化。以跳舞做比喻，DPO 模型就像是三步舞華爾滋，透過基礎「三步」也可以變換出很多優美的舞步。在一些教科書或其他資料中，我們也能看到包括策略分析、選擇研究、策略制定、策略選擇、策略展開、策略考核、策略實施、策略控制、策略變革、策略創新、策略評估等步驟在內的策略過程六步驟、九步驟甚至十六步驟的說法。如果策略過程的步驟太多，就要謹防弄得太龐雜，想當然耳，太隨意、太繁雜等都不利於企業制定一個「好策略」。

6.6
策略管理：中小企業與大型集團有哪些異同？

重點提示

▸ 董事長負責策略有什麼利弊？

▸ 為什麼說競爭策略應該占據企業策略 80% 以上的權重？

▸ 為什麼說策略過程管理「條條大路通羅馬」？

本部分的重點內容與策略管理相關，主要包括策略管理的主體、企業策略的層次與重點內容、策略過程管理、策略管理的主要工作四個方面。

策略管理的主體

策略管理涉及的內容並不少，企業是否都要設置策略管理部門呢？對於中小企業來說，通常不必設置策略管理部門，可以在市場行銷部門或企劃部門設置 1 ～ 3 個專職或兼職策略管理職位。管理團隊應該高度重視策略，遇到突發性策略問題，大家要能夠腦力激盪、迎難而上；堅持每年挪

出一週左右的時間，集中思考，研討一下企業的年度策略計畫。能夠做到以上幾項，對於中小企業來說，就可以發揮出策略管理的職能作用。

對於大型企業而言，應該設置策略管理部，也可以與市場部門或企劃部門合併設置，因為它們的管理職能在很多方面是重合的。從公司治理的角度來說，董事長負責策略，董事會設有策略管理委員會。從廣義上說，公司董事會成員、高層管理者、中層管理者、策略管理部門和智囊團的相關人員等都屬於策略管理者。在一些大型企業集團，像京東、阿里巴巴、小米、百度、騰訊等，策略管理部門承擔著企業擴張與發展的職能，負責產業鏈及生態圈的建設，所以非常重要。這些企業集團通常還要外聘策略專家顧問，也常常是公司 CEO 或副總裁直接負責企業策略。

企業策略的層次與重點內容

按照傳統的說法，企業策略有三個層次，分別是總體策略、競爭策略、職能策略。

總體策略，也叫作公司層級策略或集團層級策略，主要回答「企業應該進入或退出哪些經營領域」的問題，是指透過一體化、多角化、收購兼併、全球擴張、合資合作等經營策略，以形成所期望的多商業模式組合。之前的策略學者，像安索夫、錢德勒等，和麥肯錫、波士頓等管理顧問公司，主要聚焦於總體策略方面進行研究或諮詢，這與大公司、跨國公司比中小企業對策略更重視或更願意支付較多的諮詢費用有關。至今，全球各地的商學院繼承了這一傳統，課程內容主要與總體策略相關。

競爭策略，也叫作業務層級策略，它以企業產品為中心展開，主要回答「企業在一個經營領域內怎麼參與競爭」的問題，指在一個商業模式內，透過確定顧客、供應商、產業競爭者、潛在進入者、替代品競爭者五

種競爭力量的關係，聚焦於正確進行企業產品定位，累積競爭優勢，培育核心競爭力，將潛優產品打造成熱門產品和超級產品，奠定本企業在市場上的特定優勢地位並維持這一地位。

職能策略，也稱為職能支援策略，是按照總體策略或競爭策略對企業相關職能活動進行規劃與計劃，例如：行銷策略、財務策略、人力資源策略、研發策略等。參照一個企業的組織結構圖，可以列出它大致應有的職能策略。

筆者認為，聚焦於競爭策略，才是一個企業成長與發展的「王道」。對於中小企業來說，核心是把主營業務做好，培育潛優產品及將它打造成熱門產品和超級產品，用不到總體策略或職能策略。如果中小企業過早引入及實施總體策略及職能策略，必然會有「小馬拉大車」等不良經營現象。對於大企業來說，現今「UCVA 時代」下，應該基於根基產品，圍繞核心有機擴張。競爭策略是企業策略的重點內容，它應該占據企業策略中80% 以上的權重，而總體策略、職能策略屬於輔助性或周邊支援的內容，見圖 6-6-1。

現在的策略教科書將相關知識點堆積在一起，幾乎千篇一律，換湯不換藥，90% 以上的內容都是在討論總體策略，還在延續 1970 年代左右美國大企業的策略實踐思想。儘管有些策略教科書也會用 10% 左右的篇幅介紹一下波特的競爭策略，或稱為業務策略，但往往只是將五力競爭模型、價值鏈理論、三大通用策略等概念以知識點的形式堆砌在一起，並不能給出一個供企業經營者參考的經營策略邏輯。

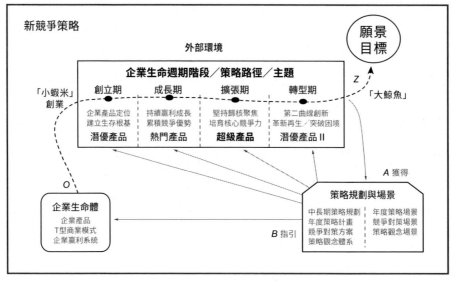

圖 6-6-1　企業策略的層次與重點內容示意圖

　　為了學以致用，參考其他學者的研究，筆者將波特的競爭策略理論體系概括為以下六方面：

➤ 競爭優勢是企業經營成功的前提條件；

➤ 產業結構是最重要的環境因素；

➤ 透過五力競爭等理論模型分析產業結構帶來的牽制或機會；

➤ 結合企業內部狀況，從成本導向、差異化、聚焦三大通用策略中，選擇其中之一作為企業的策略定位；

> ➤ 建構獨特價值鏈，以加深選擇的策略定位；
> ➤ 透過持續專一化經營，獲得競爭優勢，取得經營成功。

參見圖 6-6-1，概括來說，新競爭策略含有這樣一個緊密連結企業經營的策略邏輯過程：企業生命體（企業產品、T 型商業模式、企業贏利系統）沿企業生命週期策略路徑進化與成長，透過創立期、成長期、擴張期、轉型期等各階段的主要策略主軸，將企業產品從潛優產品→熱門產品→超級產品，讓「小蝦米」創業成長為「大鯨魚」，實現企業策略目標和願景。

為便於突出重點，企業生命體主要包括企業產品、T 型商業模式、企業贏利系統三方面內容，其中企業產品是 T 型商業模式的核心內容，而 T 型商業模式是企業贏利系統的中心內容或子系統。

在創立期，企業生命體如何成長與發展？參見本書第 2 章，這是一個從 0→1 的過程，所以創立期的策略主軸是：企業產品定位、建立生存根基。關於企業產品定位的支援理論有五力競爭模型、三端定位模型、第一飛輪效應等。並且，像波特三大通用策略、藍海策略、平臺策略、爆品策略、產品思維、品牌策略、定位理論、技術創新等，都可歸類為對企業產品進行定位的一種方法或一種理論思想。唯有企業產品正確定位後，處於創立期的企業才會有自己的潛優產品。

在成長期，企業生命體如何成長與發展？參見本書第 3 章，成長期的策略主軸是：持續贏利成長、累積競爭優勢。其主要內容包括聚焦於跨越鴻溝實現成長、驅動第二飛輪效應實現成長、發揮企業家精神實現成長、勇於面對「硬球競爭」實現成長、綜合利用各種策略創新理論或工具實現成長等。就像 3D 列印，每一次永續成長，就相當於為企業增加了一層競爭優勢。日積月累，企業的資本、尤其是智慧資本不斷累積，企業就將擁有稱雄於市場的熱門產品。

　　在擴張期，企業生命體如何成長與發展？參見本書第 4 章，擴張期的策略主軸是：堅持歸核聚焦、培育核心競爭力。企業如何培育核心競爭力？第 4 章提供的支持理論有普哈核心競爭力理論、SPO 核心競爭力模型、T 型同構進化模型、第三飛輪效應、慶豐大樹模型等。為了抵抗在企業界常見的激進投機式經營行為，我們提倡圍繞核心、有機擴張，提倡與時俱進、開拓創新的保守主義經營新思想。透過歸核聚焦及培育核心競爭力等主要策略主軸，企業將會擁有促進根基產品及諸多衍生產品共同進化發展的超級產品。

　　在轉型期，企業生命體如何繼續成長與發展？參見本書第 5 章，轉型期的策略主軸是：革新再生、突破困境及第二曲線創新。就此策略主軸，第 5 章給出的支援理論有從第一曲線業務躍升到第二曲線業務的雙 S 曲線模型、貫徹「不熟不做」原則的雙 T 連結模型、實施轉型解困及革新再生的突破口及路徑、達克效應化解方法、企業轉型的五個參考步驟等。在這些理論的指導下，如果企業成功實現業務轉型，那麼將開啟企業生命週期策略路徑的新征途，從潛優產品 II →熱門產品 II →超級產品 II，下一個成長與發展循環再次啟動。

　　綜上，我們簡要概述了新競爭策略理論指導企業經營的邏輯過程及主要內容。一方面，可以基於這個邏輯過程，制訂或開展企業的策略規劃與場景活動；另一方面，制訂完成或進一步開展的策略規劃與場景活動，又能用來指引未來的企業經營管理實務，實際執行上述策略邏輯。因此，本書第 6 章的主要內容包括：如何透過策略過程 DPO 模型及策略場景研討制定、執行改良、有效管理企業的各項策略規劃。

　　新競爭策略致力於發揮 1+1+1>3 的加乘作用，旨在將企業產品打造為超級產品，最終讓「小蝦米」創業成長為「大鯨魚」。第一，透過企業生

命體打造超級產品；第二，透過企業生命週期各階段（策略路徑）的主要
策略主軸共同打造超級產品；第三，透過策略規劃與場景打造超級產品。

策略過程管理

　　新競爭策略的策略過程 DPO 模型只有三個步驟：調查分析、指導方
案、執行優化，本章第 3 ～ 5 節已經簡要闡述，見圖 6-6-2。DPO 模型簡
潔有力，能簡單就不要複雜，比較適合中小企業，大公司也可以參考，旨
在為企業「發掘」一個好策略。彼得·杜拉克說，管理不在於知而在於
行，其驗證不在於邏輯，而在於成果。就像本書章節 3.6 開頭講述的郭雲
深「半步崩拳打天下」的故事，能真正把 DPO 模型用好，達到爐火純青
的地步，企業的策略管理水準就會出現飛躍。

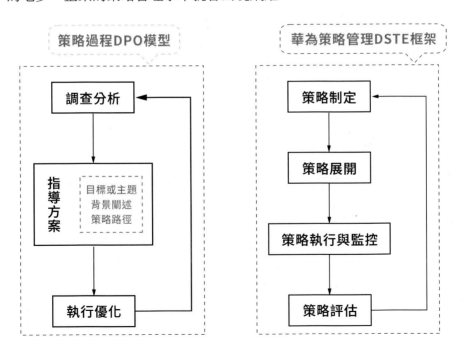

圖 6-6-2　策略過程 DPO 模型（左）與華為策略管理 DSTE 框架（右）

　　不像國、高中的數理化學科，管理學的答案並沒有唯一，針對同一問題，經常會出現「條條大路通羅馬」。華為策略管理 DSTE 框架也是一種策略過程模型，見圖 6-6-2。

　　DSTE 框架有四個步驟，從策略制定→策略展開→策略執行和監控→策略評估，是一個不斷動態循環升級的過程。DSTE 框架看起來很簡單，其實每個步驟都有很多工作要做，例如：策略展開（也叫作「策略解碼」）環節，可以用到平衡計分卡或策略地圖等工具，將策略規劃展開為各項年度業務規劃，包括年度產品與解決方案規劃、年度訂貨預測、年度全預算等十幾項主題內容。

　　DSTE 框架的理論源頭是 IBM 的業務領先模型（Business Leadership Model，BLM），比較重視策略執行、監控與評估，重點在保障企業穩健經營，從「血統」上來說比較適合超大型企業集團使用。當然，如果企業不大不小的話，可以將 DPO 模型與 DSTE 框架結合起來使用，既重視「發掘」一個好策略，也重視策略執行、監控與評估，魚和熊掌兼而得之。

策略管理的主要工作

　　由於所處產業、地區、階段的不同及規模、模式、風格等差異，各個企業策略管理工作的內容必然有很大的差異。從管理學原理的角度講，策略管理的主要工作源自策略業務與管理職能兩者形成的組合矩陣。策略業務包括收集情報、策略研究、調查分析、方案制訂、策略研討、策略展開、執行優化、策略評估等內容；管理職能通常是指計劃、組織、領導及控制四項主要職能。各企業可以依據以上原理與矩陣推導出策略管理的主要工作；也可以參照標竿企業策略管理工作的相關「範本」，結合本企業實際情況不斷改進，最終確定本企業策略管理的主要工作。另外，像百度文庫、MBA 智庫及一些 HR（人力資源）的相關網站，都有諸如「企

劃部門職能說明書」、「企劃部門職責及工作內容」、「企劃部門工作流程」、「策略總監職位說明書」等大量相關資料可供參考。

　　絕大部分中小企業策略管理職能薄弱，隨著企業規模擴大及危機意識上升，主要經營者將會越來越重視企業策略管理工作。但是，切記「羅馬不是一天建成的」，尤其是企業策略管理具有複雜、綜合、高難度的特點，所以既不能有一蹴而就、形式至上的心態，也不能過於模仿、照搬大型企業的做法。完善策略管理，推進策略職能水準的提升，也應該像生命體的成長一樣，它是一個循序漸進、不斷累積技術實力的過程。

　　知名產品人梁寧說，現在很多公司都有企劃部門，但調查後發現，大多數企業的企劃部門實際上是「機會部門」。其實，這種狀況有其必然性。

　　像華為、京東、阿里巴巴、騰訊、小米、百度等企業，創始團隊一路打拼將企業由小變大，逐漸有了超級產品及市場影響力。當超級產品帶動主業規模發展到一定程度，企業就要透過對外擴張繼續實現成長，同時外部誘惑變多，失控的風險也在增加。這時候，企業領導人更加重視策略管理，也會透過引進高階策略專家、顧問來加強企劃部門的工作職能，提升企業策略管理水準。

　　理工科出身的策略專家及學者主導了大型公司的企劃部門，與核心創始團隊互動，共同引領公司的策略發展方向，這將會出現哪些經營結果呢？一種是像海航集團、樂視集團、德隆集團那樣，創造出諸如產融結合、「母合優勢」、「生態化反」等新概念或新模式，最終策略失控讓企業經營陷入「周邊大於核心」的不良循環；另一種是讓企業走上建設生態圈、打造產業鏈，進行相關多角化、跨界共創等錦上添花的擴張發展路徑；還有其他情況，公司企劃部門變成了「機會部門」，導致企業策略方向走偏了，原有的領軍人物不得不回歸創業狀態，以扭轉乾坤……

前文曾說，競爭策略是企業策略的主要內容，它應該占據企業策略中 80% 以上的權重，而總體策略、職能策略屬於輔助性或周邊支援的內容。在企業策略方面，中小企業的重點是競爭策略，而大型公司要圍繞核心，實現有機擴張，相對重點也是競爭策略。

從這個意義上來說，不想要企劃部門淪為「機會部門」，企業策略的管理職能及工作內容是否要回歸核心？中外商學院教授策略管理知識是否也要與時俱進？產品思維、T 型商業模式、企業贏利系統、企業生命週期策略路徑／主題、策略規劃與場景等新競爭策略內容，都屬於與時俱進、知行合一的範圍。

6.7

五力合作模型：以「擴展合作」消解「擴展競爭」

重點提示

▸ 使五力競爭模型被降格為考試知識點的主要原因在哪裡？

▸ 李大開如何帶領法士特與競爭者合作？

▸ 為什麼要提出五力合作模型？

一位教授說：「很多年來，我都要求一屆一屆的學生像背『九九乘法口訣表』一樣背誦五力競爭模型的口訣：產業內競爭者現有的競爭能力、潛在競爭者進入的能力、替代品競爭者的替代能力、顧客討價還價的能力……」書讀百遍，其義自見，這位教授是比較負責任的。

就像核分裂威力巨大，可以用於製造核武器造成生靈毀滅，也可以用於低成本發電造福人類。作為一個廣為人知的策略分析工具，五力競爭模

型應該適用於哪些經營場景呢？企業不斷發起價格戰、欺騙消費者、「拖死」供應商、打擊替代品、壓制潛在進入者？如果殺敵八百，自損一千，這顯然不划算。**透過打擊對手、零和博弈，讓企業獲得短期成長，同時也會將「以暴力餵養暴力」植入心智模式，最終形成路徑依賴。這樣日積月累、四處樹敵，致命對手也會不期而遇。**

　　筆者認為，五力競爭模型主要用在以下兩大經營場景：

➤ 企業產品定位場景。當進行企業產品定位時，應該用五力競爭模型評估一下，產業結構中的牽制阻力有多大，企業具有的發展動力是否能夠戰勝五種競爭力量的共同阻力？就像本書第 2 章所闡述的，以三端定位模型對比五力競爭模型，勝算多大？

➤ 累積競爭優勢場景。一旦企業產品定位完成後，為了企業永續成長與發展，累積競爭優勢這個策略主軸就將貫穿於整個企業生命週期（培育核心競爭力、第二曲線創新能力等屬於更高一級的累積競爭優勢的形式）。這時候，五種競爭力量就像懸於企業上方的「達摩克利斯之劍」，如果企業缺乏競爭優勢，出現致命的薄弱環節或經營風險，就隨時可能導致企業衰落。微軟、華為都是各自的領域中數一數二的好企業，但是比爾蓋茲說「微軟永遠離破產只有 18 個月」，任正非一直在憂患「華為的冬天就要到來」。因此，本書第 1 ～ 6 章都會出現企業與環境競爭圖，不斷強調產業結構中五種競爭力量的牽制阻力。

　　中國的太極圖啟示我們，競爭與合作是一對矛盾，競爭中有合作，合作中也有競爭，兩者是可以相互轉化的。企業在**不斷累積競爭優勢，促進贏利成長**的同時，**也會逐步將部分五種競爭力量轉化為合作力量，共同發揮加乘作用，共建企業產品。**下面用法士特的案例進行說明。

　　法士特汽車傳動集團（以下簡稱「法士特」）在 2000 年之前叫作陝西汽車齒輪廠（以下簡稱「陝齒」），當時是一家國有企業，有員工 3,000 人，經營非常困難。陝齒最困難時曾經四個半月發不了員工薪資，銀行貸款加上逾期利息超過 5 億元人民幣，已經資不抵債。如今的法士特，2020 年銷售收入達到 249 億元人民幣，盈利優異，其核心產品 ── 中重型汽車變速器年產銷量連續 15 年穩居世界第一位，在中國市場占有率超過 75%，長期保持產業絕對領先地位。

　　同樣的產品方向，為什麼陝齒瀕臨破產而法士特能獲得巨大成功呢？這就要說到能扭轉乾坤，讓「陝齒」變成「法士特」的傳奇人物李大開先生。

　　早在西元 1986 年，李大開就已經是陝齒的產品設計室主任，為企業設計了第二代產品 ── 六檔全同步器式變速器，直到現在法士特還在生產這款產品。1995 年 7 月，李大開臨危受命被提拔為廠長。由於歷史原因，隨後四年，陝齒經營歷經最艱難的時期。李大開帶領幹部職工不畏艱難、積極進取，終於在第五年 ── 2000 年，陝齒初步實現轉虧為盈。

　　同一個企業，前後業績冰火兩重天，鳳凰成功涅槃的原因在哪裡？下面我們從企業所有者、競爭者、目標客群、合作夥伴、核心人才五種利益相關者的角度，探討一下李大開帶領法士特如何將可能的競爭者轉變成了合作者。

1. 與企業所有者合作

　　雖然企業轉虧為盈了，但是要持續發展還是很難，不僅資金嚴重短缺，而且欠銀行的 5 億元人民幣仍舊是一個巨大的包袱。峰迴路轉，陝齒終於在 2001 年獲得了當時的上市公司湘火炬投資入股。湘火炬投資陝齒 1.31 億元人民幣，股權占比 51%，處於絕對控股地位。從此之後，陝齒改名為法士特。

　　作為產業投資者，又是控股股東，湘火炬必然很強勢。在投資入

股後的第一次董事會上，湘火炬派來的代表要求法士特管理層投資及開發產品等事項必須先提出報告，經過董事會批准後才能進行。李大開堅決不同意，理由是股東這樣管控具體經營嚴重束縛了企業創新和發展的手腳。雙方僵持之下，湘火炬董事長聶新勇出面調解，他問了大家三個問題：

第一個問題，五位董事中有誰比李大開更懂產品？大家都說，李大開學過設計，專業科系出身，我們肯定不如他。

第二個問題，誰比李大開更了解設備？大家說李大開當了五年廠長，對設備瞭若指掌。

第三個問題，誰比李大開更懂市場？大家說還是李大開，他除了會研發，還當了四年銷售處處長，懂市場、懂經營。

聶新勇說，這三個問題的答案都顯而易見，那還有什麼理由叫他再向董事會提出報告。由於董事長聶新勇的積極支援，李大開透過這次董事會為企業爭取到了最大限度的經營自主權。

湘火炬實施股權投資後，便成為法士特重要的企業所有者之一。法士特隨後也獲得了湘火炬在策略規劃、資金融通、產業資源、產業鏈合作等各方面的大力支持。最重要的是湘火炬給法士特帶來了體制上的改變，從全部國資控股企業變為民企控股企業，經營自主權增強，市場機制發揮作用，幹部員工責任心加強、緊迫感加大，產品品質和生產效率都有了極大提升，企業發展真正駛入了快車道。

2006 年濰柴動力吸收合併湘火炬，轉而成為法士特控股股東。這一年，濰柴動力積極支持法士特投資近 8 億元人民幣建設新廠房、擴充生產線；同年，法士特的重型汽車變速器年產銷量達到了世界第一。這其中既有馬太效應，也是惺惺相惜、英雄所見略同！從產品研發、預算管理、銷售服務、核心產業鏈、資金融通等多方面，濰柴動力和法士特的合作產生了良好的加乘效應。

2. 與競爭者合作

如何讓競爭者變成合作者？這似乎是世界上最難辦的事情，但是李大開帶領法士特管理層做到了。

引進湘火炬投資控股後，恰逢中國汽車工業進入快速發展期，法士特在兩年內快速做到年產銷 20 萬臺變速器，2003 年營業收入達到近 12 億元人民幣。這時，有百年歷史的世界知名變速器製造商美國伊頓公司（以下簡稱「伊頓」）主動找上門來要與法士特合資經營。

早在 1990 年代，曾經的陝齒與伊頓之間有過一次深入接觸。當時陝齒的上級單位希望透過引進伊頓的先進技術和資金把陝齒救活。伊頓因為準備充當救世主的角色，所以在合資談判中非常強勢。李大開及經營班子堅持原則不讓步，雙方多輪談判後不歡而散。爾後伊頓公司就在上海外高橋保稅區獨資建廠生產變速器。伊頓代表曾對李大開說：「李廠長，你再有志氣，你再懂行，你再努力，不出 3 年我們就會把陝齒擊垮。」

2003 年，當雙方再次談合資時，法士特已經今非昔比，而伊頓在上海外高橋的工廠連年虧損。李大開對伊頓的談判代表說：「合資可以，你們堅持控股也可以，但法士特主體暫時不能和你合資，要單獨建一家新合資工廠，等成功後再考慮更深入的合資合作。」此外，伊頓必須把位於上海外高橋的伊頓獨資廠關掉，以避免同業競爭。

伊頓最後同意了李大開給出的合資條件，新成立的合資公司中伊頓控股 55%、法士特參股 45%。雖然新成立的合資工廠毗鄰位於西安的法士特總部廠區，但是合資合約規定控股方伊頓公司委派的總經理全權負責經營，中方不得參與，甚至非董事會活動邀請，李大開等中方人員不能隨便進出合資工廠。

2003 年－2008 年，雙方的合資公司一直由伊頓控股方管理，由於不符合中國實際需求，產品銷路不好，每年的銷售量只有幾百臺，結果連年虧損。最後合資雙方順利協議拆夥，法士特以 1 美元的價格買斷了伊頓所持有的合資公司 55% 的股份。

有意思的是，在合資拆夥大約 4 年之後，伊頓公司又主動找上法士特，表示當時沒有充分信任和聽取中方的意見，才導致合資公司失敗，希望再次合資。這時的法士特年銷售收入猛升到 110 億元人民幣，中重型汽車變速器年產銷量連續多年穩居世界第一位，中國市場占有率達到 70%。這次李大開對伊頓談判代表說，法士特對外合資合作的大門永遠敞開，但是雙方合資必須由法士特控股。伊頓公司同意了。2012 年，再次成立的合資公司由法士特控股 51%、伊頓參股 49%，生產經營負責人全部由法士特委派。因為法士特派去的負責人很有經驗，了解中國國情和市場，這次合資非常成功。短短幾年，合資公司主力產品的銷售量就增加了近 10 倍，取得了良好的經濟效益。

這次合資成功，伊頓信心大增。後來法士特又和伊頓成立了一家生產輕型卡車變速器的合資公司，雙方持股比依然是 51 ： 49，由法士特控股。這期間法士特還和世界排名第一的工程機械公司卡特彼勒成立了一家合資公司（生產液力自動變速器），法士特控股 55%、卡特彼勒參股 45%。將競爭變成合作，與世界知名跨國公司成立的這三家合資公司，全部由法士特控股。縱觀整個汽車產業，這樣的案例很少見到。這得益於李大開帶領下的法士特勇於堅持原則，勇於表達觀點和看法，能夠預見趨勢，能夠為合作雙方創造巨大經濟價值，真正用實力贏得了跨國公司的尊重。透過與世界知名廠商合資，法士特得以盡快進入多個國內外目標市場，並大大縮短了技術創新及新產品開發週期，讓競爭變合作的效益實現了最大化。

3. 與目標客群合作

按照波特的五力競爭模型，顧客（目標客群）作為付款方處於強勢競爭地位，設法與供貨廠商討價還價，讓自己的利益最大化。任正非說「以客戶為中心」，更有甚者說「客戶是上帝」。如何將「上帝」這個競爭者變成合作者，看來難度也不小。

李大開認為，與目標客群的合作要由淺入深，針對潛在需求進行策略性產品創新。一直以來，法士特堅持預測產業未來和技術創新趨

勢，走在市場前面引導需求，提前布局研發並著重為潛在需求研發產品。例如：在與產業鏈重要客戶陝西重汽的合作上，法士特針對其潛在需求，提前多年布局技術創新和研發。當陝西重汽等廠商需要大量減速器、12 檔變速箱，向輕量化轉型時，市場上僅有法士特是比較合適的供應商。

水滴石穿，非一日之功。近 20 年來，法士特先後被東風股份、廣汽日野、陝西重汽、福田汽車、一汽解放、上汽紅岩、北奔重汽、東風柳汽、江淮汽車、鄭州宇通、山西大運、安徽華菱、徐工汽車、江鈴汽車、蘇州金龍、廈門金龍等幾十家汽車主機廠評選為「優秀供應商」。除此之外，法士特還獲得了卡特彼勒、伊頓等國際著名廠商頒發的「全球優秀供應商」或「金牌供應商」獎牌。

4. 與合作夥伴合作

按照波特的五力競爭模型，合作夥伴（主要指企業的供應商）也可能是企業的競爭者。如果企業經營不善，供應商就會擔憂帳目及未來，供貨上就會敷衍了事，甚至有機會就以次充好或囤貨居奇。

與供應商合作時，法士特始終堅持合作共贏，共同創造獨特價值。除了為供應商提供必要的技術創新、合作研發及資金扶持等重要協助外，法士特還學習世界先進企業如豐田、江森、漢威聯合的成功經驗，透過輸出自創的 KTJ 管理體系將供應商變成供應鏈平臺上的合作者。KTJ 中的 K 指科學改進、T 指提高效率、J 指降低成本。透過 KTJ 管理體系提升供應商的產品品質及經營管理實力，減少生產過程中的浪費，最後雙方才得以分享共同創造的價值。

5. 與核心人才合作

雖然說 21 世紀最貴的是人才，但是人才也是最難獲得及合作的。很多企業初衷是招攬高級、適用的人才，但是結果引來了很多招牌式人才、偽人才，最終把企業文化搞壞了，沒有更好反而更糟！即使引進了優秀的人才，如果處理不好人才之間的關係，很容易從合作走向競

爭。如果雙方成見逐漸加深，激發人性之惡，導致想拉攏的人才跑到競爭對手那裡，情況就更糟糕了。

　　李大開的人才守則為「文化留人第一，事業留人第二，物質留人第三」，並且，三者順序不能顛倒。事實證明，如果把物質留人放在第一位，不僅人才難留住，還會造成待遇比較、做事推諉的情形，甚至導致更多有價值的人才流失。

　　文化留人的重點在理念、習慣一致，坦誠交流，相互信任，共同奉行「幫助別人就是幫助自己」的利他原則。事業留人的重點在於讓引進的人才有事做，協助人才融入企業平臺、建構自己的事業，並促使個人事業目標與企業願景保持一致。物質留人是指給人才合理的物質待遇，對於已經為企業創造出價值的人才，物質上絕不虧欠，甚至一定要超出他們的期望。

　　有一次，公司人力資源部到清華大學招聘，發現有個汽車專業碩士研究生還不錯，但他本人去法士特的意願並不強烈，其中一個重要原因是他打算與女朋友一起到長春某研究所就讀。李大開聽說後，把他請到西安，陪他參觀法士特工廠，了解到他確實很有潛力，就答應可以破例給他特殊待遇。

　　經過幾天的彼此溝通，該研究生對法士特文化、對李大開的用人理念有了進一步的了解，遂下決心到法士特來，並且不尋求特殊待遇，主動表示和其他碩士生同等待遇就行。如果以後做出了成績，再幫他加薪，那樣他心裡也坦然。這位研究生入職法士特後，先在工廠實習半年，然後回研究院開始學設計。2015 年，公司派他到英國里卡多參與新專案研發，在那裡學習、自我提升。經過幾年的鍛鍊和成長，他以實際成績和價值創造得到了企業內部和合作夥伴的一致讚賞和好評，現在已經是法士特研發團隊的核心人才和企業管理團隊的重要後備力量。

　　李大開把做好企業當作自己的畢生事業。2016 年 3 月，員工心目中的老廠長李大開要從法士特集團董事長職位上退休，幹部工人都感到不捨，特地為他舉辦歡送會，播放精心製作的紀念影像《永遠的廠

長》。在歡送會上，李大開表態：「退就要從法士特澈底退！這個團隊雖然是新團隊，但我放心，今後我將執行『三不主義』—— 不干涉、不影響、不指導。」

　　企業要做到永續經營，最重要的就是管理團隊的順利更替。前任與後任領導者之間不能好好合作，就會走向競爭。有些退休的老領導人喜歡在原處留個辦公室、保留一個有影響力的職位，偶爾來指點一番，看似是對繼任者「扶上馬、送一程」，但事實上這可能有正向作用，卻也有很大的負面影響。李大開對繼任者充滿信心！因為他一貫宣導對核心人才的重視，長期致力於對管理團隊的更新和培養。

　　現在的法士特管理團隊，人才濟濟，精誠團結，積極向上，後備力量充足！在董事長嚴鑒鉑、總經理馬旭耀等新一代核心領導成員帶領下，法士特有了更遠大的目標和發展圖景。「2030 年，法士特要依照『3331』策略進行結構調整，以銷售收入 800 億元人民幣為目標，成為傳動系統產業的國際一流大型企業集團。」2018 年 9 月，在慶祝法士特建廠 50 周年紀念大會上，董事長嚴鑒鉑的主題發言擲地有聲！

　　以上法士特案例引自筆者的另一本書《商業模式與戰略共舞》。並且，該書中將企業所有者（股東）、合作夥伴、目標客群、核心人才、競爭者五種力量建構成一個分析模型，稱之為五力合作模型，見圖 6-7-1。

企業的利益相關者很多，為什麼選擇它們構成五力合作模型？

　　在五力合作模型中，目標客群、合作夥伴、競爭者分別對應於五力競爭模型的顧客、供應商、三種競爭者（現有競爭者、潛在競爭者、替代品競爭者）。透過五力合作模型的指引，企業將這五種競爭力量盡可能轉化為合作力量，這樣做既降低競爭壓力又增加合作資源，具有一箭雙鵰的作用。

　　核心人才、企業所有者屬於企業很重要的合作者、支持者。但是，如果企業處理不當，它們也可能從合作者演變為競爭者。所以，選取核心人

才、企業所有者構成五力合作模型，主要是為了進一步發揮他們的合作效力，同時預防或減弱他們演變為競爭者的可能性。

為什麼要提出五力合作模型？

從波特五力競爭模型理論可知，企業所面臨的競爭並非單純的產業內現有企業之間的競爭，而是包括顧客、供應商、潛在競爭者、替代品競爭者等競爭力量在內的「擴展競爭」。

將目標客群、合作夥伴、企業所有者、核心人才、競爭者五種力量集合在一起，透過五力合作模型的連結而形成「擴展合作」，以消解「擴展競爭」對企業成長與發展的強大牽制作用。

另一個重要考量是，以「擴展合作」消解「擴展競爭」，有助於實現企業生命週期各階段主要的策略目標和策略主軸，共同聚焦於將企業產品打造成超級產品。

如何將競爭力量轉變為合作力量？

合作必須有共贏的思維，應用五力合作模型也不例外。對於企業而言，透過減弱五種競爭力量，不斷加強彼此的合作，發揮 $1 + 1 > 2$ 的加乘作用，以持續建構企業競爭優勢，致力於打造超級產品。對於五種合作力量來說，它們期望在與企業的合作中獲得更多利益或潛在價值，所以企業要能提供獨特價值吸引力，設法找到彼此的「最大公約數」，從而使彼此的利益達成一致。

➤ 透過企業產品中的獨特價值主張，將目標客群轉變為合作力量。相對於競爭者的產品，企業產品創新優勢越大，滿足目標客群需求的能力越強，它們的合作意願就越強。合作多意味著目標客群的討價還價競爭力量減弱，會購買更多企業的產品及協助口碑傳播。

➤ 企業與合作夥伴形成利益共同體，共同建構企業產品中的獨特價值主張。企業可以透過大規模訂貨、合理利潤率、及時付款、供應商認證、投資入股、建立協作研發或資金互助平臺、導入管理體系等方式、方法，與合作夥伴形成利益共同體。

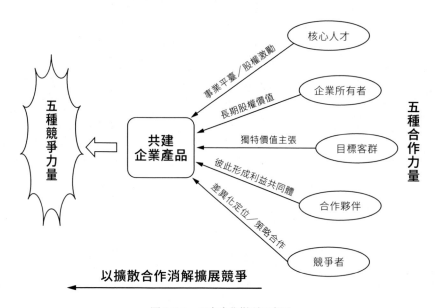

圖 6-7-1　五力合作模型示意圖

➤ 通常來說，企業所有者（股東）更看重企業在未來的永續發展能力。企業爭取股東的合作及協助，應該圍繞長期股權價值展開。有句話說得好：「想著如何分現在的蛋糕，不如把未來的蛋糕做得更大！」

➤ 核心人才屬於企業的智慧資本。透過創建優異的企業文化、設計合理的利益分配機制、提供優秀的物質待遇、實施股權激勵、協助搭建事業平臺等，都可以促進核心人才成為企業的重要合作力量。

➤ 企業與競爭者之間的實質性合作確實很難，所以重點應該放在如何減弱彼此之間的競爭，例如：對企業產品進行差異化定位，「人無我有，

人有我優，人優我新」。如果有可能，彼此可以尋求在投資持股、開拓新市場、研發新產品、相關資源分享等方面的策略合作機會。

6.8
與時俱進：建立商業模式中心型組織

> **重點提示**
>
> ▸ 如何與時俱進的解釋柳傳志所說的「搭班子、定策略、帶隊伍」？
> ▸ 為什麼應該將「策略中心型組織」改正為「商業模式中心型組織」？

創業投資產業有一句行話「投資就是投人」。這甚至被看作是投資哲學，被投資人奉為圭臬。如何判斷一個創業者是否可靠呢？總不能依靠「面相」吧！還是要從他過去做過的事、當下正在做的事、未來打算要做的事進行綜合判斷。而這些「事」，都屬於商業模式。

商業模式是企業贏利系統的一個子系統。任何企業都可以用企業贏利系統來整體描述，見圖 6-8-1。企業贏利系統包括經營體系、管理體系、槓桿要素三個層次，並有如下三個公式：

▸ 經營體系＝管理團隊 × 商業模式 × 企業策略

▸ 管理體系＝組織能力 × 業務流程 × 營運管理

▸ 槓桿要素＝企業文化＋資源平臺＋技術實力＋創新變革

經營體系屬於盈利邏輯層級，回答的問題是企業能否盈利；管理體系屬於執行支持層級，回答的問題是如何將盈利變成現實；槓桿作用層級有著槓桿放大作用，回答的問題是如何讓盈利永續。

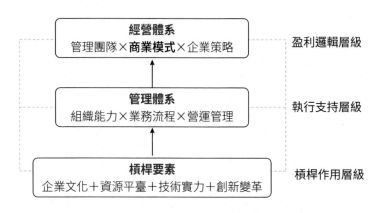

圖 6-8-1　以商業模式為中心的企業贏利系統示意圖

經營體系是第一位的，而管理體系、槓桿要素屬於第二、第三位的。例如：智慧型手機時代到來後，諾基亞的商業模式過時了，即經營體系失靈了。它原有的管理體系、企業文化等企業贏利系統相關要素再強大、再優秀，也挽救不了企業衰落的命運。

經營體系由管理團隊、商業模式、企業策略三個要素構成，它們之中哪個才是企業贏利系統的中心？

在現實中，通常以商業模式為中心調整管理團隊。2010 年 10 月，小米創立時，為了能在三星、蘋果等強手如林的智慧型手機產業闖出一條道路，以「手機硬體＋ MIUI 系統＋米聊軟體」為產品組合，以「高配置、低價格」為價值主張，以策略性成本導向打造爆品設計贏利機制，建構出了一個獨特的商業模式。為了實現這個商業模式，創始人雷軍有 80% 的時間都在找人才，幸運找到了七個「強人」合夥：林斌負責供應鏈，周光平負責手機硬體開發，洪鋒負責 MIUI 系統，黃江吉負責米聊業務……

如果反其道行之，以管理團隊為中心，調整商業模式可以嗎？大家來自五湖四海，喜好需求各異，背景信仰不同，那會產生多複雜的商業模

式！如同為孫悟空設個「花果山」，為豬八戒設個「高老莊」……稍微想想，一定是不可行的。

　　有人說，實踐出真知！柳傳志的「搭班子、定策略、帶隊伍」是從實踐中摸索出來的一套管理方法論，「搭班子」排在第一位，所以團隊最重要！筆者的回答是，怎麼強調管理團隊或領導人的重要性，都不為過！除此之外，企業策略、商業模式、組織能力、業務流程、企業文化、創新變革等企業贏利系統的每個構成要素在特定情況下都很重要。強調系統中某個要素很重要，並不等於它就是系統的中心。另外，就像走在最前面的士兵並不一定是這個隊伍的核心，將「搭班子」排在第一位，並不能說它就是企業贏利系統的中心。在談到聯想集團實施投資所遵從的原則時，柳傳志也曾說「事為先，人為重」。這裡的「事為先」，與時俱進的解釋是：以商業模式為中心，組織團隊、訂定策略、帶領團隊。由此，我們可以繼續問，應該基於什麼組織團隊？應該基於什麼訂定策略、帶領團隊？應該是基於商業模式組織團隊，同樣要基於商業模式訂定策略、帶領團隊。

　　管理團隊的核心構成及能力培養應該以商業模式為中心。彼得‧杜拉克在《管理的實踐》中說，完美的 CEO 應該是一個對外的人、一個思考的人和一個行動的人，集合這三種人於一身。大致劃分一下的話，「行動者」對應 T 型商業模式的創造模式，這部分是價值鏈的運作重點，團隊成員需要擅長精實管理或製造，執行力要強；「對外者」對應 T 型商業模式的行銷模式，這部分的團隊成員需要能夠代表企業形象，擅長表達企業產品的價值主張及整合外部資源，要誠實守信；「思考者」對應 T 型商業模式的資本模式，這部分的團隊成員需要具備高瞻遠矚、足智多謀的素養和能力。

　　西元 1987 年，加拿大管理學家明茲伯格提出了策略 5P 理論，即策略

包括五個方面的內容：策略是一項計畫（Plan）、一種對策（Ploy）、一種定位（Position）、一種模式（Pattern）和一種觀念（Perspective）。現在看來，筆者認為其中定位、模式，應該屬於商業模式的主要內容；對策、觀念，最終要展現在計畫中。再根據公式「策略＝目標＋路徑」，可知策略的本質屬性是計畫。計畫的基本內容主要包括目標及實現目標的路徑，其中目標是結果，而路徑是原因，即透過特定的路徑才能實現追求的目標。俗話說，計畫沒有變化快；目標刻在石頭上，而計畫寫在沙灘上。目標不要輕易改變，而計畫經常有所調整。目標猶如定海神針，一個系統的中心要相對穩定。顯然，企業贏利系統不能以經常需要調整的計畫為中心，而策略是需要經常改良調整的，所以企業贏利系統不能以策略為中心。

在現在的「VUCA 時代」，如何「以靜制動」、「以不變應萬變」？透過促進企業產品持續創造顧客，T 型商業模式理論關乎企業能否盈利、如何盈利，它由 13 個要素構成，具有穩定且通用的結構，適合絕大部分自由市場下的企業。貝佐斯（Jeff Bezos）說：「要把策略建立在不變的事物上。」這個不變的事物就是指商業模式的相關盈利邏輯，就是商業的本質。所以，制定企業策略時，我們更要多應用本書第 1～6 章所闡述、基於 T 型商業模式理論的相關盈利邏輯，例如：創造模式、行銷模式、資本模式的公式，三端定位模型、第一／第二／第三飛輪效應、T 型同構進化模型、慶豐大樹模型、SPO 核心競爭力模型、雙 T 連結模型、五力合作模型等。它們實實在在，且有圖像化說明，這就是所謂的商業本質。企業進化發展及轉型時，與商業模式相關的經營內容可以改變，但是這些商業本質不變。

在平衡計分卡理論中，曾有個說法叫作「策略中心型組織」。當時看來，這個說法不能算錯，理由如下：

➤ 那時，策略與商業模式糾纏在一起，不分彼此。

➤ 平衡計分卡理論興起於產品時代，比較適合業務穩健型的企業執行。它隱含的假設是，企業之間競爭優勢的強弱，重點在於策略執行水準的高低。

現在看來，「策略中心型組織」應該改正為「商業模式中心型組織」，原因是：

➤「承擔」企業盈利功能的商業模式，已經從策略理論中分離出來，逐漸形成了一個獨立的學科；

➤ 現代企業的競爭是商業模式之間的競爭，策略以商業模式為「基座」，始終帶著商業模式而戰！

因此，商業模式才是企業贏利系統的中心，現代企業都可以被稱為「商業模式中心型組織」。由此推導，企業史學家錢德勒所說的「結構跟隨策略」，今天看來應該與時俱進改為「結構跟隨商業模式」，即企業結構要跟隨企業的商業模式而改變。

在新競爭策略理論中，企業生命體主要包括企業產品、T型商業模式、企業贏利系統三個方面的內容，其中企業產品是T型商業模式的核心內容，而T型商業模式是企業贏利系統的中心內容及子系統。企業產品是超越競爭對手、贏得客戶口碑、員工日夜奮鬥的最終「憑藉物」。企業產品決定企業成敗，它是商業模式的核心內容，企業生存與發展必定要依靠現在的企業產品及未來不斷改進與創新的新企業產品。T型商業模式是形成優秀企業產品最直接的保障，擔負著為企業不斷創造顧客及持續盈利的功能。企業贏利系統是促進商業模式發揮作用的系統性重要保障和建設支援力量。企業生命體透過實現創立期、成長期、擴張期、轉型期等各階段

的主要策略主軸，將企業產品從潛優產品→熱門產品→超級產品的過程，就是企業自身進化與成長的過程，所以也是建設企業贏利系統、建立商業模式中心組織的過程。

筆者已出版書籍《企業贏利系統》的副標題是「建立商業模式中心型組織，實現基業長青」。關於「以商業模式為中心建構企業贏利系統、建立商業模式中心型組織」等相關內容，在《企業贏利系統》中有更詳細及具體的闡述。

毋庸置疑，企業是一個以合作共贏、滿足目標客群需求、創造經濟效益等目標為特色的生命體，我們應該建構企業贏利系統。商業模式是企業贏利系統的中心，我們應該建設商業模式中心型組織。但是，在實務方面，這也必將長期面臨巨大挑戰。西元 1990 年代就大致上成熟的管理學體系，從西方引進到中國後也是如此，至今呈現出以下「四化」狀態：

➤ 更加「灌木叢」化。策略、管理、製造、研發、採購、物流、銷售、人事、財務、資訊技術等各學科的學者，都在說自己的學科最重要，各學科理論之間缺乏有效連繫。管理人員學以致用後，很可能導致企業中各部門以自我為中心，形成「部門牆」和官僚主義。

➤ 過度理論化。由於同一個領域裡研究的人太多，還有閉門造車，及相互「複製」、「抄襲」之嫌，所以各種管理類教科書的內容越來越龐雜，趨於知識堆積或理論堆砌。例如：光是市場行銷學理論書籍就有成百上千種，像科特勒（Philip Kotler）的《行銷管理（第 11 版）》屬於行銷學經典教材，一本書就厚達 800 頁，有 104.2 萬字。諸多理論教材、研究論文等文獻距離企業實務太遠，冗餘枯燥，所以企業界人士主要讀的是管理類暢銷書或人物傳記。

➤ 加速碎片化。為了發表論文、職業升遷、商業目的等，一些人對管理學枝微末節、可有可無的知識研究太多。

➤ 研究盲從化。所謂「盲從式研究」就是「別人說過的才說，別人沒說過的就不敢說」，主要表現在對經典或熱門理論做無關緊要的修補、吹毛求疵的評價，或進行改頭換面、添油加醋式的所謂學術加工，然後一些學者就將其作為自己的重要研究成果。長期的盲從式研究，讓一代又一代學者形成了路徑依賴，同時失去了創新的動力，甚至會阻礙有實踐價值的創新。

　　有創新精神的中外學者都不願意走「盲從式研究」之路。筆者寫作《新競爭策略》、《T 型商業模式》、《企業贏利系統》、《商業模式與戰略共舞》四本書，屬於管理學創新知識產品，試圖促進管理學的創新與發展，讓理論更有效的幫助實務，逐漸拓展出一片新版圖。

第 7 章
從職場新人到超級個體，需要怎樣的競爭策略？

本章導讀

　　培根有一句名言：「類比聯想主導發明。」那麼，是否可以將適用於企業的新競爭策略套到 T 型人的職業競爭策略？本章算是「加菜」，就要進行這個嘗試。

　　筆者在出版的相關書籍中，有這樣一個觀點：不論是職場工作者，還是匠人，每一個職業個體都可以看作是一個人經營的公司，所以 T 型商業模式、企業贏利系統、新競爭策略等相關理論對於他們同樣適用，可稱他們為「T 型人」。

　　限於篇幅和類比的局限性，本章的寫作特色為「一半是海水，一半是火焰」。每節內容中既有簡單易懂的案例故事 —— 稱之為「火焰」，也有類比聯想而形成的規律原理 —— 稱之為「海水」。

7.1

職業競爭策略：把職業個體看作是一個人經營的公司

重點提示

▶ 從一個流水線女工到美國高盛的程式設計師，孫玲做了什麼正確的事？

▶ 超級個體的定義是什麼？

▶ 職業競爭策略對你的職業成長與發展有哪些啟發？

「超級個體」是線上學習平臺興起後，一度非常流行的新興詞彙。什麼是超級個體呢？有人總結說：在豐饒經濟及行動網際網路時代，每個人都可以輕而易舉接觸到前所未有的大量資源。這些資源中蘊藏著各式各樣促進個人成長與發展的機會。面對奔湧而來的機會，處於這個時代的任何一個普通人都可以依靠自己的努力和機緣，快速成長為某一個領域的菁英。例如：薇婭、李佳琦等「網紅」主播就屬於超級個體，憑藉行動網際網路基礎設施，利用中國豐富的供應鏈資源，他們一場直播的銷售額就可以超過一個大賣場一天的銷售額。像李易峰、鹿晗、趙麗穎、賈玲等影視明星，他們也屬於超級個體，一個人的年收入可能超過一家上市公司一年的淨利潤。

各行各業的職場工作者、匠人，都可以成為超級個體。從更廣泛的意義上來說，超級個體是指普通人透過自己的努力，逐步達成了人生躍升，並成為某個領域的模範人物。

孫玲是個「八年級」女孩，來自湖南婁底的一個貧困農村家庭。19歲那年，她來到深圳，成為一名生產線女工，一天工作 12 小時，一週工作 6 天，月薪為 2,300 元人民幣。但是，她不認命，相信透過個人努力可

以改變命運。她業餘時間學習英語和電腦程式設計，透過自考獲得深圳大學學位，後來繼續前往美國修習資訊科技碩士。2018 年，孫玲透過多次嚴格面試，以外包程式設計師的身分在美國的谷歌辦公室上班。2020 年末，儘管新冠疫情後工作機會大大減少，但是孫玲成功換了一個新工作，在美國鹽湖城的高盛公司做程式設計師，年收入折合近百萬元人民幣，薪水比谷歌的工作還高。

2019 年，長篇小說《牽風記》榮獲第十屆茅盾文學獎，作者是一位 90 歲的老翁，名叫徐懷中。新津春子負責東京羽田機場的清掃工作，被評為日本「國寶級匠人」。她能夠對 80 多種清潔劑的使用方法倒背如流，也能夠快速分析汙漬產生的原因和成分，並迅速找到解決問題的方案。薛兆豐曾是北京大學教授，現在是一位網際網路經濟學者。他的「薛兆豐的經濟學課」非常受歡迎，線上課程平臺的訂閱會員數超過 40 萬人。19 歲的梁智濱是長沙建築工程學校的一名技工，他以零誤差的垂直度、平整度，以及乾淨的牆面外觀、對時間的準確掌握，奪得第 44 屆世界技能大賽砌築世界冠軍。摩西奶奶是一個普通的美國農婦，76 歲開始投身她夢寐以求的繪畫，80 歲時到紐約舉辦畫展並引起轟動。受到摩西奶奶的感染和鼓勵，日本醫生渡邊淳一果斷棄醫從文，開始了自己的文學創作之路，先後創作了《失樂園》、《遙遠的落日》等五十餘部長篇小說，在世界文壇引起了巨大回響。

英雄不論年齡，也不問出處。像孫玲、徐懷中、新津春子、薛兆豐、梁智濱、摩西奶奶、渡邊淳一等，他們都屬於超級個體。

《哈佛商業評論》認為網路個人經濟即將開始，「新經濟的單位不是企業，而是個人」。區塊鏈研究者認為：今後公司制將逐漸消失，取而代之的是區塊鏈社群制。通俗的理解就是每一個人都可以是一家公司，用區

塊鏈技術把大家連結在一起。

　　筆者在出版的相關書籍中，有這樣一個觀點：不論是職場工作者，還是匠人，每一個職業個體都可以看作是一個人經營的公司，所以 T 型商業模式、企業贏利系統、新競爭策略等相關理論對他們同樣適用，可稱他們為「T 型人」。

　　類比思維是根據兩個具有相同或相似特徵的事物間的對比，從某一事物的已知特徵去推測另一事物的相應特徵而存在的思考活動。培根有一句名言：「類比聯想主導發明。」他把類比思維和聯想緊密相連，為我們指出了方向，能依據對原有事物的認知方法論快速解決類似的新問題。

　　類比於本書前面章節介紹的有關企業的新競爭策略理論，職業競爭策略的系統構成示意圖主要用以描述 T 型人如何從職場新人成長為超級個體，見圖 7-1-1。

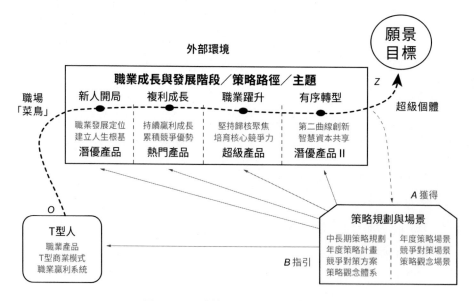

圖 7-1-1　職業競爭策略的系統構成示意圖

　　概括來說，職業競爭策略含有這樣一個促進 T 型人成長與發展的策略邏輯過程：T 型人（職業產品、T 型商業模式和職業贏利系統）沿職業成長與發展的策略路徑進化與成長，根據新人起步、複利成長、職業躍升、有序轉型等各階段的主要策略主軸，將職業產品從潛優產品→熱門產品→超級產品，讓職場新人成長為超級個體，逐步實現職業生涯的策略目標和願景。

　　T 型人包括三部分內容：職業產品、T 型商業模式和職業贏利系統。職業產品是指每一個職業個體都應該將自己所從事的職業視為一個產品。上文中，孫玲是個程式設計師，工作中所編寫的程式就是她的職業產品。徐懷中是個小說家，出版的書籍或文章就是他的職業產品。按照類比思維，之前對企業產品的定義及相關論述適用於本章提出的 T 型人的職業產品，對企業的 T 型商業模式、企業贏利系統的定義及相關論述也適用於 T 型人的 T 型商業模式、職業贏利系統。筆者在《企業贏利系統》的第 9 章「職業贏利系統：破解個人發展的迷思」，透過與企業贏利系統類比並簡化後，給出一個職業贏利系統的公式：職業贏利系統＝（個人動力 × 商業模式 × 職業規劃）× 自我管理，其中的職業規劃等同於本章所說的職業競爭策略。

　　在圖 7-1-1 中，依照「策略＝目標＋路徑」，可以將職業成長與發展簡要劃分為新人起步、複利成長、職業躍升、有序轉型四個階段。它們既是職業成長與發展的策略路徑，同時也是宏觀觀察 T 型人的職業經營場景，所以每一個階段都應該有自己的策略主軸。

　　新人起步階段的策略主軸是什麼？職業發展定位，建立人生根基。複利成長階段的策略主軸是什麼？持續贏利成長及累積競爭優勢。職業躍升階段的策略主軸是什麼？堅持歸核聚焦及培育核心競爭力。有序轉型階段

的策略主軸是什麼？第二曲線創新及智慧資本共享。這些都是本章第 2 節至第 5 節要著重討論的內容。

　　與產品思維、產品管理等理論互相連結，為了加深對職業產品的進一步探索，我們將新人起步、複利成長、職業躍升等各階段對職業產品的願景追求分別稱為潛優產品、熱門產品、超級產品。從新人起步→複利成長→職業躍升等職業成長與發展的階段過程，也是職業產品從潛優產品→熱門產品→超級產品成長與進化的過程。在職業的有序轉型階段，透過實現第二曲線創新及智慧資本共享這兩個策略主軸，下一輪潛優產品Ⅱ→熱門產品Ⅱ→超級產品Ⅱ的循環就再次啟動了。

　　職業產品是指每一個職業個體都應該將自己從事的職業視為一個產品。潛優產品就是潛在的優異職業產品，它使 T 型人未來能夠具有優異的職業表現及發展前景。若要成為某一領域的專家，要先將自己的職業產品塑造成熱門產品。這是指 T 型人所從事的職業或工作非常出色，已經成為某一領域的佼佼者。**超級產品是指職業個體為社會或企業提供的職業產品出類拔萃、卓爾不群，具有不可替代性，且能夠透過職位躍升及衍生職業產品長期引領自身的成長與發展。**

　　綜上內容簡要概述了職業競爭策略含有的促進 T 型人成長與發展的策略邏輯程序。一方面，可以基於這個邏輯程序，制訂或發展職業的策略規劃與場景活動；另一方面，制定完成或進一步發展的策略規劃與場景活動，又可以用在未來的職業成長上，將上述策略邏輯實際執行。

　　職業競爭策略旨在將職業產品打造為超級產品，致力於發揮 1+1+1 ＞ 3 的加乘作用：第一，透過 T 型人概念（職業產品、T 型商業模式、職業贏利系統）打造超級產品；第二，透過職業成長與發展各階段的主要策略主軸共同打造超級產品；第三，透過策略規劃與場景共同打造超級產品，

最終讓職場新人成長為超級個體。

　　以上透過類比及聯想的方式，將適用於企業的新競爭策略理論轉換為適用於 T 型人成長與發展的職業競爭策略。當然，雖然 T 型人理論是將職業個體視為一個人經營的公司，但是畢竟個人沒有像企業那麼複雜，實際應用職業競爭策略時可以適當簡化或僅從中獲得一些啟發。這樣做也有助於形成屬於自己的極簡化、最實用的職業競爭策略。另外，本書的重點內容是關於企業的新競爭策略，所以本章的內容只是職業競爭策略的一個簡要版。各位讀者可以運用類比思維，參考前面六章的內容，進一步全面深入思考職業競爭策略。

　　從有助於豐富職業發展規劃的相關理論或學說的角度，可以說，本章提出的職業競爭策略是一種獨闢蹊徑的新思路。為什麼這麼說呢？職業生涯規劃是人力資源（HR）專家或專業工作者為職業個體提供的一項服務。它是指針對職業個體的個人興趣、愛好、能力、特點進行綜合評量與分析，結合時代趨勢並根據個人的職業傾向，確定最佳的職業奮鬥目標，並針對這個目標做出行之有效的安排。一個完整的職業規劃由職業定位、目標設定和通道設計三個要素構成。

　　由此看來，職業競爭策略與職業發展規劃類似，它們的重點內容都符合策略的第一原理：策略＝目標＋路徑。

7.2

新人起步：將貴人相助、興趣天賦和社會需求三者合一

> **重點提示**
>
> ▸ 如何抵抗消費主義對自己職業定位及人生願景的侵蝕？
>
> ▸ 在進行職業定位時跟隨社會需求的熱門產業及職業有哪些優缺點？
>
> ▸ 職業定位模型與三端定位模型之間有哪些區別與連繫？

　　希娜‧艾揚格（Sheena Iyengar）在 TED[18] 的演講「選擇的藝術」已經有近 600 萬人觀看；她的著作《選擇的藝術》被翻譯成 33 種語言，暢銷全世界。艾揚格畢業於美國賓夕法尼亞大學，獲得經濟學和心理學雙學士學位，然後在史丹福大學獲得心理學博士學位。因為在人類「選擇」這一主題上的突破性研究，她獲得美國國家科學基金、美國國家心理健康研究院的贊助，並獲得「美國總統青年科技獎」。身為「選擇」領域的世界級專家、全球商業思想領袖 50 人之一，艾揚格獲獎無數，現在她是哥倫比亞商學院首席教授。

　　希娜‧艾揚格是一位在美國長大的印度裔盲人。她幼年時得了一種嚴重的視網膜疾病，隨著年齡的增加，視力越來越模糊，未完成高中學業即近乎失明。艾揚格 13 歲時失去了父親，家庭陷入貧困。與身體健康、家庭富裕的人比起來，她的選項極少，甚至沒有選擇。她本來可以用「命運」之類的詞彙解釋這些遭遇，但艾揚格「選擇」為自己創造一個選項——用點字和口述著書立說，最終成為世界知名的「選擇」研究專家。

---

18 TED（Technology、Entertainment、Design 的開頭縮寫組合，即技術、娛樂、設計）是美國的一家私有非營利機構，該機構以它舉辦的 TED 大會著稱，這個會議的宗旨是「好點子值得分享」。

聰明的人「選擇」多，「斜槓青年」受到追捧，可以從人類的進化中找到原因。在猿人階段時，與其他動物相較而言，人類的祖先之所以能夠更勝一籌，是因為他們更積極、主動探索周邊環境，在嘗試錯誤中找到更多的生存資源。形成部落後，像魯賓遜那樣的通才、探索者極受推崇，什麼都會一點，凡事都懂一點，多學幾樣技能，多儲備生產和生活資源，面對自然災害及衝突搏鬥時，生存的機會就更大。隨著幾萬年的進化，人類基因中被植入了多元「選擇」的習慣、占有「更多」的欲望。

現在是豐饒經濟及網路的時代，各類商品、資訊等供給極為豐富，各種力量推動下的消費主義思潮越來越盛行，促使人們不斷追求更多、更新的實物或虛擬消費品，反覆強調立即購買的衝動性滿足。一部分「高明」的商家、媒體、專家，利用人類基因中的欲望，設計場景、「請君入甕」，潛移默化改變大眾的心智模式，讓很多人被娛樂蒙蔽。

由於雙眼失明，艾揚格的選擇太少，對豐富的物品及過量的資訊可以「視而不見」，所以能夠專注於自己的研究領域。由於擁有太多、看到太多、消費太多、想法太多……我們大多數人沒有花費很多時間專注於自己的職業或事業領域，所以時常被那些「太多」引起的焦慮占據心神，最終導致一生平庸無為。

一年 365 天，一天 24 小時，時間是均勻的，對每個人都是平等的。當我們能夠保持專注時，時間就像鐳射一樣，擁有強大的切割力。策略千萬條，專注第一條。借鑑新競爭策略理論的企業產品定位理論，職業競爭策略認為，唯有透過正確的職業定位，在同一個領域保持專注，才能取得職業及事業上的成功。

每個工作者都可以把自己看作是一個人經營的公司，所以也需要一個商業模式。某種程度上，我們從事的職業就是自己的商業模式。因此，從

企業產品定位到職業定位，兩者可以相互借鑑。將適用於企業的三端定位模型簡化一下，得到職業定位模型，見圖 7-2-1。無論是剛從大學走向社會的職場新人，還是正在尋找新的工作、準備重新上崗的職場老兵，進行職業定位時都可以參考這個職業定位模型。

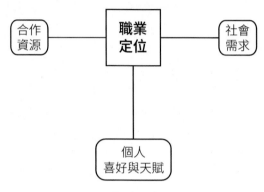

圖 7-2-1　職業定位模型示意圖

由職業定位模型可知，職業定位是個人喜好與天賦、社會需求、合作資源三者的交集。

例如：劉慈欣在少年時期，接觸到的第一本科幻小說是凡爾納（Jules Verne）的《地心歷險記》。他回憶說：「就像是尋找了很久，終於找到了，感覺這本書就是為我這樣的人寫的。現在回頭看，我覺得自己天生就是該寫科幻小說。」隨著社會進步與發展，科幻小說、電影等作品的社會需求將會越來越大。據統計，光是 2018 年，劉慈欣的科幻小說《三體》在全球銷量就超過 350 萬冊；根據劉慈欣同名小說改編的科幻電影《流浪地球》的票房達到人民幣 46.55 億元。當然，劉慈欣的成功也與出版社編輯、電影界人士、科幻小說界的前輩及師長朋友等合作資源的支持脫不了關係。

為什麼那麼多人涉獵科幻、鋼琴、繪畫、動漫畫、遊戲、文學等領域，出類拔萃者卻寥寥無幾呢？

在現實中，我們常常與職業定位模型偏離，選校系、找工作時習慣依靠單端定位：要不是只跟隨熱門的社會需求，就是全憑自己的喜好決定，再不然就是根據自己擁有的合作資源決定了。

「得到專欄」主講人萬維鋼說：「現在讀商科的人太多了，大多數人非常平庸，只能找薪資比較低的職位，很多人連出國留學花的學費都賺不回來。」絕大多數學習商業、金融的人，並不是因為自己喜歡，而是因為這些是社會需要的熱門學科。自己不喜歡，或者沒有這方面的天賦，就無法深入鑽研這個職業。所以，在商業或金融領域，中高階人才奇缺，而平庸之人非常多。

僅僅以自己喜好決定，而不考慮社會需求，也是單端定位。例如：對繪畫有興趣的人非常多，為什麼美術系連續多年被列入就業率最低的科系名單呢？原因恐怕在於推波助瀾的術科考試浪潮、學科傳統落後，以及無法提供優良的專業訓練，導致低階人才泛濫，傳統美工人員供大於求，還極有可能被人工智慧替代，而社會需要的中高階動畫製作、網頁遊戲及創意美術人才奇缺。

還有很多人，因為家庭有從政、從商等背景，可以利用的合作資源非常豐富，根本不缺「貴人相助」，所以選擇職業方向時被家庭「一手包辦」了。雖然自己不一定喜歡，但是被命運裹挾著，一生渾渾噩噩就過去了。以擁有的合作資源為導向，進行職業定位和選擇，也是一種有失偏頗的單端定位。

由於以上的單端定位都偏離了職業定位模型，所以並不能形成良好的職業定位。現實中，我們可以從個人喜好與天賦、社會需求及合作資源三端的任何一端開始，並逐漸與另外兩端取得交集，最終決定職業定位的方向。

　　在職業定位時可以追隨社會熱門職位需求，但是要找到與自己的喜好、天賦一致的面向，並逐漸聚集有利於自己職業發展的相關合作資源。從個人的喜好與天賦出發，要與社會需求得以銜接，不斷尋找合作資源，才能成為一個良好的職業定位。同樣的，具有豐富的外部合作資源只是職業定位的考量因素之一，以此出發，還要找到與自己的喜好、天賦及社會需求的交集點。

　　職業定位模型從企業的三端定位模型簡化而來，從上文的內容可知，它只是一個大致的、粗略的職業定位。上一節談到，T 型人是把職業個體視為一個人經營的公司，職業競爭策略中也包括職業產品、T 型商業模式、職業贏利系統等內容；新人起步階段的策略主軸是「職業發展定位、建立人生根基」。所謂職業發展定位，就是透過三端定位模型將職業產品定位成一個潛優產品。

　　職業產品是指每一個職業個體都應該將自己所從事的職業視為一個產品。潛優產品就是潛在的優異職業產品，能夠使 T 型人未來具有優異的職業表現及發展前景。

　　用於定位潛優產品的三端定位模型示意圖，除了將原本的「企業所有者」改為「工作者自身」，它與用於企業的三端定位模型幾乎是一樣的，見圖 7-2-2。考慮到職業與企業之間的差異性，對圖 7-2-2 所示三端定位模型的相關要素，簡要解釋如下：

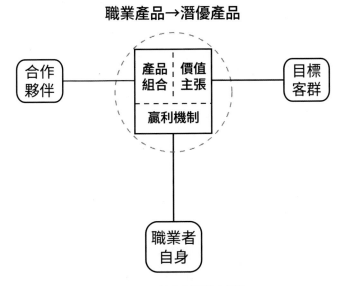

圖 7-2-2　三端定位模型示意圖

　　此處的目標客群是工作者所服務的對象；合作夥伴是指一起工作的團隊成員；工作者自身就是指工作者自己。

　　此處的價值主張是指工作者的工作為目標客群（所服務的對象）帶來的價值或實用意義；產品組合是指工作者的主要工作內容；贏利機制是指工作者透過工作增加自己資本的方法（包括資源增加及能力成長）。

　　同樣，一個可行的職業產品，目標客群、合作夥伴及工作者自身三端利益缺一不可；與之對應的價值主張、產品組合及贏利機制「三位一體」不可分割。它們就像一個風扇的三個葉片，缺少任何一片，整體都不能順暢運轉。

　　符合以上三端定位的職業產品，就可以算是一個潛優產品；反之，不符合三端定位模型的職業產品就可能出現職業發展問題，很難成為一個潛優產品。舉一個反例來說，在企業中可能有少數「聰明」人，工作內容

（產品組合）的重點是欺壓下屬、喝斥團隊成員，而對上阿諛奉承；價值主張是無論採取什麼手段，都要讓上司滿意，成為上司身邊最得寵的人；贏利機制短期可以成立，獲得一些君子不屑的「嗟來之食」。但是長期來看，他全部的價值也被鎖死在這個特定的關係網裡面，一榮俱榮，一損俱損。一旦「靠山」出現問題，他也會跟著完蛋。

　　以上內容是參考企業的三端定位模型，來簡要解釋說明工作者的三端定位模型，兩者之間的轉換工具是類比思維和聯想思維。有興趣的讀者可以結合自身職業狀況，參照第 2 章的圖 2-2-1 為自己做一次三端定位模型分析。

　　同樣的，運用類比思維和聯想思維，像波特三大通用策略、藍海策略、平臺策略、爆品策略、產品思維、品牌策略、技術創新等，也可以成為對職業產品定位的一種方法或一種理論思想。例如：新人進入職場，可以採取聚焦策略，從一點突破取得成績，然後從點到線，逐漸發展；也可以採取藍海策略，從傳統「紅海」工作中以創新找到一片「藍海」；還可以採取品牌策略，貫徹與眾不同的價值主張，將自己打造成企業、乃至領域的一張「名片」；更可以採取技術創新策略，持續精進技術，練就一身扎實的技能……

7.3

複利成長：專家是怎麼培育的？

重點提示

▶「一萬小時定律」有哪些不足之處？

▶ 什麼是核心人生演算法？

▶ 第二飛輪效應對你的職業發展有什麼啟示？

　　長井鞠子出生於西元 1943 年，是日本同步口譯界的「國寶」級人物。歷屆日本首相及政要都會指名長井鞠子擔任隨身口譯，美國前副總統稱讚她是「日本乃至世界第一的口譯員」。長井鞠子從事同步口譯工作近 50 年，年逾古稀仍活躍於國際會議翻譯第一線，每年參與 200 多次會議的同步口譯工作。

　　長井鞠子可以一人翻譯 20 多分鐘慷慨激昂的演講，並且翻譯中也投入極大熱情，與演講十分切合。縱橫同步口譯界數十年，成為業界常青樹，長井鞠子的「本事」是怎麼培養的？

　　一名優秀的翻譯，必然母語和外語都十分精通。長井鞠子堅持數十年，每月都會去銀閣寺吟詠和歌，用來掌握道地的日語表達方式。她巧妙採用聽起來很順耳舒服的詞語，讓自己的翻譯顯得流暢而又能直達心靈。

　　在進行同步口譯工作前，長井鞠子一定會進行準備工作：將會議中可能出現的單字抄寫在本子上，製作單字本。這樣製作手寫單字本的習慣，長井鞠子堅持了近 50 年。

　　雖然有著幾十年豐富的經驗，但口譯的工作，沒有一次是相同的。「準備和努力，不會背叛你。」長井鞠子依舊如履薄冰、認真準備每一場會議，時刻思考如何自我精進。被問到什麼是專家時，長井鞠子說：「我認為專家是擁有一種執著的力量，在一條道路上堅定前進的人。但是，

一旦認為自己已經到達了頂峰，那就完了。認真看待每一次任務，絕不怠慢準備工作，我認為這也是成為專家的條件。」

（參考資料：紀錄片《長井鞠子的口譯人生》）

按照「策略＝目標＋路徑」，目標是結果，而「怎麼做」的路徑才是原因。就像上文中的問題，長井鞠子的「本事」是怎麼培養出來的？換句話說，就是一個專家是怎麼培育的。

有人說，可以用「一萬小時定律」來解釋。暢銷書《異類》列舉了諸多案例，著重說明書中提出的一萬小時定律：「人們眼中的天才之所以卓越非凡，並非資質高人一等，而是付出了持續不斷的努力。一萬小時的錘鍊是任何人從平凡變成世界級大師的必要條件。」其實若把這個定律換算成較大的計量單位，它就近似於中國古代流傳至今的「十年磨一劍」、「十年寒窗無人問，一舉成名天下知」等格言警句。

這個通俗的「一萬小時定律」後又被美國學者丹尼爾（Daniel Coyle）補充。他也寫了一本暢銷書，書名叫作《一萬小時天才理論》，書中說：「了解『異類』還不夠，我們的目標是成為『異類』！」如何成為『異類』？他提出一萬小時天才理論的三大要件：永保熱情、遇見伯樂、精進練習。簡單檢視一下這三大要件：永保熱情是一個有點祝福色彩的勵志語；「千里馬常有而伯樂不常有」，所以「千里馬」很難遇見「伯樂」；剩下的精進練習，其實就是持續改進、精益求精的另一種表達方式。

還有人說，可以用公式「個人成就＝核心人生演算法 × 大量重複動作的平方」來解釋。這個公式出自達利歐（Ray Dalio）的《原則》，被老喻（喻穎正）的人生演算法課及羅振宇的跨年演講引用後，出現廣泛的口碑傳播。乍聽到這個公式，我們確實會覺得有某種與眾不同、難以言表的「高級感」。但是，其中的「核心人生演算法」究竟是什麼？如何解

釋「大量重複動作的平方」？由於原創者沒有提出有權威性的解釋，所以「文藝青年」們都在給出自己的解讀。

甲說：「我認為『核心演算法』就是用來解決問題的有效思考工具，例如：第一原理、第二曲線創新等各種思考框架；『大量重複動作的平方』就是根據原則來做事情，堅持不懈進行下去，不斷提升自己核心演算法的效率。」

乙說：「每個人的『核心演算法』不一樣，所以沒有人能夠為你提供標準答案，這需要我們個人不斷去摸索、嘗試和總結；『大量重複動作的平方』就是指你不能放棄，長期堅持就會得出自己的人生演算法。」

丙說：「其實這個公式告訴我們，要堅持長期主義原則，做時間的朋友。認定一件事，就要長期去做，持續去做。卡繆（Albert Camus）曾說：『對未來最大的慷慨，是把一切獻給現在。』任何一個人，不管你的力量如何，放眼於足夠長的時間，都可以透過長期主義這種行為模式，最終取得個人成就。」

丁說：「可以將『核心演算法』理解為你必須掌握的生存技能；『大量重複動作的平方』是指在關鍵的手段上進行有效的突破與改良，堅持深度思考、刻意練習，從量變產生質變。」

要獲得像長井鞠子那樣的成就，一個專家是怎樣培養出來的？在以上一萬小時天才理論、個人成就公式等流行說法的基礎上，我們再用 T 型商業模式的第二飛輪效應給出一些更具體的解釋。在討論職業競爭策略時，我們通常將工作者個人看作是一個人經營的公司。由此，我們先回顧一下用來描述企業複利成長的第二飛輪效應是怎麼說的。

資本模式中的資本圍繞企業產品創造價值。在企業產品定位成功後，資本模式對創造模式進行資本賦能，透過行銷模式把企業產品賣給目標客

群。如果目標客群認可並購買企業的產品，那麼經歷這樣的經營管理活動閉環，企業就會增加資本模式中相應的資本（包括貨幣資本、物質資本、智慧資本），即以盈利儲能的方式回饋資本模式中的原有資本。透過這樣一個循環，企業用以賦能創造模式的資本增加了，即圍繞企業產品創造價值的「本金」增加了。在後面延續的循環中，更多的「本金」將會增加更多的資本，它又成為下一循環的「本金」，日復一日、年復一年，將企業產品從潛優產品培育成熱門產品。在 T 型商業模式中，如上所述把資本圍繞企業產品以增強迴路循環創造價值，將潛優產品培育成熱門產品的過程，稱為第二飛輪效應，見圖 7-3-1。

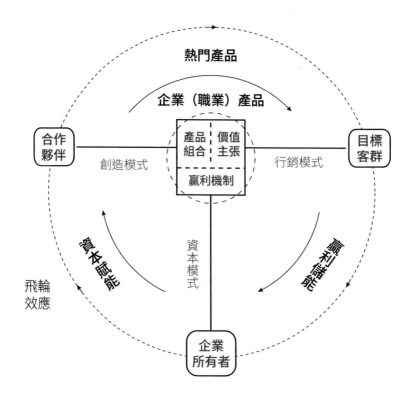

圖 7-3-1 企業（或工作者）的第二飛輪效應示意圖

　　將上述第二飛輪效應內容中的「企業」換成「職業」或「工作者」，透過這樣的類比思維變換，我們就可以得出用於描述工作者複利成長的第二飛輪效應。

　　再以長井鞠子為例，她的職業產品是同步口譯服務。服務產品與實物產品有些不同：創造服務的過程，同時也是消費服務的過程，兩者是同時進行的。由於長井鞠子認真準備、善於學習及努力工作，所以每完成一次同步口譯工作，她就會獲得一些經驗累積和能力進步，也會為自己贏得薪水收入、增進與客戶的關係及促進口碑傳播，這些都會轉化為長井鞠子商業模式中的資本。日復一日、年復一年，與職業產品相關的資本不斷累積，資本模式為創造模式持續賦能，長井鞠子的職業產品 —— 同步口譯服務越做越好，最終讓長井鞠子成為日本同步口譯界的「國寶」級人物。

　　第二飛輪效應對於工作者的啟示是，我們在做好本職工作的同時，也在為自己累積資本。這裡的資本包括貨幣資本、物質資本、智慧資本等多種形式。貨幣資本與物質資本這兩者比較好理解，是指薪水、獎金及物質獎勵等；智慧資本可以簡單想像成工作者的能力經驗、人脈資源、口碑形象等。工作者不僅要重視自己獲得的貨幣資本、物質資本的增加，更要重視自身智慧資本的積累。因為智慧資本具有邊際報酬遞增效應 —— 越用越多，越用越好。它能為我們的職業產品賦能，逐步將潛優產品培育成熱門產品。**若要成為某一領域的專家，要先將自己的職業產品塑造為熱門產品，讓自己所從事的職業及工作非常出色，成為某個領域的佼佼者。**

　　參見本章第 1 節職業競爭策略的系統構成示意圖（圖 7-1-1），職業產品定位成功後，工作者從新人起步階段進入複利成長階段，該階段的主要策略主軸是「持續贏利成長及累積競爭優勢」，將潛優產品塑造為熱門產品。不言而喻，上文介紹的第二飛輪效應就是實現該策略主軸及「將潛優

產品塑造為熱門產品」的一個重要方法論。除此之外，本書第 2 章介紹的專注於跨越鴻溝而成長、發揮企業家精神而成長、勇於面對「硬球競爭」而成長、綜合利用各種策略創新理論或工具而成長等，都有助於啟發工作者在複利成長階段實現持續贏利成長及累積競爭優勢，將潛優產品塑造為熱門產品。

7.4

職位躍升：打造「人生鑽井」，湧現核心競爭力

重點提示

▶ 為什麼說階層固化是個假議題？

▶ 如何理解「重複就是力量，數量勝過品質」？

▶ 請畫出你自己的 T 型優勢能力組合。

原本「出身名門，才貌雙全」的名媛現在似乎變得隨處可見。一名網友自稱「名媛觀察者」，潛入所謂「上海名媛群組」，為了更進一步曝光「拼團」文化，還斥資 500 元人民幣！這或許金額不大，但是這在群組中的很多「名媛」看來，已經是鉅款了。

但是，當她潛伏半個月後才發現，所謂的「名媛群組」不過是「高級版團購」——買的東西更加「高貴」而已。比如：一份 510 元人民幣的頂級下午茶 6 個人拼團，一個人 85 元人民幣；一晚 3,000 元人民幣的五星級酒店套房 15 個人拼團，一個人 200 元人民幣；一個月租金 1,500 元人民幣的愛馬仕包 4 個人拼團……這些都還能理解，最讓人難以苟同的是拼團絲襪，而且是二手的絲襪；還有，一件「名媛級」的浴袍，拼團購買後，15 個人輪流穿。

　　然後，肩上背著「拼團」租來的愛馬仕、腳上穿著二手絲襪，去各種高級場所「釣魚」，這才是她們的最終目的。就像「名媛群組」裡寫的那樣：「互推優質男生，結交金融鉅子，融入海歸菁英。」而且，她們看不起開賓士、BMW 的男生，最差也要開保時捷的男生。

　　無論「上海名媛群組」是真是假，這類現象其實一直在發生。

　　無論是之前專門打造「網紅」形象的「培訓班」，還是很多每天在社群網站上炫耀奢侈品，動不動就買豪車的「白富美」，都是如此。

　　喜歡營造這種假象的，不只是女生，很多男生也是如此。「男版名媛」只要花幾十元人民幣，就能每天在群組裡收到新鮮的「高級圖片素材」。名錶、豪車、旅遊、美食應有盡有，連文案都幫你想好了，直接複製、貼上，然後上傳到社群網站，就能輕鬆營造「高富帥」的形象。

　　「知乎」網站上，人人都是頂尖大學出身，月入幾十萬人民幣；社群網站「小紅書」上，到處都是名媛貴婦，天天炫富。普通人看了都會羨慕，感到心理不平衡。但是稍微動腦想一下就能明白，「中國有 6 億人的月收入僅 1,000 元人民幣左右」，那些違背常理的光鮮景象，背後絕對是一地雞毛。

　　看透浮華背後的真相，我們就不會輕易被他人的偽裝欺騙。當假名媛們用租來的豪車裝飾自己的網路形象時，殊不知她們的青春美貌，也不過是權貴們短期租賃的物品而已。由儉入奢易，由奢入儉難。一個人一旦見過紙醉金迷，嘗到了「撈錢」的甜頭，就很難再接受普通的生活。茨威格（Stefan Zweig）在《斷頭皇后》中說：「她那時候還太年輕，不知道所有命運『贈送』的禮物，早已在暗中標好了價格。」那些誘人的捷徑，其實都是彎路。踏實努力、投資自己才是最安全穩當的方法。

　　（參考資料：書單君，「上海名媛」背後的殘酷真相：那些誘人的捷徑，其實都是彎路）

有人說，「上海名媛群組」的出現，是階層固化使然，普通人透過努力向社會菁英階層躍升的通道變窄了。貧富正在一代代傳遞，窮者越窮、富者越富，越來越多的人接受「寒門難出貴子」的事實。曾有這樣一個漫畫：在同一條起跑線上，有兩位青年在賽跑。一位是戴著博士帽的寒酸屏弱青年，他吃力的拉著人力車，車上坐著年邁貧窮的父母；另一位是高大肥碩的富貴公子，他坐在父母駕駛的豪華轎車的車頂上，一副得意揚揚的表情。

相比於古代的封建等級制和印度的種姓社會體系，我們現在有更多樣的職業或事業躍升途徑。天高任鳥飛，海闊憑魚躍！因為全民教育，更多的人可以透過讀書實現職業、事業躍升；受益於行動網際網路的發展，還有一大批普通人正在透過自己的努力奮鬥，成為時代的主導者。河北棗強女孩王心儀的家庭異常貧窮。2018 年，她錄取北京大學中文系。她寫的〈感謝貧窮〉一文中有這樣一段話：「感謝貧窮，讓我領悟到真正的快樂與滿足。你讓我和玩具、零食、遊戲澈底絕緣，卻同時讓我擁抱了更美好的世界。我的童年可能少了卡通動畫，但我可以和媽媽一起去抓蟲子回來餵雞，等著隔天美味的雞蛋；我的世界可能沒有芭比娃娃，但我可以去豐饒的麥田……謝謝你，貧窮，你讓我能夠零距離接觸自然的美麗與奇妙，享受這上天的恩惠與祝福。」

隨著行動網際網路的普及，幾乎人人都可以透過智慧型手機與世界連結，但是有的人用它玩遊戲、玩抖音消磨時光，有的人利用它成就了自己的事業。李子柒生長在四川綿陽的偏遠山區。2004 年，14 歲的她因生活所迫，到各地打工，居無定所，多次陷入露宿公園、街頭的生存窘境。後來，李子柒利用行動網際網路，拍攝手機影片傳播中華美食與中國傳統文化。從 2017 年起，李子柒就是「第一網紅」，她的影片總播放量已經超

過 30 億。她在 Youtube 的粉絲超過 1,000 萬，全球粉絲過億，並入選《中國婦女報》評選的「2019 十大女性人物」。

現代社會處處有機會，可以利用的工具、方法和手段越來越多。例如：讀不起大學或錯過了大學，可以自學。像樊登讀書、羅輯思維、喜馬拉雅等線上學習平臺，它們上面的知識數量及品質，已經遠遠超過了一所大學課堂提供的知識。貧家淨掃地，貧女好梳頭。透過教育，很多人擺脫了貧窮。另外，富裕階層也有很多問題，像富不過三代、紈绔子弟與敗家子、貪婪淪為階下囚、越來越多的富貴病等。篤信階層固化，其實是一種思想上的懶惰。

你永遠都無法叫醒一個裝睡的人。網路上的一篇文章說：絕大部分人一輩子沒有努力過、也沒主動過，更沒有自己做過艱難的決定，只是被動接受生活的擺布。在這個環境下，你只要稍微努力一下，瞬間就可以超過70% 的人，而且越早越好，越晚越被動。絕大部分人一生平庸，是因為不夠聰明還老是想走捷徑。這有點像收入有限卻要承擔巨額債務的那種人，隨時會面臨破產。如果一個人一身滿是虛驕之氣，不承認自己平庸，會直接浪費掉身上最重要的資質之一 —— 肯下笨功夫。如果你對人生有點迷茫，還沒有找到方法論，可以試看看「肯下笨功夫」的原則，並篤信兩件事：一是「重複就是力量」；二是「數量勝過品質」。

所謂「重複就是力量，數量勝過品質」，與上一節複利成長階段第二飛輪效應所闡明的原理是一致的。在工作中重複做一件事，不是簡單的重複及「內捲化」的重複，而是透過 PDCA 修正改良的重複，關鍵資本不斷為職業產品賦能的重複。當這樣的重複達到一定程度，工作者為企業及社會提供的職業產品達到盡善盡美，並從量變到質變，從熱門產品到超級產品，通常就會湧現出職業核心競爭力。

　　結合本章前面三節的內容，根據職業競爭策略所闡述的職業成長與發展的策略路徑，從新人起步到複利成長，再到職業躍升，將潛優產品塑造成熱門產品，進一步打造成超級產品。

　　對於企業來說，超級產品比熱門產品更勝一籌，它是指在市場上具有巨大影響力、有一定壟斷地位，且能夠透過衍生產品長期引領企業擴張的產品。運用類比思維，T 型人的超級產品是指職業個體為社會或企業提供的職業產品出類拔萃、卓爾不群，具有不可替代性，且能夠透過職位躍升及衍生職業產品長期引領自身的成長與發展。

　　赫伯特・賽門（Herbert A. Simon）為社會及其所在組織提供的職業產品就屬於超級產品。賽門於西元 1978 年獲得諾貝爾經濟學獎，是世界公認的經濟學和管理學大師。他還是最早參與人工智慧研究的科學家之一，並因此獲得 1975 年電腦領域的最高獎項 —— 圖靈獎。賽門學識淵博、興趣廣泛，研究工作涉及經濟學、政治學、管理學、社會學、心理學、作業研究、電腦科學、認知科學、人工智慧等廣大領域，並做出了許多創造性貢獻。賽門是世界上唯一同時獲得諾貝爾獎和圖靈獎的科學家。除此之外，他還獲得過美國心理學會的終身成就獎、美國國家科學金獎。有人統計過，賽門在不同領域共獲得過 14 項最高成就獎。

　　以上那些研究領域看起來沒有太大關聯，但是在賽門看來，卻有一條貫穿始終的脈絡，就是「決策」。從公共行政管理到經濟學、政治學，再到心理學、作業研究和人工智慧，賽門雖然在不同科學領域遊走，但他關心的問題一直沒變，就是要找到一種科學方法，幫助人類做出更好的決策。

　　對於職場人士來說，如何打造屬於自己的超級產品？透過職業躍升階段的主要策略主軸「堅持歸核聚焦，培育核心競爭力」，將自己的職業產

品從熱門產品升級、打造為超級產品。借鑑對企業相關策略主軸的講解，本書第 4 章給出的普哈核心競爭力理論、SPO 核心競爭力模型、T 型同構進化模型、第三飛輪效應、慶豐大樹模型等，都可以供職場人士參考。

　　例如：參考應用於企業的 SPO 核心競爭力模型，經過適當調整與修改，可以得出適用於工作者的 SPO 核心競爭力模型，見圖 7-4-1。

　　如圖 7-4-1 所示，優勢能力、職位階梯、環境機會三者共同發揮系統性作用，產生職業核心競爭力。其具體的反應過程和增強原理如下：工作者沿著職位階梯躍升需要評估外部的環境機會及內部的優勢能力。當三者能夠統整起來，就能獲得沿著職位階梯前進一次的機會。如果職位成功躍升了一次，職業核心競爭力就累積了一次。如果職位沿著階梯躍升所獲得的成功次數遠大於失敗次數，那我們就可以說這個人擁有職業核心競爭力。也就是說，職業核心競爭力是在職位躍升中形成的，依靠職位躍升的成功次數和成功率來衡量的，是一個較長期的累積過程。

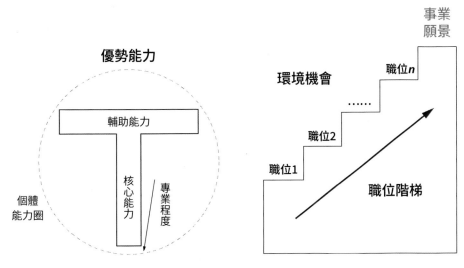

圖 7-4-1　適用於職場人士的 SPO 核心競爭力模型

在工作者的 SPO 核心競爭力模型中，優勢能力、職位階梯、環境機會三者缺一不可，並且它們必須相互搭配、有效連結，形成「三點一線」，才能產生有利於職業贏利系統成長的加乘作用，才能產生最高的職業核心競爭力。

職位躍升分為顯性躍升和隱形躍升。職位的顯性躍升是指從低級別職位不斷升遷到高級別職位，典型例子如軍隊中從士兵、班長、排長、連長……至指揮官的職位躍升階梯。在《領導梯隊》一書中，作者把從員工到首席執行官的職業躍升路徑，分為六個層級，每個層級都需要相應的工作理念、領導技能和時間管理能力，此框架被稱為「領導梯隊模型」。隱形躍升是指工作者持續精進，追求自身職業能力的提升，永無止境，並不一定反映在所屬團體的職位升遷變化。例如：前文中經濟學家賽門不斷取得跨領域的成果，並不一定會使他在所屬組織中的職位提升，而是一種隱性職位躍升──透過不斷創新，獲得社會廣泛承認和讚譽。

另外，圖7-4-1左圖所示意的 T 型優勢能力組合（簡稱「優勢能力」）也代表了工作者個人的能力圈。巴菲特說：「對於你的能力圈來說，最重要的不是它的範圍大小，而是你如何能夠確定它的邊界所在。如果你知道它的邊界在哪裡，你會比那些能力圈比你大五倍卻不知道邊界所在的人要富有得多。」

T 型優勢能力組合主要包括核心能力、輔助能力兩大部分。核心能力是指從事某種職業、提供職業產品所必備的關鍵能力，輔助能力對核心能力提供必要的支援與協助。例如：《三體》作者劉慈欣的核心能力無疑是科幻小說寫作能力。他的輔助能力是什麼呢？劉慈欣說，自己是個狂熱的科學迷，痴迷航太航空知識，熱愛武器、遊戲和網路，喜歡物理等基礎學科，喜歡俄羅斯文學，是一個十足的電影愛好者。他還堅持從事一份工程

師的工作，這樣更能夠頻繁接觸現實世界的問題。

在 T 型優勢能力組合中，核心能力、輔助能力同向疊加，可以產生極強的放大與加乘作用。核心能力就像鑽油井的鑽杆，越長越好；輔助能力就像為鑽杆提供放大動力的旋臂，要有適當的強度和長度。兩者組合而成的「人生鑽井」透過 SPO 核心競爭力模型，逐步形成職業核心競爭力，讓我們工作者個人的商業模式產生盈利累積，最終達成事業願景。因此，工作者打造自己的核心競爭力，首先要建構一個 T 型優勢能力組合。

7.5
有序轉型：如何跨越新職業與原職業之間的「非連續性」？

重點提示

▸「草根」逆襲需要哪些特質？

▸ 為什麼說不必過度擔憂人工智慧取代現有工作？

▸ 為了達成有序轉型，工作者該如何提升自己的智慧資本？

說起職業轉型的跨度和難度，本章第 1 節提到的孫玲從在流水線工作的女工到成為美國高盛的程式設計師，跨度之大、難度之高，非常罕見！

其實，孫玲的案例也不是個案。近 30 年及未來很多年裡，對程式設計師等電腦產業人才需求量之大、薪水之高，是別的產業無法比擬的。有人說：如今是一個「360 行，行行轉程式設計師」的年代。隨意瀏覽網路上的影片，各專業人員轉而學習程式設計的例子比比皆是。會計業、材料業、生物科技業、法律業、城市規劃業，不論有沒有相關，都在學習程式設計。拿了名校學位的高才生一頭鑽進培訓機構學 java，

拿到 CPA（註冊會計師）證書的財務菁英一咬牙不做會計了，讀兩年的程式設計課重新找工作。有人說，如果工作只是你的謀生手段，談不上什麼熱愛，就乾脆找個薪資高的產業。

這個說法對嗎？孫玲接受記者採訪時說：「從生產線女工到高盛程式設計師，我都是一個受僱者，一個『老油條』受僱者，一直都在謀生，沒有什麼成就。」一位大學老師說：「正規大學資訊工程學系培養出來的學生，最終也只有三分之一成為程式設計師。原因很多，但歸納起來有三點：

①對其他職業更感興趣，寧可犧牲經濟收入。

②智商不夠或者思考模式不適合。

③不願意保持終生學習，不願改變自己，因為太累。綜合起來的結果是，受過正規大學教育的程式設計師都不怎麼好招，許多有需求的公司只能招一些專科生或者培訓機構突擊培訓的、水準各異的學生。」

那麼，為什麼孫玲能夠轉型成功？

離開農村去工作，孫玲首先選對了城市 ── 深圳。與北京、上海相比，深圳對低學歷人士寬容得多。這也是為什麼孫玲在深圳工廠當工人時，就敢孤注一擲報名培訓班學程式，因為她認為只要學好程式，就能找到好工作。而電腦產業在美國，又跟在深圳做工很像 ── 不看學歷、出身，能做事就行。

其次，她選對了產業。電腦產業一直處於人才短缺的狀態，尤其是程式設計師，長期供不應求。中國有 14 億人，目前程式設計師有 500 多萬人，有人推算說未來至少還需要 1,500 萬人。所以，孫玲做程式設計師拿高薪也是很有可能的。

再者，孫玲是個勇於投資自己、行動力卓越的人。例如：在她還是月薪 2,300 元人民幣的工人時，她就敢報名學費 3 萬元人民幣的程式設計課。在跌跌撞撞的求學路上，孫玲的資源一直都不夠。薪水只夠繳一期程式設計班的學費，出國留學的學費也遠遠不夠，換作是別人可能會一直猶豫、裹足不前，但是孫玲永遠都是先邁出一步再說！

還有，孫玲是個非常自律，而且善於學習的人。孫玲曾問面試過自己的一位美國谷歌公司負責人：「比我優秀的人很多，你為什麼會選擇我？」這位負責人說：「**你有三個特點讓人印象深刻：第一，自學能力強；第二，接受回饋的速度快；第三，遇到模稜兩可的問題，能夠先把問題理清楚。**」

最後，孫玲還是一個善良、真實的普通人。她不偽裝自己也不矯揉造作，所以能夠實事求是，更善於解決問題。她的人生是一場真正的「打怪升等」，讓人在佩服之餘忍不住檢討自己。

（參考資料：遇言不止，從月薪兩千到年薪百萬，從「廠妹」到高盛程式設計師，她書寫了女孩的史詩）

當年的馬雲連續兩次高考失利，沒能考上大學，去應徵肯德基店員、飯店保全等多種工作也屢屢不成，就騎三輪車幫別人送貨賺錢。馬雲並非身材高大魁梧之人，這是無奈下的選擇，所以騎三輪車也不具有競爭優勢。有一次，從事三輪車工作之餘，馬雲讀到了路遙的《人生》，被小說中的主人公高加林不斷向命運挑戰、永不低頭的品格所感染，於是辭掉三輪車的工作，繼續準備第三次高考。正是這次從工作到學習的回歸式「轉型」，終於讓馬雲的人生發生了逆轉。經由第三次高考，馬雲成功進入杭州師範大學讀書，才有了創立阿里巴巴等後面的故事。

與馬雲當年的情況有些不同，孫玲的這句話說得很精彩：「資訊時代的巨大優勢，就是個人不必局限於某種單一的教育形式，而是可以利用各種管道進行自主學習、自我成長。」社群網站的熱門文章總說，階級固化嚴重，寒門難出貴子！其實，現在正是一個上升通道最開放的時代。

根據人力資源和社會保障部就業培訓技術中心與阿里巴巴 DingTalk 聯合發表的《新職業線上學習平臺發展報告》，『八年級生』最擔心失業，有 79% 的『八年級生』擔心失業；95% 的人認為學習新職業、提升自身

發展潛力是走出職業危機的關鍵因素。孫玲也是一個「八年級生」，她的經歷充滿了奮鬥和打拚。她是一個超級個體，為那些打算職業轉型、讓人生更精彩、追求積極向上的人樹立了一個榜樣。

《科學》雜誌判斷，到了 2045 年，全球 50% 的人力需求將被人工智慧取代，而在中國這個製造業大國是 77%。也就是說，30 年之內，中國每 4 個工作職位中至少有 3 個會被人工智慧取代。失之東隅，收之桑榆。世界經濟論壇發表的報告預測，2018 年至 2023 年，人工智慧在全球將取代 7,500 萬個工作機會。但是，它會創造出 1.3 億個新的工作機會。

根據估算，目前中國的人工智慧人才需求超過 500 萬，供需比例為 1:10，嚴重失衡。如果不加強人才培養，到 2025 年人才需求將突破 1,000 萬。此外，像物聯網工程技術人員、物聯網安裝測試員、大資料工程技術人員、雲端服務工程技術人員、數位化管理師、建築資訊模型技術員、電子競技選手、電子競技教練、無人機駕駛員、農業經理人、工業機器人系統操作員、工業機器人系統運行維護員等新職業人才，到 2025 年總需求會超過 3,000 萬人。

顯而易見，科技進步推動傳統產業轉型發展，最終也將導致大規模職業轉型。本章提出的職業競爭策略，是將工作者個人視為一個人經營的公司。參照第 5 章的企業轉型，工作者在有序轉型階段的策略主軸是「第二曲線創新、智慧資本共享」，並且為了實現這個策略主軸，同樣可以借鑑雙 S 曲線模型、雙 T 連結模型等企業轉型的方法論。類比於企業產品，職業產品是指每一個職業個體都應該將自己所從事的職業視為一個產品。在職業有序轉型階段，透過實現第二曲線創新及智慧資本共享這兩個策略主軸，促進轉型後的新職業產品進化與發展，下一輪潛優產品 II →熱門產品 II →超級產品 II 的循環就再次開啟了。

　　見圖 7-5-1，現在的職業被稱為第一職業曲線，要轉型進入的未來職業被稱為第二職業曲線。像馬雲從英語教師轉型為阿里巴巴的創始人，孫玲從流水線女工轉型為程式設計師，第一職業曲線與第二職業曲線之間具有非連續性。

　　對於職業個體來說，如何跨越這個非連續性呢？一些勵志大師教導跟隨者說：「要成功，先發瘋，不顧一切往前衝！」雖然說勇於邁出第一步，勇於挑戰自我，勇氣可嘉，但是如果轉型時太盲目，常常導致失敗，最終將喪失做事的信心。

　　要跨越第一職業曲線與第二職業曲線之間的非連續性「鴻溝」，職業個體需要有充足的關鍵資本。與企業的關鍵資本類似，職業個體的關鍵資本也包括貨幣資本、物質資本及智慧資本。儘管較充足的貨幣資本及物質資本有利於工作者不斷投資自己、提升自己，但是智慧資本才是能否成功轉型的關鍵。

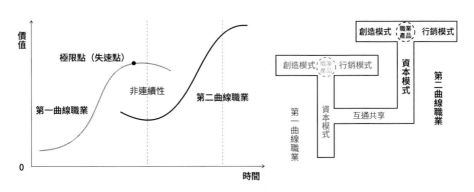

圖 7-5-1　雙 S 曲線模型（左）與雙 T 連結模型（右）示意圖

　　為了做到有序轉型，工作者如何提升自己的智慧資本？智慧資本包括人力資本、組織資本、關係資本。確定了轉型目標後，學習、經驗、能力、人脈等相關智慧資本準備得越早越好。王堅 32 歲時就是浙江大學心

理學系主任，但是他在37歲時轉行資訊科技產業，加入微軟亞洲研究院，出任常務副院長。原來，在大學讀書期間，王堅就對電腦產生了濃厚的興趣。透過旁聽資訊相關的課程，他的知識量甚至超過了一些講師。

為轉型提前做準備，可以從參加培訓、發展副業、做兼職、成為志願者等這些形式開始。 像上文中的孫玲那樣，參加專業培訓班，獲得產業知識、人脈，或相關的嘗試機會，這是進入成本最低、最沒有心理障礙、最容易執行的轉型實踐方法。

在轉型到新職業時，如果直接獲得中高級職位較難，我們也可以從初級職位做起，俗話說「騎驢找馬」，沉浸在相關的環境中有利於重塑自我，也有利於建立新的人脈網，尋找合適的專業指導人。

《牧羊人的奇幻之旅》中有這樣一句話：「當你真心想要去做成一件事情的時候，整個宇宙都會聯合起來幫助你。」

如圖7-5-1（右）所示的雙T連結模型，為了提高職業轉型的成功率，第二職業曲線與第一職業曲線之間最好有一定的相似性，兩者的資本，尤其是智慧資本，要能夠最大限度共享。**以雙T連結模型指引職業轉型，建議工作者盡量選擇自己熟悉及擅長的領域。這樣可以繼承以前的經驗，減少學習及探索的時間，降低盲目跨界帶來的風險。**

喬‧吉拉德（Joe Girard）被稱為「世界上最偉大的推銷員」。49歲時，他離開了原本從事的汽車銷售職位，利用原職位累積的個人品牌、資源、能力及經驗等智慧資本，開始寫作、銷售培訓、全球演講等，不僅開闢了第二事業，還為他帶來了數千萬美元的收入。梅耶‧馬斯克（Maye Musk）是特斯拉公司創始人伊隆‧馬斯克的母親。梅耶擁有兩個營養學碩士學位，一生都在從事與營養師相關的工作，但她的第二職業，或稱業餘愛好，是時裝走秀。得益於營養學及兼職模特兒累積的智慧資本，梅耶退

休後身材及形象管理做得非常好，60 多歲時重返模特兒舞臺，成為「封面女郎」品牌代言人及大家心目中能夠乘風破浪的勵志偶像。

後記 —— 快與慢！與品質無關？

2020 年 9 月初，我剛剛將上一本書《企業贏利系統》的全部書稿交給出版社，編輯就透過 E-mail 發送來一個新的「命題作文」—— 建議我寫一本關於「新競爭策略」的書。

我起初想，上一本書中已經有了「新競爭策略」的框架內容 —— 按照工業設計領域的行話，「原型」有了，稍微改良、更新一下，不就是一本新書了嘛。當時我認為，這本書最多兩個月就可以寫好，說不定 45 天就可以。

由於新冠疫情的影響，我們投資的公司很多業務也都推到了 2020 年下半年，工作上的事情必然也比較多，所以直到 2020 年的 12 月分，我也一直沒有動筆去寫這本書。2021 年元旦過後，我看了一下出版合約，最後交稿日期是 3 月 1 日 —— 還剩下兩個月！

2021 年 1 月 12 日，我正式動筆寫這本《新競爭策略》，並逐漸改弦易轍，打算認真寫一下這本書，所以延長「工期」到 80 天，還在內心自我調侃說，這叫作環遊「新競爭策略」80 天！實際上，寫到第 1 章的後面幾節，就不斷「卡關」，反反覆覆修改、重寫……

寫第 2 章到第 5 章時比較順利，當時正值春節假期，我能夠以每天寫 1 節的速度推進。那時甚至還有些小得意 —— 向阿蒙森探險隊學習，每天向前推進 30 公里！這本書不到 50 節，哪能經得住我寫呀！

寫到第 6 章的後半部分時又出現了狀況：一是春節過後到 3 月中旬時，工作逐漸多了起來；二是處理或思考幾件眼前的小事情時，讓自己有一點點心煩意亂。

對於寫作者來說，如何讓自己靜下來、沉浸其中，是一個大學問，還需要持續修練！

中國古人說「君子固窮」、「安貧樂道」……如此這般名言警句，對於我們這些處於滾滾紅塵之中，融於熙攘社會之內，還一直想要有「人生使命」的寫作者，具有極大的撫慰意義。

寫「後記」是本書的最後一道程序，我之後又要去西安、成都、貴陽等地出差，參加專案研討會、考察企業、做盡職調查……忙裡偷閒，我在 4 月 15 日之前就把《新競爭策略》的全部書稿寫好、改好、整理好。

表面看起來，一些作者兩三個月就可以寫一本書。例如：諾貝爾文學獎得主莫言寫《生死疲勞》，43 萬字只用了 43 天；寫《豐乳肥臀》，50 多萬字只寫了 83 天。這些最終都成了莫言的代表作。寫作，快與慢！應該與品質無關。實際上，我們先要能夠靜下心來，並且有連貫、不被打斷的時間。最重要的是，在寫作之前還要有起碼半年以上的規劃與準備時間，更要有多年的相關工作實踐與不輟思考。

2021 年 8 月 6 日，歷經近 4 個月的編校排版後，我對《新競爭策略》的書稿清樣做出版前的訂正確認。我重新繪製了 T 型商業模式全要素構成圖，這可以說是 T 型商業模式全要素構成圖 2.0 版，見圖 8-1-1。對照本書第 1 章的圖 1-4-1，T 型商業模式全要素構成圖 2.0 版的主要改進有兩處：一是將資本模式中的「贏利池」改為「資本池」；二是刪除了原有的「資本機制」這個構成要素。也就是說，T 型商業模式 2.0 版共有 12 個構成要素 —— 創造模式、行銷模式、資本模式各有四個構成要素。至於為什麼這樣修改，在之後出版的書籍中，結合具體內容，我再詳細說明。

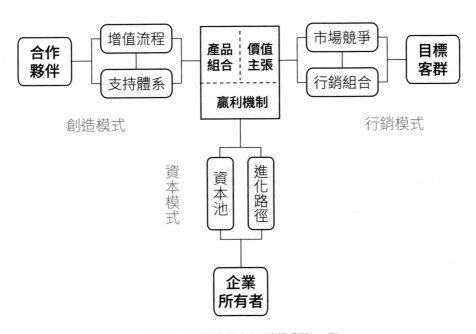

圖 8-1-1　Ｔ型商業模式全要素構成圖 2.0 版

李慶豐

新競爭策略：

從 idea 到創業 × 複利成長經營 × 品牌轉型突破，一本書網羅創業人必學的觀念法則！

作　　者：李慶豐

編　　輯：吳孟姝

發 行 人：黃振庭

出 版 者：崧燁文化事業有限公司

發 行 者：崧燁文化事業有限公司

E-mail：sonbookservice@gmail.com

粉 絲 頁：https://www.facebook.com/
　　　　　sonbookss/

網　　址：https://sonbook.net/

地　　址：台北市中正區重慶南路一段六十一號八
　　　　　樓 815 室

Rm. 815, 8F., No.61, Sec. 1, Chongqing S. Rd.,
Zhongzheng Dist., Taipei City 100, Taiwan

電　　話：(02) 2370-3310

傳　　真：(02) 2388-1990

印　　刷：京峯彩色印刷有限公司（京峰數位）

律師顧問：廣華律師事務所 張珮琦律師

國家圖書館出版品預行編目資料

新競爭策略：從 idea 到創業 × 複
利成長經營 × 品牌轉型突破，一
本書網羅創業人必學的觀念法則！
/ 李慶豐著 . -- 第一版 . -- 臺北市：
崧燁文化事業有限公司 , 2022.12
　　面；　公分
POD 版
ISBN 978-626-357-001-6(平裝)
1.CST: 企業競爭 2.CST: 企業策略
3.CST: 策略管理
494.1　　111020236

定　　價：499 元

發行日期：2022 年 12 月第一版

◎本書以 POD 印製

電子書購買

臉書